EDELSTEINKUNDE.

BESTIMMUNG UND UNTERSCHEIDUNG DER EDELSTEINE UND SCHMUCKSTEINE.

DIE KÜNSTLICHE DARSTELLUNG DER EDELSTEINE.

VON

DR. C. DOELTER,

O. Ö. PROFESSOR DER MINERALOGIE AN DER K. K. UNIVERSITÄT GRAZ.

MIT ZAHLREICHEN ABBILDUNGEN IM TEXT.

LEIPZIG,

VERLAG VON VEIT & COMP.

1893.

Druck von Metzger & Wittig in Leipzig.

Vorwort.

Obwohl gerade kein Mangel an Werken über Edelsteine besteht, ist die Kenntniss dieses Theiles der Mineralogie bei Denjenigen, welche sich mit Edelsteinen, sei es als Händler, sei es als Liebhaber, näher befassen, eine auffallend geringe. Der Grund davon ist wohl in dem Umstand zu suchen, dass die meisten älteren Werke über Edelsteinkunde weniger den Gegenstand in naturwissenschaftlicher Hinsicht, als in Bezug auf seine Geschichte, seine culturgeschichtliche, industrielle und commercielle Bedeutung behandeln, und ganz besonders den Nachdruck auf Sage und Geschichte der einzelnen Steine, auf die mystischen und alchimistischen Eigenschaften und dergleichen legen. Man darf wohl annehmen, dass diejenigen, welche sich mit Edelsteinen beschäftigen, die Schleifformen, den Werth und den Umsatz besser als jeder Naturforscher kennen, und dass sie daher in dieser Hinsicht wenig von den durch einen Mineralogen zusammengetragenen Daten lernen können. Was ihnen Noth thut, ist die Kenntniss der Edelsteine vom mineralogischen Standpunkte aus, und diese zu fördern ist der Mineralog berufen; ein Buch über Edelsteine soll daher meiner Ansicht nach hauptsächlich diese Richtung vertreten.

Die wissenschaftliche Edelsteinkunde soll über das Material der Edelsteine belehren und insbesondere sich mit der Abgrenzung und Unterscheidung befassen, sie soll über die Imitationen, die künstliche Darstellung, die in letzterer Zeit sehr wichtig geworden, sowie auch über die Provenienz belehren. Angesichts der ungemein und vielfach absichtlich verwirrten Nomenklatur ist es, namentlich bei Einführung neuer Vorkommen, nothwendig, die Steine prüfen zu können, um sich nicht durch Namen wie Caprubin, Arkansas-Diamant u. s. w. über die wahre Natur des betreffenden Edelsteines täuschen zu lassen.

Dementsprechend wurde auf die Charakteristik und die Unterscheidung der Edelsteine das Hauptgewicht gelegt. Zur Unterscheidung habe ich im Gegensatze zu anderen Autoren die optischen Merkmale nur sehr wenig herangezogen, denn so elegant und scharf diese Methoden auch sind, so wichtig sie auch in anderen Zweigen der Mineralogie befunden wurden, so schwierig ist ihre Handhabung bei der Unterscheidung der Edelsteine. Davon macht nur die dichroskopische Untersuchung eine Ausnahme, während die Anwendung des Polarisationsapparates umständlicher ist und auch mehr physikalische Vorbildung erfordert.

Das beste Mittel zur Unterscheidung der Edelsteine liegt ohne Zweifel in der specifischen Gewichtsbestimmung, und ich halte die Anwendung specifisch schwerer Flüssigkeiten zu diesem Zwecke für besonders nützlich. Ich habe daher bei dem Gange der Untersuchung die Unterscheidung vermittelst jener Flüssigkeiten besonders berücksichtigt. Ausserdem habe ich nur solche Methoden herbeigezogen, welche, wie die dichroskopische Untersuchung, die Härteprobe u. s. w., leicht zu handhaben sind.

Graz, den 1. Januar 1893.

Der Verfasser.

Inhalt.

Allgemeiner Theil.

Allgemeiner Theil.

Erstes Kapitel.

Einleitung.

Seit uralten Zeiten wurden die durch Glanz, Durchsichtigkeit, Härte, Farbe und Seltenheit ausgezeichneten Mineralien besonders gewürdigt und geschätzt. Zweitausend Jahre vor unserer Zeitrechnung haben sich die Inder und Aegypter schon damit abgegeben, jene Steine zu unterscheiden und abzuschätzen und ihre Eigenschaften kennen zu lernen; erst später wurde der Gebrauch und die Kenntniss edler, schöner und seltener Steine nach dem Occident verpflanzt und zwar, wie man vermuthet, im siebenten Jahrhundert. Ungefähr 500 Jahre vor Christus erschien ein Gedicht[1], in welchem viele Edelsteine geschildert und deren wahre oder eingebildete Eigenschaften mitgetheilt werden. Herodot, Plato, Aristoteles beschäftigen sich mit ihnen, während der Schüler des letzteren, Theophrastes, eine eigene Schrift über die edeln und halbedeln Steine verfasste, in welcher die wichtigsten der uns bekannten beschrieben wurden. Plinius fasste alles Bekannte zusammen, wenn auch nicht immer mit der nöthigen Kritik, doch sind seine Beschreibungen immerhin recht gute.

Von späteren älteren Schriften wäre die des Bischofs von Sevilla, des heiligen Isidor, zu erwähnen (630 n. Chr.).

Im Mittelalter herrschte auch in diesem Zweige der Naturkunde die mystische und alchimistische Richtung vor, von den wirklichen Eigenschaften wird ganz abgesehen, und man befasst sich nur noch mit den wunderbaren Eigenschaften der Edelsteine, ihrer Wirkung auf das Geschick der Menschen, mit der Umwandlung unedler Steine zu edlen und insbesondere mit den medizinischen Eigenschaften der

---

[1] Das sogenannte orphische Gedicht des Onomakritos.

Edelsteine. Allmählich entstand eine ganze Edelsteinpharmakopoë, und gegen jedes Leiden wurde dieser oder jener Stein verschrieben.[1]

Erst Anfang des siebzehnten Jahrhunderts trat eine Besserung ein, und insbesondere, nachdem Boetius de Boot eine neue naturwissenschaftliche Richtung eingeschlagen, fing man an, sich mit Wichtigerem zu beschäftigen, die Feuerbeständigkeit, die chemische Zusammensetzung, Stärke und Dichte genau festzustellen und von diesem Zeitpunkte datirt die wissenschaftliche Edelsteinkunde.[2]

Eine Definition eines Edelsteines zu geben ist nur schwer möglich, da dieser Begriff ein variabler ist; manche ältere Mineralogen, Mohs, Zippe u. A., hatten allerdings eine besondere Abtheilung der Mineralien als Edelsteine unterschieden, nach heutigen Anschauungen ist dies, bei der chemischen Verschiedenheit der Edelsteine unter sich, undurchführbar.

Die vornehmsten Eigenschaften der Edel- und Schmucksteine, welche neben der Seltenheit des Vorkommens sie vor anderen Mineralien auszeichnen und ihre Werthschätzung bedingen, sind der Glanz, die Schönheit der Farbe oder die Wasserhelligkeit und die Härte.

Die Edelsteinkunde, oder die wissenschaftliche Kenntniss von den Edelsteinen, beschäftigt sich mit den Eigenschaften dieser Körper, also ihrer Form, Härte, Dichte, ihren optischen Eigenschaften, sowie auch mit ihrer chemischen Zusammensetzung und den chemischen Eigenschaften, ihrer Entstehung, ihrem Vorkommen in der Natur, und ihrer Unterscheidung und Bestimmung.

Der Stoff zerfällt in drei Theile:

1) in den allgemeinen, welcher die Eigenschaften dieser Mineralien überhaupt behandelt,

2) in einen speciellen, welcher die Beschreibung der einzelnen Steine enthält,

3) in einen der Bestimmung und Unterscheidung gleichfarbiger und ähnlicher Edelsteine gewidmeten.

---

[1] Dieser Aberglaube ist noch immer nicht ganz geschwunden und insbesondere der Nephrit gilt als Heilmittel gegen Nierenleiden.

[2] Einige ältere Werke über Edelsteine, die in mancher Hinsicht von Interesse sind, seien hier mitgetheilt:

Ans. Boetius de Boot. Gemmarum historia. Hannover 1609.

Portaleone Abraham. Shilti Haggeborim (hebräisch). Mantua 5372 (1612).

Jefferies. Treatise on Diamonds. London 1756.

U. Brückmann. Von den Edelsteinen. Braunschweig 1773. — Der aufrichtige Jubelierer. Frankfurt 1772.

Klatz. Ueber den Nutzen und Gebrauch der alten geschnittenen Steine. Altenburg 1768.

Zweites Kapitel.

Natürliche Formen der Edelsteine.

Die Mineralien sind entweder amorphe Körper ohne regelmässige Form, oder krystallisirte, durch bestimmte ebene Flächen begrenzte Körper. Die Edelsteine gehören mit wenigen Ausnahmen zu der letzteren Klasse. Die Krystalle zeichnen sich durch charakteristische Formen aus, welche durch die Winkel, welche die Flächen an den Kanten bilden, gekennzeichnet werden; entsprechende Flächenwinkel sind bei allen Individuen eines Minerals gleich. So sind die Winkel eines Rhombendodekaëders stets 120°, die eines Würfels stets 90°. Man unterscheidet eine grosse Anzahl von Krystallformen, wobei man zu deren Eintheilung den Umstand benutzt, dass eine Anzahl Krystallformen dieselbe Zahl von Symmetrieebenen, also gleichen Grad von Symmetrie besitzt. Man bezeichnet alle Krystalle, welche dieselbe Anzahl von Symmetrieebenen, also denselben Grad von Symmetrie besitzen, als zu einem Krystallsystem gehörig. Es giebt sechs solcher Krystallsysteme, von denen jedes eine einfache charakteristische Form besitzt, von welcher sich die übrigen Formen ableiten lassen, und die man daher auch Grundform nennt.

Die einfachen, von der Grundform ableitbaren Formen, welche man als Pyramiden, Prismen, Flächenpaare (Pinakoïde) bezeichnet, können zu zweien oder zu mehreren zusammentreten und complicirtere Formen, sogenannte Combinationen, bilden. Um die Flächen zu fixiren, hat man ein Axenkreuz eingeführt; die Abstände, welche eine Fläche auf den Axen abschneidet, bestimmen diese Fläche. Pyramidenflächen schneiden alle drei Axen, Prismen deren zwei, während das Pinakoïd nur eine Axe in endlichen Abschnitten schneidet. Die Axen des regulären Systems, des tetragonalen und des rhombischen stehen senkrecht zu einander, während im monoklinen Systeme eine Axe schief, im triklinen aber alle drei Axen schief stehen. Das hexagonale System endlich besitzt vier Axen, wovon drei in einer horizontalen Ebene sich unter Winkeln von 60° schneiden, während die vierte senkrecht zu der Ebene dieser drei Axen, also vertical steht. Bei den drei erstgenannten Systemen sind die Axen auch Symmetrieaxen; das monokline System besitzt nur eine horizontale quer stehende Symmetrieaxe, das trikline gar keine. Im hexagonalen Systeme sind die Axen ebenfalls Symmetrieaxen. Die Krystallformen werden durch ebene Flächen begrenzt, deren Winkel charakteristisch sind, wie schon bemerkt. Die Länge der Kanten, z. B. *AB*, *CD* (Fig. 1), ist gleichgültig, man kann daher jede Fläche parallel sich selbst verschieben, ohne die Krystallform zu ändern, nur die Winkel der Flächen bedingen die Krystallform und charakterisiren sie.

Die sechs Krystallsysteme sind:

1) Das **reguläre** oder tesserale System, welches den höchsten Grad von Symmetrie, nämlich drei Hauptsymmetrieebenen, aufeinander senkrecht stehend (parallel den Flächen des Würfels), und ausserdem noch 6 andere Symmetrieebenen, welche sich unter 120° schneiden, besitzt. Die Grundform ist das Octaëder, eine achtflächige Doppelpyramide mit quadratischer Basis, deren Winkel alle denselben Werth haben und deren Kanten gleichwerthig sind. Der Würfel und das zwölfflächige Rhombendodekaëder sind mit dem Octaëder die einfachsten Formen dieses Systemes; es kommen auch 24-Flächner vor, sowie Formen mit 48 Flächen (Diamant).

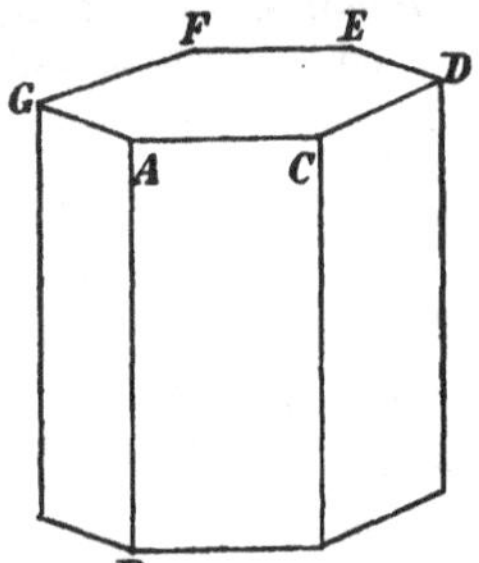

Fig. 1. Hexagonales Prisma mit Basis.

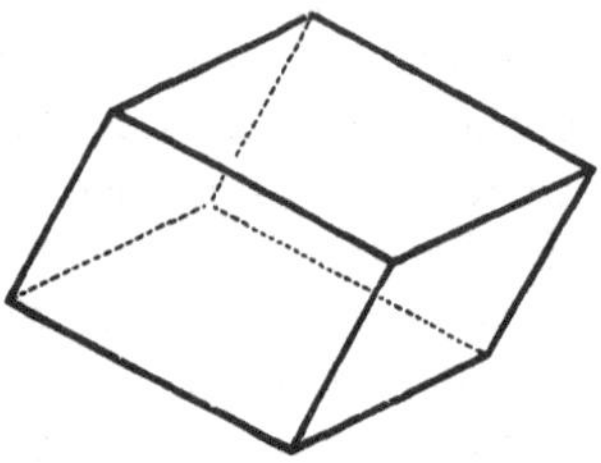

Fig. 1a. Rhomboëder.

2) Das **quadratische** oder tetragonale System mit zwei horizontalen gleichen aufeinander senkrechten Axen und einer verticalen Hauptaxe hat als Grundform eine achtflächige Pyramide mit quadratischer Basis, die aber zwei verschiedene Arten von Flächenwinkeln hat. Das quadratische Prisma hat vier Flächen, welche senkrecht zu einander stehen. Es giebt auch Doppelpyramiden mit 16 Flächen und analoge Prismen mit achteckigem Durchschnitt, wobei aber nur die abwechselnden Kanten unter einander gleich sind. Das basische Pinakoïd besteht aus zwei horizontalen Flächen.

3) Das **hexagonale** System wird von einer zwölfflächigen Pyramide abgeleitet, deren Basis ein regelmässiges Hexagon ist. Von Wichtigkeit ist das bei mehreren Edelsteinen, welche in diesem System

krystallisiren, vorkommende sechsseitige regelmässige Prisma (Fig. 1). Die Richtung *AB* (Fig. 1) desselben, welche den Kanten dieses Prisma's parallel ist, wird die Hauptaxe genannt und ist, wie wir sehen werden, für die optischen Eigenschaften besonders wichtig.

Es giebt auch Doppelpyramiden von 24 Flächen, mit zwölfseitiger Basis, und zwölfflächige Prismen, deren Flächen den Seiten der Pyramiden-Basis entsprechen.

Eigenthümlich ist eine Eigenschaft mancher Krystalle, welche insbesondere in diesem Systeme auftritt, nämlich die, nur die Hälfte der Flächen aufzuweisen, und so neue, ebenfalls geschlossene Formen zu zeigen. So ist das Rhomboëder (Fig. 1 a) mit sechs Flächen die Halbform oder Hemiëdrie der hexagonalen Pyramide. Die Hemiëdrie der 24flächigen Pyramide ist das Skalenoëder mit zwölf Flächen. Bei den Edelsteinen des hexagonalen Systemes werden Rhomboëder sehr häufig beobachtet.

Eine sehr wichtige Fläche, insbesondere für die Betrachtung der optischen Verhältnisse, ist die horizontale Basis oder das basische Pinakoïd *ACDEFG* (Fig. 1).

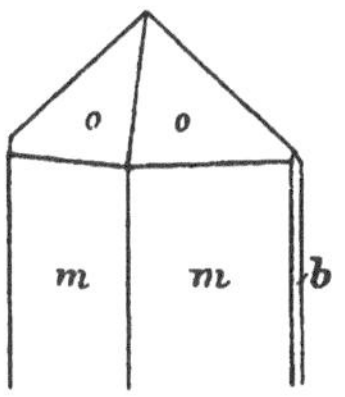

Fig. 2. Rhombisches Prisma *m*, Pyramide *o* und Pinakoïd *b*.

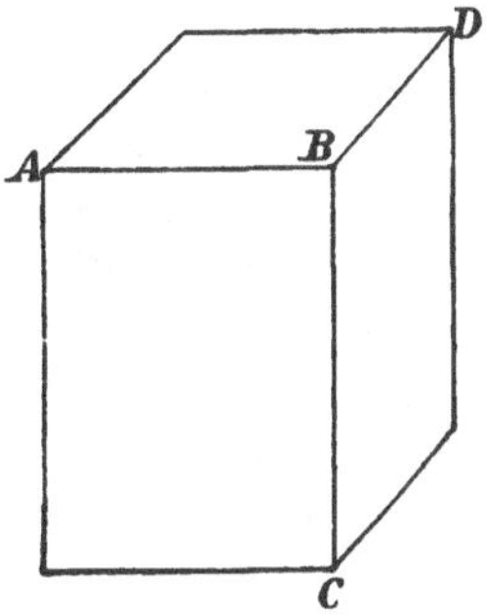

Fig. 3. Combination der drei Pinakoïde.

4) Das rhombische System (Fig. 2). Die Grundform ist eine Doppelpyramide, deren Basis ein Rhombus ist. Man unterscheidet bei den Formen dieses Systems drei Richtungen (Axen), welche senkrecht zu einander stehen. Die Flächen, welche parallel zu zweien dieser Axen liegen, nennt man Pinakoïde, sie sind von besonderer Wichtigkeit (Fig. 3). Die Prismen dieses Krystallsystems unterscheiden sich von jenen des tetragonalen dadurch, dass sie keine rechtwinkelige Basis, sondern eine rhombische besitzen, daher der Name des Systems.

5) Das monokline Krystallsystem. Dasselbe ist nur nach rechts und links symmetrisch. Das Prisma oder die zwei vertikalen Pinakoïde und die dazu geneigte Endfläche stehen nicht mehr wie bei dem analogen rhombischen Krystalle (Fig. 3) unter einem rechten Winkel, sondern unter schiefem Winkel; die Endfläche steht nicht mehr wie bei den bisherigen Systemen horizontal, sondern schief.

6) Ganz unregelmässig ist das letzte System, das trikline oder asymmetrische.

Die meisten Edelsteine krystallisiren im regulären System: Diamant, Spinell, Granat; im hexagonalen: Quarz, Phenakit, Smaragd, Rubin, Saphir und sonstige Korundvarietäten, und endlich im rhombischen: Chrysolith, Andalusit, Topas, Chrysoberyll, Cordierit. Nur wenige Steine kommen im monoklinen Systeme vor, wie Euklas und Diopsid, oder im tetragonalen, wie Hyacinth. Von triklinen Mineralien kommt hier nur eines, der Disthen, in Betracht.

Für den Edelsteinkenner sind demnach nur die drei erstgenannten Systeme von Wichtigkeit. Das Studium der Krystallformen ist jedoch ein sehr complicirtes, und es bedarf einer bedeutenden Uebung, um an der Form allein einen Krystall zu erkennen, oft kann aber schon der Typus der Krystallform zur Erkennung ausschlaggebend sein. Man versteht darunter das Auftreten in prismatischer oder pyramidaler, octaëdrischer oder tafelförmiger, flacher Form etc. Bei rohen Edelsteinen kann die Form des Krystalls oft sehr dienlich sein zur Bestimmung desselben, doch setzt dies bei dem Beobachter schon eine genaue Kenntniss der Krystallographie, die zu verfolgen hier nicht möglich ist, voraus. Wir werden indessen im speciellen Theile noch auf einzelne charakteristische Krystallformen der Edelsteine zurückkommen.

In der Natur kommt jedoch nur ein Theil der Edelsteine in guten Krystallen vor, am häufigsten werden diese Steine in abgerundeten, oder nur einseitig durch ebene Flächen begrenzten Bruchstücken oder Körnern gefunden; so finden wir Saphir, Rubin, Chrysolith, Pyrop, Spinell, Amethyst weit häufiger in abgerundeten Geschieben als in regelmässigen Krystallen; in diesem Falle kann uns die Kenntniss der Formen nur wenig zur Bestimmung des Steines nützen.

Drittes Kapitel.

Specifisches Gewicht.

Das specifische Gewicht oder die Dichte eines Körpers ist eine seiner charakteristischen Eigenschaften. Je geringer dasselbe, je geringer die Dichte, je grösser ist bei gleichen Gewichtsmengen das Volumen. Für die Edelsteine hat die Bestimmung des specifischen Gewichts noch die grosse Bedeutung, dass, abgesehen von der

Wichtigkeit dieser Eigenschaft überhaupt, kein Mittel so einfach und ohne irgend eine Verletzung des Steines anwendbar ist, wie dieses. Die Härte zu versuchen hat bei geschliffenen Edelsteinen in manchen Fällen seine Schwierigkeit, Glanz und Farbe (namentlich letztere) können leicht zu Täuschung Anlass geben, die charakteristischen optischen, aus der Doppelbrechung und Polarisation sich ergebenden Eigenschaften sind bei geschliffenen Mineralien in beschränktem Maasse und auch nur mit Zuhilfenahme complicirter Apparate anwendbar, auch erfordern sie eine längere Uebung und Vertrautheit mit dem Gegenstande, während die Bestimmung des specifischen Gewichts verhältnissmässig einfach, rasch und sicher durchführbar[1] und der Stein keinem Schaden ausgesetzt ist. Auch ist zu bemerken, dass viele ähnlich gefärbte Steine im specifischen Gewicht grosse Differenzen zeigen, so dass man oft schon aus einer approximativen Bestimmung einen Schluss auf die Natur des Steines ziehen kann, so z. B. bei gleichgefärbten Steinen: Diamant, Quarz — Turmalin, Saphir — Citrin, Topas — Phenakit, Diamant — Spinell (Rubinbalais), dem orientalischen Rubin — Beryll, Euklas, Topas.

Wer sich daher mit der Bestimmung von Edelsteinen abgeben will, sollte vor Allem auf die Dichtebestimmung eingehen, denn keine Methode giebt so häufig wie diese den Ausschlag. Dabei ist es oft nicht einmal nothwendig, eine genaue Methode anzuwenden, schon einigermaassen annähernde Bestimmungen genügen in vielen Fällen zur Unterscheidung.

Was verstehen wir unter der Dichte, und wie bestimmen wir dieselbe? Wir drücken die Dichte oder das specifische Gewicht dadurch aus, dass wir angeben, um wie viel mal das Gewicht des betreffenden Körpers schwerer ist, als das des gleichen Volumens Wasser. Nehmen wir das specifische Gewicht des Wassers mit 1 an, so ist das specifische Gewicht des Diamants 3·5, d. h. also ein bestimmtes Volumen Diamant ist dreieinhalbmal so schwer als dasselbe Volumen Wasser. Wir müssen demnach eruiren, um wie viel mal ein Körper, bei gleichem Volumen, schwerer ist als Wasser. Wir bestimmen, wie gross das Gewicht des Wassers ist, welches der Stein verdrängt und mit dieser Zahl dividiren wir sein absolutes Gewicht. Der Quotient ist das specifische Gewicht.

Um die Dichte zu bestimmen, hat man hauptsächlich drei Methoden, die leicht zu handhaben und nicht zu zeitraubend sind, auch nicht kostspielige Instrumente erfordern.

---

[1] Siehe darüber die Tabellen am Schluss des Werkes.

I) Bestimmung mit der Federwage von Jolly.

Dieses Instrument gestattet verhältnissmässig rasch und ziemlich genau, wenn auch nicht mit völliger Exactheit, eine Bestimmung.[1]

Das Princip desselben besteht darin, dass eine Drahtspirale mehr oder minder gedehnt wird, wenn man an ihrem unteren Ende auf eine in das Wasser getauchte Wagschale einen specifisch schwereren oder leichteren Stein legt. Der Apparat besteht aus einem verticalen Stativ, welches an seiner vorderen Seite auf Spiegelglas eine Skala mit Millimetertheilung trägt; in diesem Stativ lässt sich ein Prisma vertical verschieben. An diesem Prisma ist bei *A* die Spirale befestigt, die an ihrem unteren Theile zwei kleine Wagschalen hat, die unter einander liegen. Die untere Schale befindet sich in einem mit Wasser gefüllten Glase, zwischen beiden Schalen ist eine Marke *i* angebracht, welche zur Ablesung der Senkung der Feder dient. Das Wassergefäss ruht auf einem hölzernen, am Stativ befestigten Halter *M*, welcher vertical hinauf und hinunter geschoben werden kann.

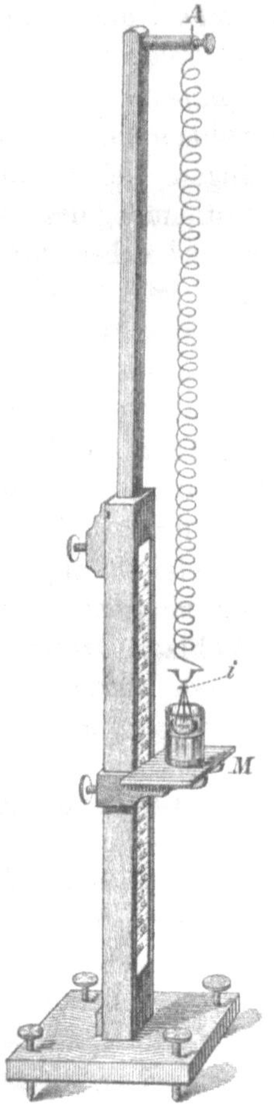

Fig. 4. Federwage.

Man verfährt nun folgendermassen: 1) Man verschiebt den Halter *M*, auf welchem das Wassergefäss steht, so weit, dass die untere Wagschale ganz in Wasser eingetaucht ist, und liest die Lage von *i* auf der Skala ab; man erhält z. B. 6·1.

2) Man legt den Stein in die obere Wagschale, die Spirale dehnt sich und man verschiebt entsprechend der Dehnung den Halter nach unten, bis die untere Wagschale wieder soweit wie vorher in das Wasser eingetaucht ist. Man liest die Lage von *i* auf der Skala ab und erhält z. B. 198·1.

3) Der Stein wird nunmehr in die untere Schale gebracht, wodurch, weil der Stein in Wasser weniger wiegt wie in Luft, die Spirale sich zusammenzieht, und man hat derselben durch Hinauf-

[1] Insbesondere sollte diese Methode nur bei grossen Steinen angewendet werden. — Bei allen Operationen muss destillirtes Wasser gebraucht werden.

rücken des Halters *M* zu folgen, bis die untere Schale wieder im Wasser sich befindet. Man liest den Stand von *i* ab und erhält z. B. 112·7.

Das specifische Gewicht wird dadurch bestimmt, dass man die Dehnung der Spirale in der Luft, hier 198·1—6·1=192, dividirt durch die Differenz der Dehnungen in Luft und Wasser:

$$198{\cdot}1 - 112{\cdot}7 = 55{\cdot}4,$$

$\frac{192}{55{\cdot}4} = 3{\cdot}46$ ist also das specifische Gewicht des Steines.

II) Die zweite Methode ist die Bestimmung mit der hydrostatischen Wage. Wenn man einen Körper in Wasser aufhängt, verliert er an Gewicht so viel, als das Wasser wiegt, welches er verdrängt, oder so viel als das gleiche Volumen Wasser.

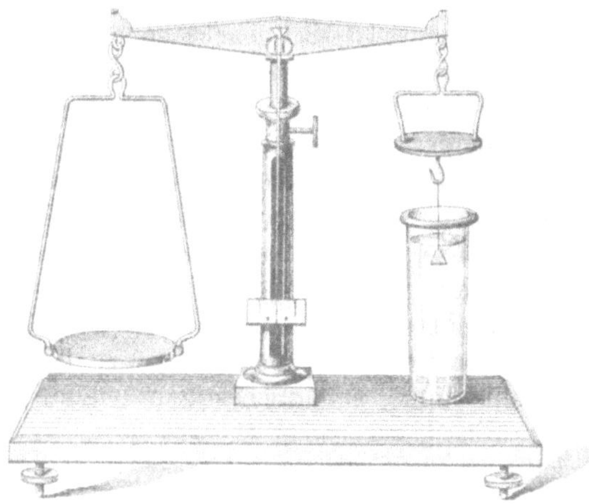

Fig. 5. **Hydrostatische Wage.**

Man bestimmt zuerst das Gewicht des Körpers, dann das Gewicht eines gleichen Volumens Wassers und dividirt erstere Zahl durch letztere.

Man bedient sich zu diesem Zwecke einer Wage, welche von einer gewöhnlichen nur durch veränderte Construction der einen Wagschale abweicht; diese ist durch eine Wagschale mit kurzem Bügel, welche an ihrer unteren Seite einen Haken besitzt, woran der betreffende Stein mit Hülfe eines Platindrahtes aufgehängt werden kann, so dass er, in ein Gefäss mit Wasser eingetaucht, darin frei schweben kann, ersetzt.

Erste Operation. — Man legt den Stein auf die rechte Wagschale. Zuerst tarirt man, indem links die nöthige Tara aufgelegt wird; man kann z. B. mit Schrot oder Granat tariren. Der Platindraht muss dabei in Wasser untergetaucht sein.

Zweite Operation. — Der Stein wird entfernt, auf die rechte Wagschale wird das nöthige Gewicht aufgelegt, bis das Gleichgewicht wieder genau hergestellt ist. Dieses Gewicht ist gleich dem des Steins.

Dritte Operation. — Man entfernt die Gewichte von der rechten Wagschale, wickelt den Platindraht um den Stein[1] und taucht diesen in das Gefäss mit destillirtem Wasser. Das Gleichgewicht wird gestört, und man muss auf die rechte Wagschale eine gewisse Anzahl von Gewichten legen.

Man dividirt nun das Gewicht des Steines durch den Gewichtsverlust des Steines im Wasser; der Quotient ist das verlangte specifische Gewicht.

Eine weitere Methode ist die des Pyknometers; sie kann aber für die Edelsteine nur bei kleineren Steinen Anwendung finden und eignet sich mehr für pulverförmige Substanzen, weniger für grössere Stücke.

III) Weit einfacher als die bisher beschriebenen Methoden, ist die vermittelst Schwebens in schweren Flüssigkeiten, welche sowohl dazu verwendet werden können, um annähernde Vergleiche über das specifische Gewicht von Edelsteinen anzustellen, als auch um, wenn der Stein nicht schwerer als 3·55, eine genaue Bestimmung vorzunehmen. Eine der einfachsten Methoden, um eine annähernd genaue Bestimmung der Dichte herbeizuführen, und auch um rasch Unterschiede des specifischen Gewichts zu bestimmen, ist die folgende:

Man bereitet eine Flüssigkeit von bekanntem, aber hohem specifischem Gewichte und taucht den Edelstein in dieselbe; sinkt der Stein unter, so ist er selbstverständlich schwerer als die bekannte Flüssigkeit, steigt er nach oben, so verdünnt man die Flüssigkeit mit einer zweiten leichteren so lange, bis der Edelstein an jedem beliebigen Punkte der Flüssigkeit ohne zu steigen oder zu sinken in Ruhelage bleibt. Hat man mehrere solcher Flüssigkeiten vorräthig, z. B. eine vom specifischen Gewichte 2·6, eine zweite von der Dichte 3, eine dritte mit dem specifischen Gewichte 3·3 und eine letzte, welche die Dichte 3·55—3·6 besitzt, so kann man durch Eintauchen in die Flüssigkeiten, indem man mit der ersten beginnt und dann die nächst schwerere benutzt, ungefähr die Dichte bestimmen und so in vielen Fällen eine Unterscheidung zwischen zwei gleichgefärbten Steinen durchführen, welche jede weitere Untersuchung überflüssig macht.

Allerdings gilt dies nur für Edelsteine, deren specifisches Gewicht 3·55 nicht übersteigt, also leider nicht für Rubin, Saphir und Granat; aber schon dadurch, dass man feststellt, es sei der Stein

[1] Am besten ist es, wenn der Draht ein kleines Körbchen aus Platin trägt, in welches der Stein gelegt wird, wie auf Fig. 5.

schwerer als 3·55, ist oft schon ein wichtiger Anhaltspunkt zur Beurtheilung gegeben.

Man bedient sich zu diesem Zwecke des Jodmethylens (spec. Gew. 3·30); will man eine noch concentrirtere Flüssigkeit, so nimmt man Jodmethylen, welches mit Jodoform und Jod gesättigt ist und das spec. Gew. 3·60 hat; mit Benzol kann man jede beliebige Verdünnung herstellen. Um eine Flüssigkeit von geringem spec. Gewicht zu erhalten, kann man auch das Jodquecksilber in Jodkalium gelöst verwenden; das spec. Gewicht derselben ist 3·19. Mit Jodkalium lässt sie sich verdünnen[1]. Indessen ist erstere Flüssigkeit, die sich beliebig verdünnen lässt, besser, da sie nicht giftig ist.

Man hätte z. B. Turmalin und Rubinbalais zu unterscheiden; ersterer schwimmt in der zweiten Flüssigkeit, da sein spec. Gewicht circa 3 ist, sinkt in der dritten und vierten unter, Rubinbalais sinkt in allen vier unter (höchstens in der schwersten schwimmt er).

Man habe Citrin von Topas zu unterscheiden (beide hätten dieselbe Farbe), dies geschieht in der zweiten Flüssigkeit, da Quarz in derselben nach oben steigt, Topas aber fällt; schon in der ersten schwimmt Quarz, während Topas niederfällt.

Man will Bergkrystall oder Phenakit von Diamant unterscheiden. In der Flüssigkeit Nummer eins schwimmt ersterer, die beiden letzteren sinken; in Nr. zwei schwimmt Phenakit, Bergkrystall steigt, Diamant sinkt. In Nr. drei steigen Phenakit und Bergkrystall, Diamant fällt; in Nr. vier würde Diamant schwimmen, die übrigen würden aufsteigen. Man hat also hier mit einfachen Versuchen die drei Edelsteine unterschieden durch ein Verfahren, bei welchem irgend welcher Schaden für die Steine gänzlich ausgeschlossen, welches mühelos ist, und das, wenn man keine Flüssigkeit beim Eintauchen verliert, auch keine Kosten verursacht.

Dieselbe Methode kann aber vermittelst eines einfachen Instrumentes, der vom Mechaniker Westphal in Celle construirten Wage, auch eine genaue Bestimmung des specifischen Gewichtes für Edelsteine, deren Dichte unter 3·5 ist, zulassen. Ich gebe unten die Abbildung der betreffenden Wage (Fig. 6). Ihre Manipulation ist sehr einfach. Um mit dieser Wage das specifische Gewicht eines Minerals

[1] Fast alle chemischen Fabriken, z. B. Schuchardt in Görlitz, liefern die genannten Flüssigkeiten (in Oesterreich: Lenoir u. Forster in Wien). Ueber die verschiedenen Flüssigkeiten, siehe den Aufsatz von Retgers, Neues Jahrbuch für Mineralogie 1889, II. Bd.

zu bestimmen, taucht man dasselbe in die Methylenjodidlösung und verdünnt diese mit Benzol so lange, bis der eingetauchte Stein an jedem Punkte schwimmt, also weder steigt noch fällt. Um nun das specifische Gewicht dieser Flüssigkeit zu bestimmen, taucht man das Thermometer in dieselbe, wodurch das ursprüngliche Gleichgewicht der Wage gestört wird; um dasselbe herzustellen, so dass die Wagenzunge genau im Mittelpunkt des Bügels sich befindet, muss man Gewichte auf den Wagebalken und den Haken hängen. Diese Gewichte geben ohne weitere Berechnung sofort das specifische

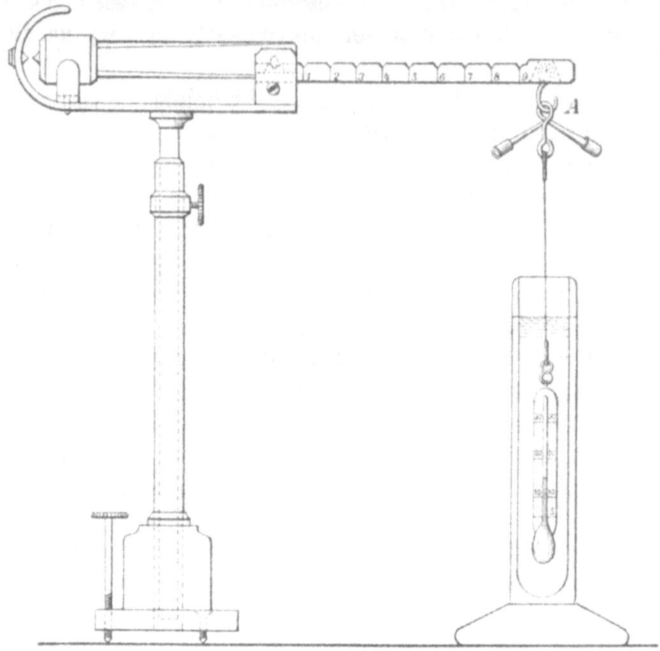

Fig. 6. Westphal'sche Wage.

Gewicht; hat man z. B. zwei grosse Gewichte *A* an den Haken, ein grosses Gewicht auf Marke 7 des Balkens und ein kleineres auf Marke 6 gehängt, so ist das specifische Gewicht 2·76.

Wer viel mit der Gewichtsbestimmung zu thun hat, der wird am besten so verfahren, dass er sich eine grössere Anzahl von Flüssigkeiten von bestimmtem specifischem Gewichte entweder selbst herstellt oder herstellen lässt und dann probirt, wie früher beschrieben, welcher der Flüssigkeiten der betreffende Stein im specifischen Gewichte gleichkommt.

Zu bemerken ist noch, dass die verschiedenen Varietäten eines Edelsteines im specifischen Gewicht etwas schwanken können; es gilt dies namentlich für solche, welche, wie Turmalin und Granat, auch in ihrer chemischen Zusammensetzung schwanken, was sich häufig durch die Verschiedenheit der Farbe verräth. Bei derselben Färbung jedoch werden auch nur ganz kleine Unterschiede vorkommen; diese rühren übrigens nur davon her, dass die Daten über die Dichte nach verschiedenen Methoden gesammelt und bei den betreffenden Versuchen meist nicht vollkommen reine Edelsteine angewandt wurden. Einschlüsse, Hohlräume und schwankende chemische Zusammensetzung bedingen natürlich einen Wechsel in der Dichte der betreffenden Steine.

Tabelle der specifischen Gewichte der Edel- und Halbedelsteine.

Hyacinth	4·6 —4·67	Blauer Turmalin	3·1
Almandin (Granat)	4·1 —4·2	Euklas	3·1
Rubin	4 —4·07	Rosa Turmalin	3 —3·087
Saphir	4 —4·06	Flussspath	3·1 —3·17
Korund	3·9 —4·19	Nephrit	2·9 —3
Edler Granat	3·87—4·11	Rother Turmalin	2·9 —3·1
Demantoid (grüner Granat)	3·83	Bildstein	2·8 —2·9
Staurolith	3·7 —3·74	Phenakit	2·99
Pyrop	3·7 —3·82	Beryll	2·67—2·76
Chrysoberyll	3·68—3·78	Aquamarin	2·67
Cyanit	3·66—3·69	Smaragd	2·63—2·71
Kaneelstein	3·6 —3·63	Türkis	2·65—2·79
Rubinbalais (Spinell)	3·6 —3·63	Labrador	2·65—2·75
Diamant	3·51—3·57	Bergkrystall	2·6 —2·65
Diamant (farblos)	3·51—3·52	Amethyst	2·6 —2·65
Topas	3·5 —3·58	Cordierit	2·6 —2·65
Chrysolith	3·35—3·39	Karneol, Chalcedon, Achat, Jaspis etc.	2·65—3·66
Vesuvian	3·35—3·45	Mondstein	2·57
Diopsid	3·27—3·3	Chrysopras	2·5
Axinit	3·29—3·3	Haüyn	2·4 —2·5
Hiddenit	3·17—3·19	Lasurstein	2·4
Andalusit	3·17—3·19	Obsidian	2·3 —2·6
Grüner Turmalin	3·1 —3·16	Opal	2 —2·3
		Bernstein	1·08

Viertes Kapitel.

Spaltbarkeit.

Krystalle verhalten sich in Bezug auf ihre Cohäsion ungleich in verschiedenen Richtungen, sie sind daher nach gewissen Flächen leichter trennbar als in anderen Richtungen. Man nennt die Richtungen, nach welchen eine leichtere Trennbarkeit vorhanden ist, Spaltflächen. Schon das Fallenlassen eines Krystalles genügt oft, um eine Trennung nach Spaltflächen zu verursachen, ein leichter Schlag, der Druck mit einem Messer oder Meissel lösen Theile des Krystalls ab, welche durch ebene Flächen, nämlich die Spaltflächen, begrenzt sind.

Die verschiedenen Mineralien verhalten sich in Bezug auf die Eigenschaft, sich mehr oder minder leicht spalten zu lassen, ungleich; man unterscheidet daher verschiedene Grade der Spaltbarkeit von der höchst vollkommenen bis zur unvollkommenen, nur in Spuren nachweisbaren. Körper, welche vollkommen spalten, zeigen häufig parallele feine Risse.

Die Kenntniss der Spaltbarkeit bei den einzelnen Edelsteinen hat desshalb eine gewisse Wichtigkeit, weil leicht spaltbare Steine leichter verletzbar sind; solche sind daher vor Stoss zu hüten, weil sie nach den Spaltflächen zerbrechen könnten. Ebenso ist das Vorkommen der Spaltbarkeit beim Schleifen der Edelsteine von grosser Wichtigkeit. Der Schliff des Diamantes wird wegen seiner Spaltbarkeit nach dem Octaëder wesentlich abgekürzt.

Die Spaltbarkeit ist eine bei Mineralien sehr gern benutzte Eigenschaft zu ihrer Bestimmung, da sie gewissen Krystallflächen folgt; bei Edelsteinen indessen würde das Vorkommen paralleler Risse den Stein entwerthen, so dass man selten Gelegenheit haben dürfte, solche Spaltrisse zeigende Steine zu bestimmen, daher bei geschliffenen Edelsteinen diesem Merkmale nur wenig Werth für die Unterscheidung beikommt; doch ist die Kenntniss des Grades der Spaltbarkeit, sowie die Richtung derselben (d. i. ihre krystallographische Lage) aus den eben angegebenen Gründen von Bedeutung.

Fünftes Kapitel.

Härte.

Die Härte ist eine der wichtigsten Eigenschaften der Mineralien. Die Prüfung darauf ist bei geschliffenen Edelsteinen nur in selteneren Fällen möglich und muss jedenfalls mit Vorsicht vorgenommen werden, da sonst leicht Verletzungen werthvoller Steine vorkommen können. Man versteht unter der Härte den Widerstand, welchen ein Körper dem Ritzen entgegensetzt. Härter ist derjenige Körper, welcher den andern ritzt.

Mohs hat eine aus zehn Mineralien bestehende Härteskala zusammengestellt, von welchen das erste das weichste, das letzte das härteste ist.

Härteskala.

1. Talk.
2. Gyps.

Beide lassen sich mit dem Fingernagel ritzen, ersterer auch schaben.

3. Kalkspath.

Mit dem Fingernagel unritzbar, dagegen mit dem Messer leicht zu schaben.

4. Flussspath.

Mit dem Messer schwer zu schaben. Von einer Stahlfeile wird er angegriffen.

5. Apatit.

Wird von der Feile stark angegriffen, ritzt Glas nur schwer, wird vom Messer geritzt.

6. Feldspath.

Ritzt das Glas. Giebt am Stahl wenig Funken, von der Feile wird er angegriffen.

7. Quarz.

Ritzt leicht Glas. Giebt starke Funken am Stahl. Die Feile greift ihn wenig an.

8. Topas.

Greift die Feile an.

9. Korund.
10. Diamant.

Die Härteskala ist indessen nicht so zu verstehen, als wenn die Unterschiede zwischen den einzelnen Nummern gleiche wären; so ist die wirkliche Härte der ersten Glieder gegenüber der Härte der letzten eine minimale.

Genaue Resultate bezüglich der Härte erhält man mit der Härteskala nicht, man muss hierzu zu feinen Instrumenten greifen, welche die Härte durch Gewichte bestimmen lassen. Vermittelst eines solchen Härtemessers fand man, dass das Gusseisen 20 mal so hart wie Wismut, fünfmal so hart wie Silber und 62 mal so hart wie Blei ist, während nach der Härteskala die Härte des Gusseisens mit etwas über 5 bezeichnet wird, die des Bleies mit 1·5, die des Silbers mit circa 3.

Die Härteunterschiede zwischen Topas Korund einerseits, Korund Diamant andererseits sind enorme. Bei rohen Edelsteinen wendet man hauptsächlich die Feile an, wobei man auf die Menge des Pulvers, welches auf der Feile liegen bleibt, sowie auf den Klang, welcher beim Streichen verursacht wird, zu achten hat. Der härtere Stein giebt stets einen schärferen Klang.

Bei geschliffenen Steinen benutzt man mehr die Stahlspitze. Praktisch ist es auch, von den oberen Gliedern der Härteskala, sowie auch von einigen anderen Edelsteinen, Platten schleifen zu lassen und dann zu versuchen, mit Kanten, welche ohnedies von der Fassung bedeckt werden sollen, zu ritzen. Man sollte aber immer nur mit solchen Steinen zu ritzen versuchen, von denen man mit Grund annehmen kann, dass sie härter sind, als die zu ritzende Probe, und stets mit einem wenig harten Mineral den Versuch beginnen. Mit der Feile zu ritzen ist immerhin riskant. Man soll zum Ritzen die Rundseite des geschliffenen Steines anwenden und mit dieser die einzelnen Glieder der Skala zu ritzen versuchen, wobei der Gebrauch von Platten, etwa von Orthoklas, Quarz und Topas, recht zu empfehlen ist; dabei kann man bei dem ersten und dritten Mineral Spaltflächen benutzen.

Zu beachten ist auch der Umstand, dass die Härte auf verschiedenen Flächen, wie auch nach verschiedenen Richtungen noch schwanken kann. In der Richtung der Spaltungsflächen ist nämlich der Stein minder hart als quer dazu. Bei geschliffenen Steinen ist aber die Richtung, nach welcher man ritzt, unbekannt; wenn es auf sehr feine Unterschiede ankommt, kann man daher leicht einen Irrthum begehen. Dagegen lässt sich die Härte ohne Gefahr für den Stein dazu benutzen, um Imitationen, z. B. Glasflüsse, von natürlichen Steinen zu unterscheiden, denn diese werden alle von Topas geritzt.

Quarzvarietäten, Granat, Turmalin können durch ihre geringere Härte von sehr harten Steinen wie Zirkon, Diamant, Rubin unterschieden werden. Leicht wird die Härte beim Schleifen bestimmt, denn bei gleicher Grösse der Steine braucht der härtere Stein mehr Zeit als der minder harte. Ob aber die Zeitdauer proportional der

Härte steht, wie Kluge annimmt, ist nicht sicher. Kluge[1] erwähnt, dass ein Steinschleifer, um den grossen blauen Diamant des Hope (Hopestein) zu schleifen, 52 mal so viel Zeit in Anspruch nahm, als wenn dieser blaue Stein Saphir gewesen wäre. Diese Angabe ist wohl mit Vorsicht aufzunehmen.

In der folgenden Tabelle sind die Härtegrade der Edel- und Schmucksteine zusammengestellt.

Reihenfolge der Härte der Edelsteine.

	Grad:		Grad:
Diamant	10	Rosenquarz	7
Saphir	9	Avanturin	7
Rubin	9	Cyanit[2]	7
Topas	8	Vesuvian	$6^1/_2$—7
Chrysoberyll	$7^3/_4$	Labrador	6
Spinell	$7^3/_4$	Mondstein	6
Phenakit	$7^3/_4$	Adular	6
Beryll	$7^1/_2$	Obsidian	6
Smaragd	$7^1/_2$	Türkis	6
Zirkon (Hyazinth)	$7^1/_2$	Nephrit	$5^3/_4$
Euklas	$7^1/_2$	Diopsid	$5^3/_4$
Pyrop	$7^1/_4$	Hämatit	$5^3/_4$
Almandin	$7^1/_4$—$7^1/_2$	Lasurstein	$5^1/_2$
Edler Granat	$7^1/_4$	Haüyn	$5^1/_2$
Staurolith	$7^1/_4$	Flussspath	4
Andalusit	$7^1/_4$	Malachit	$3^3/_4$
Cordierit	$7^1/_4$	Serpentin	$3^1/_2$
Chrysolith	7—$7^1/_4$	Marmor	3
Turmalin	7—$7^1/_4$	Alabaster	$2^1/_4$
Axinit	7	Bernstein	$2^1/_4$
Bergkrystall	7	Speckstein	1
Amethyst	7		

[1] Kluge, Edelsteinkunde, Leipzig 1860.

[2] Der Cyanit oder Disthen zeigt nach verschiedenen Richtungen sehr verschiedene Härte (5—7).

Sechstes Kapitel.

Brechung des Lichtes.

Wenn Licht auf die ebene Fläche eines Körpers fällt, wird es zum Theil zurückgeworfen oder reflectirt, zum Theil dringt es in den Körper ein; dabei erleidet die Richtung der einfallenden Lichtstrahlen eine Ablenkung, das Licht wird gebrochen; der Winkel der Ablenkung selbst hängt von der Substanz ab.[1] Jeder Edelstein wird einen unter bestimmtem Winkel einfallenden Lichtstrahl verschieden ablenken, je nach dem Werthe des Brechungsverhältnisses, d. h. je nach der Grösse eines Werthes, welcher von dem Einfallswinkel AOB und dem Brechungswinkel COD (Fig. 7[2]) abhängig ist, was man durch eine bestimmte Zahl, den Brechungsquotienten, ausdrückt. Dieser Brechungsquotient ist für einen bestimmten Edelstein constant. Er kann aber nur bei amorphen Körpern und bei regulären Krystallen in allen Richtungen gleich sein, bei den übrigen Krystallen, also durchweg bei der Mehrzahl der Edelsteine, tritt durch die unten zu betrachtende Doppelbrechung eine weitere Erscheinung ein: die Verschiedenheit der Brechungsquotienten in verschiedenen Richtungen. Um bezüglich dieser Krystalle Vergleiche anzustellen, muss man die Brechungsquotienten der Lichtstrahlen, welche in einer und derselben Richtung, z. B. einer Krystallaxe parallel, einfallen, vergleichen.

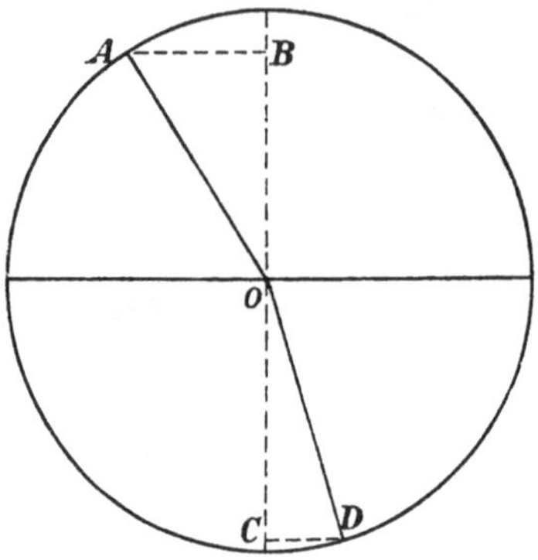

Fig. 7.

[1] Das weisse Licht besteht aus verschiedenen Farben von ungleicher Brechbarkeit, die sich beim Eintritt in einen durchsichtigen Körper trennen. Wenn man ein Prisma benutzt, so erhält man alle zwischen roth und violet liegenden einfachen Farben nach der Reihenfolge ihrer Brechbarkeit. Es entsteht das sogenannte Spectrum.

[2] In Fig. 7 ist AO der einfallende, OD der gebrochene Lichtstrahl, BOC die Senkrechte zur Fläche des Steines; der Brechungsquotient wird durch das Verhältniss $AB : CD$ bestimmt.

Die Zahlen, welche man erhält, sind theilweise recht verschieden, wie aus den unten stehenden Angaben hervorgeht.

Zur Unterscheidung der Edelsteine haben die Werthe der Brechungsquotienten keine praktische Bedeutung, da ihre Bestimmung ungemein zeitraubend ist. Der französische Mineralog E. Bertrand hat allerdings ein Instrument (Refractometer) construirt, welches ziemlich rasch zum Ziele führt und bequem zu handhaben ist, dasselbe giebt aber nur diejenigen Werthe, welche unter 1·7 liegen, was bei sehr wenigen Steinen der Fall ist, und gerade bei denjenigen Edelsteinen, welche mit jenem Instrument untersucht werden könnten, z. B. Chrysolith, Topas, zeigen die Werthe nur geringe Unterschiede, so dass die Bestimmung doch sehr genau durchgeführt werden müsste.

Zu erwähnen ist noch, dass eine Ablenkung von Lichtstrahlen in den Edelsteinen nur dann stattfindet, wenn der Stein von nichtparallelen Flächen begrenzt wird; dies ist aber bei ihnen in Folge des Schliffes wirklich der Fall. Es ist geradezu der Zweck des Schliffes, möglichst viele nichtparallele Flächen zu erzeugen, um eine starke Ablenkung des Lichtes hervorzurufen.

Obgleich der Edelsteinhändler oder der Sammler, wie erwähnt, wohl nur selten in der Lage sein wird, selbstständig einen Brechungsquotienten bestimmen zu können, da die betreffenden Apparate[1] nicht so einfach zu handhaben sind und auch die Kenntniss der krystallographischen und optischen Verhältnisse dazu nothwendig ist, und weil überhaupt bei geschliffenen Edelsteinen die Bestimmung häufig undurchführbar ist, so mögen hier doch die Brechungsquotienten bei einigen wichtigeren Edelsteinen angegeben werden:

Diamant	2·41	Hyazinth	1·92—1·99
Spinell	1·71	Turmalin	1·62—1·64
Granat	1·77	Topas	1·61
Rubin u. Saphir .	1·76	Chrysoberyll . . .	1·75
Quarz	1·53—1·57	Chrysolith . . .	1·66—1·69
Smaragd	1·57		

Totale Reflexion.

Wenn der Winkel, unter welchem ein Lichtstrahl im Edelstein die Grenzfläche zwischen dem Edelstein und der Luft erreicht, ein sehr grosser ist, so kann es vorkommen, dass dieser Lichtstrahl nicht mehr in die Luft austritt, sondern an der Grenze total zurück-

[1] Diese sind: das Spectrometer, das Kohlrausch'sche Totalreflectometer, das früher erwähnte von Bertrand etc.

geworfen wird; es wird dies dann eintreten, wenn der Einfallswinkel so gross wird, dass der Brechungswinkel 90° werden müsste. Bei jeder Substanz aber ist der Grenzwinkel, welcher nicht überschritten werden darf, ohne Totalreflexion herbeizuführen, ein anderer: je grösser der Brechungsquotient, je kleiner der Winkel der Totalreflexion. Beim Diamant, welcher einen sehr grossen Brechungsquotienten besitzt, ist jener Winkel 24° circa. Dieser geringe Werth des Winkels der Totalreflexion ist die Ursache des sogenannten Feuers des Diamanten. (Vgl. Kap. XVII.)

Siebentes Kapitel.

Doppelbrechung des Lichtes.

Manche Mineralien zeigen die auffallende Erscheinung, dass das Bild eines Gegenstandes, welchen man durch dieselben betrachtet, doppelt erscheint; insbesondere der Kalkspath in seinen wasserhellen durchsichtigen Varietäten (isländischer Spath) ist zur Beobachtung dieser Doppelbrechung besonders geeignet. Bei näherer Betrachtung zeigt sich indessen, dass mit Ausnahme einer Richtung, welche mit der Hauptaxe (siehe Fig. 1) des hexagonalen Systemes zusammenfällt, und welche man durch Verbinden der unteren und oberen Ecke des Rhomboëders erhält (Fig. 1 a), alle Richtungen Doppelbrechung zeigen. Jene Richtung parallel der Hauptaxe weist jedoch kein doppeltes Bild, sondern nur ein einfaches auf, sie spielt bei den optischen Verhältnissen, wie bei den krystallographischen eine besondere Rolle und wird auch optische Axe genannt.

Viele Edelsteine verhalten sich so wie der Kalkspath, aber keiner zeigt die Erscheinung der doppelten Brechung sehr deutlich, weshalb man auch leider nicht in der Lage ist, diese Eigenschaft zur Unterscheidung der Edelsteine zu verwerthen. Die Mineralien, welche wie der Kalkspath eine Richtung besitzen, nach der keine Doppelbrechung stattfindet, nennt man auch einaxige, andere Mineralien, zu welchen der Chrysolith, der Chrysoberyll, der Topas, der Andalusit und der Euklas gehören, zeigen zwei solcher Richtungen, sind zweiaxig. Einaxig sind alle Krystalle, welche dem tetragonalen oder hexagonalen Krystallsystem angehören, zweiaxig sind die des rhombischen, monoklinen und triklinen Systemes, während die des regulären Systemes überhaupt nach keiner Richtung Doppelbrechung zeigen; sie sind einfach brechend, wie die amorphen Körper, z. B. Opal, Obsidian.

Sehr viele Edelsteine sind einaxig z. B.: Turmalin, Rubin, Saphir, Smaragd, Bergkrystall mit seinen Varietäten, Hyazinth u. A.

Die Doppelbrechung ist jedoch, wie wir gesehen haben, eine Eigenschaft, welche zumeist nicht direkt beobachtet werden kann, daher sie uns weiter keinen Nutzen bieten würde, wenn nicht damit gleichzeitig andere Veränderungen des Lichts verbunden wären, deren Beobachtung einfacher durchführbar ist, weil sie benutzt werden können, um leicht erkennbare Farbenerscheinungen hervorzurufen. Man nennt diese eigenthümliche, in ihrem Wesen hier nicht näher erklärbare Veränderung des Lichtes: die Polarisation.

Die Wirkungen dieser Modification des Lichtes lassen sich mit geeigneten Instrumenten durch Farbenerscheinungen, sogenannte Interferenzerscheinungen, leicht wahrnehmen; sie dienen wesentlich zur Unterscheidung sowohl der verschiedenen Krystallsysteme, als auch einzelner Mineralien selbst. Es treten, wenn man solches polarisirtes Licht durch Krystalle, welche nicht dem regulären Systeme angehören, durchgehen lässt, Farbenerscheinungen auf. Um jedoch polarisirtes Licht herzustellen und um die Farbenerscheinungen überhaupt dem Auge wahrnehmbar zu machen, bedarf es eigener Instrumente, von welchen insbesondere der Nörremberg'sche Polarisationsapparat (Fig. 8) geeignet erscheint. Am besten treten jene Farbenerscheinungen auf, wenn man sich dünner Krystallplatten bedient. Dies ist aber in unserem Falle, wo man geschliffene Edelsteine untersuchen soll, nicht möglich, so dass insbesondere bei dickeren Steinen die Farben schwer wahrnehmbar sind. Um dies zu erreichen, kann man die Steine, welche man untersuchen will, in eine Flüssigkeit von grossem Brechungsvermögen tauchen und sie innerhalb dieser untersuchen. Der gewöhnliche Apparat besteht aus zwei Spiegeln, von welchen der untere s, ein gewöhnlicher Glasspiegel, beweglich ist und dazu dient, die Lichtstrahlen auf den zweiten P zu werfen; letzterer ist unbeweglich, über ihm befindet sich ein System von Sammellinsen S in einer Metallhülse und über derselben der Objecttisch, auf welchen der Stein gelegt wird. Will man den Stein in eine Flüssigkeit während der Beobachtung tauchen, so stellt man ein kleines Glasgefäss auf den Objecttisch, welches die Flüssigkeit enthält.

Nunmehr passiren die Lichtstrahlen, die aus dem zu untersuchenden Mineral kommen, ein in S' angebrachtes zweites System von Sammellinsen und ein Ocular L, über welchem sich ein Nicol'sches Kalkspathprisma A befindet, welches um die Vertikale drehbar ist.[1] Je nach der Stellung dieses Prisma's ist das Gesichtsfeld dunkel oder hell; das Maximum der Dunkelheit ist durch eine Marke angezeigt, und man wird die Beobachtung so ausführen, dass man zuerst auf diese Marke einstellt, ehe man den Krystall auf den Objectträger legt.

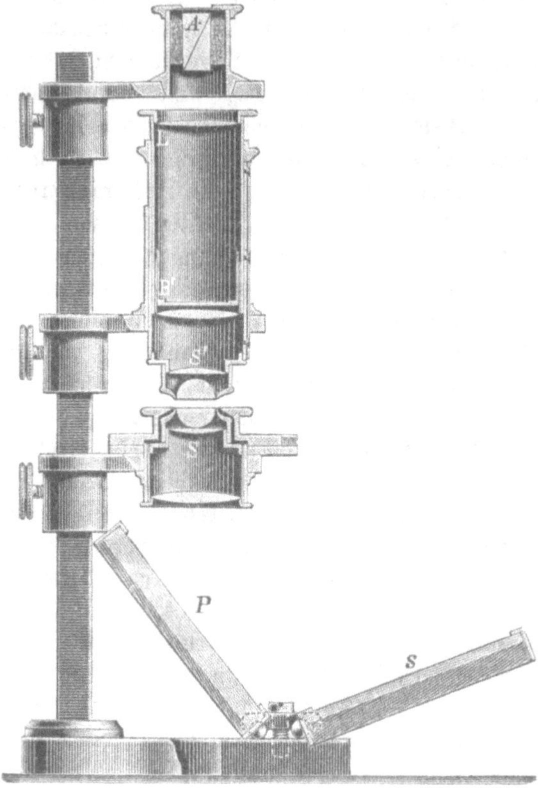

Fig. 8. Polarisationsapparat.

Versuchen wir nun mit Hilfe eines solchen Instrumentes die Untersuchung eines geschliffenen Edelsteines durchzuführen, d. h. zu bestimmen, ob derselbe regulär, einaxig oder zweiaxig ist. Da tetragonal krystallisirende Edelsteine durchaus selten sind, auch nur wenige monokline vorkommen, so haben wir für die Praxis zumeist nur hexagonale und rhombische Krystalle zu unterscheiden, was die Untersuchung bedeutend erleichtert; ferner haben wir noch die Unterscheidung amorpher Körper (Glas-Imitationen) und regulärer Krystalle von doppeltbrechenden Krystallen auszuführen. Diese erste Operation ist die leichtere, denn es bedarf dazu keiner orientirten Schlifffläche, d. h.

[1] Das Nicol'sche Prisma, ein Kalkspathrhomboeder, welches schräg auseinandergeschnitten und durch Canadabalsam wieder gekittet ist, hat den Zweck einen einzigen polarisirten Lichtstrahl zu erzeugen. Statt des unteren Spiegels P kann man auch ein solches Prisma einsetzen. Jeder Polarisationsapparat besteht aus zwei Nicol'schen Prismen, oder aus einem Spiegel und einem Prisma. Beim Spiegel erfolgt die Lichtpolarisation durch Reflexion des Lichtes, nicht

solcher, deren Lage gegen die Hauptaxe bekannt ist. Man wird zu diesem Zwecke vorerst den Stein auf die Linse L legen, eventuell in dem mit Jodmethylen gefüllten Glasgefässe. Liegt nun ein amorpher oder regulärer Körper vor, so sieht man keinerlei Farbenerscheinung, während im Falle eines doppeltbrechenden Krystalls der Stein Farben zeigt, die beim Drehen des oberen Nicol's wechseln.

Es könnte jedoch die Abwesenheit der Farben auch dann eintreten, wenn ein einaxiger Krystall vorliegen würde, der senkrecht zur optischen Axe geschliffen ist; um sich darüber Gewissheit zu verschaffen, legt man den Stein eventuell in dem mit Jodmethylen gefüllten Glasgefässe auf den Tisch über die Linse S, und dann

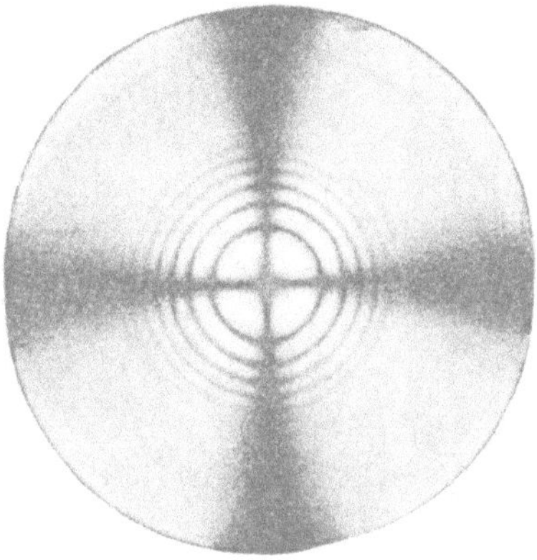

Fig. 9.

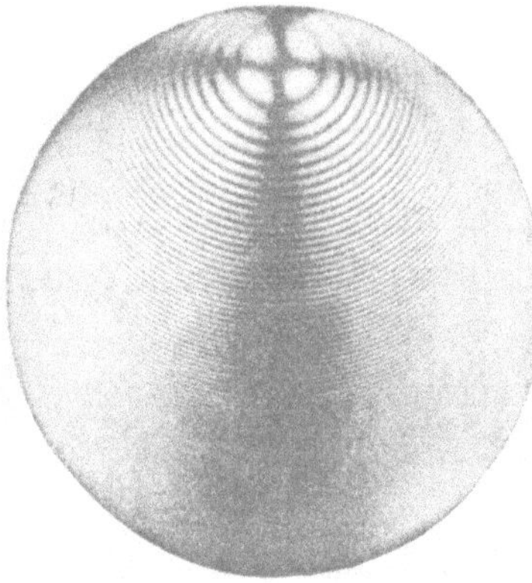

Fig. 10.

wird man, wenn ein amorpher oder regulärer Krystall vorliegt, keine Farben-Erscheinung wahrnehmen, während im Falle, dass man einen einaxigen Krystall vor sich hat, eine eigenthümliche Figur mit Kreisen, durchbrochen von einem schwarzen Kreuze erscheint (Fig. 9). Dreht man den oben angebrachten Nicol A, so wird das schwarze Kreuz zu einem weissen.

---

durch Doppelbrechung, wie beim Nicol'schen Kalkspathprisma. Von den beiden in letzterem entstehenden Strahlen wird der eine durch die Canadabalsamschicht, welche die beiden durchschnittenen Theile des Kalkspath's verkittet, total reflectirt, so dass nur ein Strahl, aber ein polarisirter, hindurchgeht. Wenn man (ohne einen Krystall zu beobachten) das obere Nicol'sche Prisma dreht, so beobachtet man abwechselnd Helligkeit und Dunkelheit. Ohne das obere Prisma würde man keine Interferenzerscheinung wahrnehmen. Dieses Nicol'sche Prisma dient dazu, das aus L ausstrahlende Licht zu untersuchen, zu analysiren, weshalb es auch Analysator genannt wird.

Wollen wir nun einaxige Krystalle von zweiaxigen unterscheiden, so werden wir bei einaxigen entweder die soeben beschriebene Erscheinung (Fig. 9) beobachten, oder aber eine etwas verschobene (Fig. 10).

Bei zweiaxigen Krystallen wird der Fall, dass eine scharfe Interferenz-Figur auftritt, seltener vorkommen, da diese nur dann erscheint, wenn man durch Facetten hindurchblickt, welche nach gewissen bestimmten Richtungen liegen, und zwar bei denjenigen, welche zu untersuchen man am meisten Gelegenheit hat, bei rhombischen, nach Richtungen, welche den Krystallaxen[1] entsprechen. In diesen Fällen wird man eine scharfe Interferenzfigur sehen können, die in Fig. 11 abgebildet ist. Auch dann, wenn die Fläche,

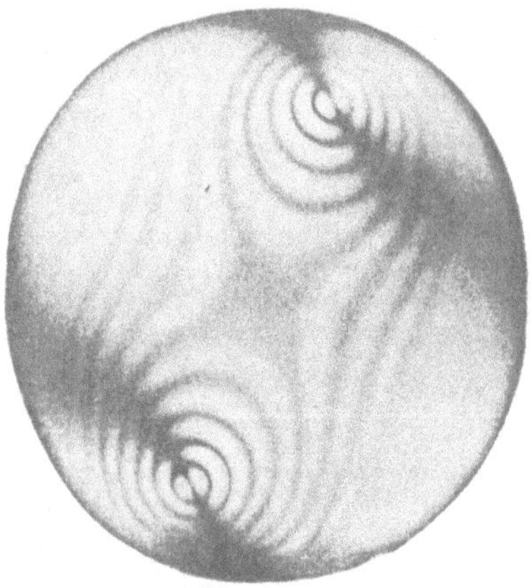

Fig. 11.

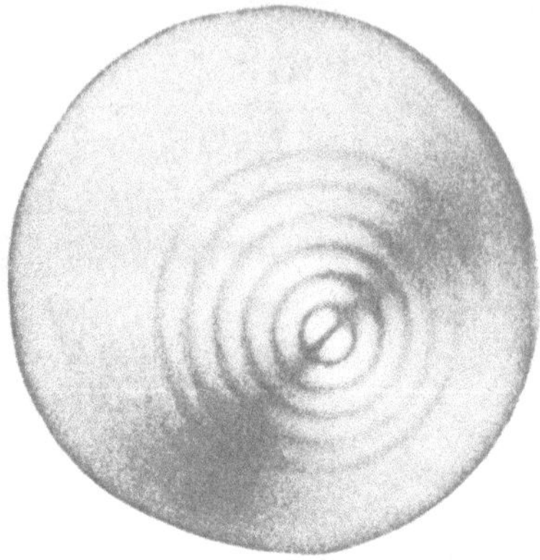

Fig. 12.

durch welche man beobachtet, zu einer der soeben genannten Flächen unter einem nicht zu grossen Winkel geneigt ist, kann man eine charakteristische Figur sehen, welche von jener der einaxigen (hexagonalen, tetragonalen, vgl. Fig. 9 und 10) noch immer verschieden ist, und welche Fig. 12 zeigt. Ist aber die Richtung, nach welcher man den Krystall betrachtet, eine ganz beliebige, so ist die Interferenzfigur nicht immer charakteristisch.

In der Praxis wird man daher diese bei Schliffen so gut verwendbare und so präcise Methode nur verhältnissmässig selten anwenden können. Durch Drehen des geschliffenen Steines könnte man allerdings die Richtung der Axe resp. die darauf senkrechte Facette finden; man wendet dies auch an, indem man den Stein nach ver-

[1] Vergl. Fig. 3 (S. 5); die Richtungen *AB*, *BC*, *BD* sind die Krystallaxen.

schiedenen Richtungen betrachtet[1]; da jedoch der Schliff des Steines bekanntlich zumeist derart ausgeführt wird, dass nur eine grössere Facette neben vielen kleineren vorhanden ist, und die grosse Facette parallel der grössten Ausdehnung des Steines liegt, so ist es schwer, diese Beobachtung in einer von jener Facette sehr abweichenden Richtung, z. B. nach *AB* Fig. 13, auszuführen, denn dem steht die grosse Dicke des Edelsteines und überdies die Kleinheit der von der Richtung *AB* getroffenen Facetten entgegen. Allerdings kommt es, da die Fläche *XY* oft Spaltfläche ist, vor, dass gerade sie ein charakteristisches Interferenzbild giebt, wenn das aber nicht der Fall ist, so wird die Beobachtung schwieriger werden.

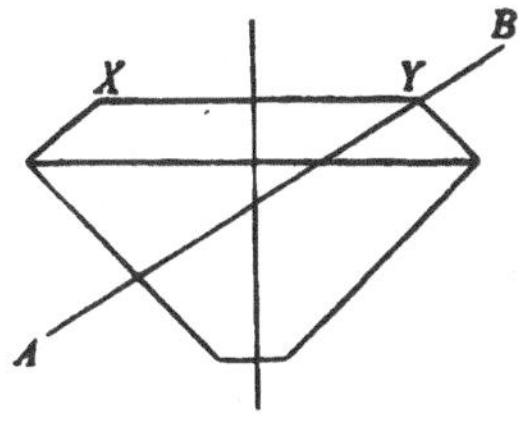

Fig. 13.

Achtes Kapitel.

Farben der Edelsteine.

Bei der Brechung des Lichtes haben wir gesehen, dass das Sonnenlicht, welches in einen durchsichtigen Körper eindringt, zerlegt wird in Strahlen von verschiedener Brechbarkeit. Jeder Körper besitzt nun die Eigenschaft, diese Strahlen mehr oder minder zu absorbiren, so zwar, dass das durchgehende Licht an Intensität verliert. Körper, die sehr stark absorbiren, sind undurchsichtig; absorbiren sie nur Spuren des Lichtes, so sind sie **durchsichtig**. Wenn sie dabei die Eigenschaft haben, alle Strahlen von verschiedener Brechbarkeit gleichmässig durchzulassen, so sind sie **wasserhell** und **farblos**; solche Steine sind die vom reinsten Wasser.

[1] C. Klein hat einen solchen Drehapparat beschrieben (Sitzungsber. d. Kgl. Akademie der Wissenschaften in Berlin 1891), welcher erlaubt vermittelst einer Axe den Stein nach allen Richtungen zu drehen, so dass man die richtige Stellung zur Beobachtung der Interferenzbilder (Fig. 9—12) durch Drehung finden kann. Der Stein wird in eine Flüssigkeit von hoher Brechbarkeit, z. B. Methylenjodid, welche in einem Glasgefässe sich befindet, eingetaucht, wodurch auch bei dickeren Steinen die Erscheinung sichtbar wird. Der Apparat (welchen der Mechaniker R. Fuess in Berlin construirt) wird auf den Tisch des Polarisationsapparates gestellt.

Es giebt aber Edelsteine, welche, trotzdem sie das Licht ungehindert passiren lassen, doch nicht von vollkommen reinem Wasser sind; das ist der Fall, wenn sie Einschlüsse zeigen. Diese können sein: A) Einschlüsse fremder Mineralien, z. B. enthält Smaragd oft Glimmerblättchen, Bergkrystall, Rutil oder Hornblendenadeln.

B) Einschlüsse von Flüssigkeiten, von Gasporen. Letztere sind isolirt nur mit dem Vergrösserungsglase zu beobachten, sie kommen aber oft so massenhaft vor, dass sie schon dem freien Auge sichtbar werden, bilden Wolken oder Reihen und durchziehen in einer oder mehreren Richtungen den Krystall (sogenannte „Fahnen" der Juweliere).

C) Endlich wird die Wasserhelligkeit auch aufgehoben durch Sprünge, theils unregelmässige, theils regelmässige Spaltrisse.

Wenn ein Körper die Eigenschaft besitzt, die verschiedenen Lichtarten ungleich zu absorbiren, so erhält er dadurch, dass er dem weissen Lichte eine Farbe mehr als der anderen entzieht, eine Färbung. Dadurch, dass die Absorption der verschiedenen Lichtarten verschieden ist, können unzählige Farbennüancen entstehen.

Man unterscheidet bezüglich der Farben gefärbte und farbige. Letztere, auch idiochromatische genannt, sind solche, welche stets dieselbe Farbe zeigen, und zwar eine solche, welche ihnen eigen ist[1]; so ist der Schwefel stets gelb, der Malachit grün, der Lasurstein blau.

Im Gegensatz dazu giebt es weit häufiger Steine, welche, sei es durch ein chemisch gebundenes Färbemittel, oder auch durch ein mechanisch beigemengtes, gefärbt sind.

Die Substanzen des Diamantes und des Korundes sind an und für sich farblos, aber diese Mineralien können durch beigemengte Stoffe, welche in minimalen Mengen vorhanden sind, und die schon bei ihrer Entstehung beigemengt wurden, alle möglichen Färbungen aufweisen. Bei den Edelsteinen ist diese Erscheinung so häufig, dass man den Satz aufstellen kann:

Jeder Edelstein kann jede Farbe zeigen!

Dass man viele Steine findet, die an verschiedenen Stellen verschiedene Farben aufweisen, zeigt, dass die Farben mit der Substanz in keinem integrirenden Zusammenhange zu stehen brauchen. In einem solchen Falle ist der Stein ein gefärbter oder fremdfarbiger. Mit wenigen Ausnahmen (wie den vorhin erwähnten) sind alle Edel-

[1] d. h. unmittelbar aus ihrer chemischen Constitution hervorgeht.

und Halb-Edelsteine durch Beimengungen gefärbte Körper. Oft ist die verschiedene Färbung verschiedener Stellen durch mechanische Beimengung fremder gefärbter Mineralien verursacht: so kann massenhaftes Vorkommen von Eisenglimmer den Bergkrystall roth färben; manche Diamanten zeigen schwarze oder braune Flecken, die wahrscheinlich von Eisenglanz herrühren.

Welches sind nun die in kleinen Mengen in den Krystallen vorhandenen Substanzen, welche die Färbung verursachen?

Fragen wir uns, wie dieselben in den Krystall hineinkommen, so finden wir, dass nur in wenigen Fällen mechanische Beimengung vorliegt, wie bei den vorhin angeführten Beispielen, bei welchen eigentlich auch nicht eine regelmässige Färbung vorliegt, sondern eine Färbung einzelner Theile des Steines; es handelt sich also hier um farbige Einschlüsse, nicht um ein Färbemittel. Es kann allerdings auch vorkommen, dass das Färbemittel nicht gleichmässig vertheilt ist, dass einzelne Stellen tiefer als andere gefärbt sind, und dass manche Stellen farblos sind. Diese Erscheinung tritt insbesondere bei den sogenannten isomorphen Mischungen auf; Turmalin und Diopsid geben uns sehr gute Beispiele. Die Verbreitung des Färbemittels kann dabei eine regelmässige, zonenartige sein, oder ganz unregelmässig. Es können aber nicht nur verschiedene Nüancen einer Farbe, sondern auch überhaupt ganz verschiedene Farben auftreten. So beobachtet man beim Turmalin beispielsweise einen blauen Kern und ringsum eine rosa Schale, oder man beobachtet Krystalle mit drei verschiedenfarbigen Schalen, z. B. die innerste dunkelgrün, die zweite hellgrün, die äusserste hellgelb. Oder aber der Krystall ist, wie wiederum beim Turmalin, an einem Ende lichtblau, am anderen rosa, dazwischen farblos, oder beim Beryll an einem Ende smaragdgrün, am anderen bräunlich gelb.

Aufschluss über diese Erscheinungen geben die künstlichen Krystalle, wie man sie bei manchen schwefelsauren Kobalt- und Nickel-Salzen, dann bei den Alaunen in verschiedenen Farben durch Beimengungen herstellen kann, wo man im Innern einen violetten Kern, ringsum eine rosa Schale und eine zweite farblose herstellen kann; der innere Kern besteht aus reinem Chrom-Alaun, der zweite aus einer Mischung dieses mit Kali-Alaun und der äussere farblose aus reinem Kali-Alaun. Durch Uebereinanderkrystallisiren kann man so Krystalle erzeugen, welche an einem Individuum verschiedene Farben zeigen. Mischt man aber verschiedenfärbige Lösungen, so kann man auch Krystalle herstellen, deren Farbe eine intermediäre zwischen der der angewandten Lösungen ist.

Aus den Experimental-Versuchen geht hervor, dass die Färbung eine durch die ganze Masse vertheilte molekulare ist, so wie, dass die farblose Masse des Krystalles innig mit dem Färbemittel gemengt ist; letzteres ist also an und für sich nicht unterscheidbar, da keine mechanische Mischung vorliegt.

Nach den Versuchen von O. Lehmann, erklärt sich aber auch die Färbung, welche nicht durch eine isomorphe färbige Substanz verursacht wird, durch Färbung der Mutterlauge.

Was nun die chemische Beschaffenheit des Färbemittels anbelangt, so ist sie natürlich sehr verschieden. Dieselbe kann mit der chemischen Zusammensetzung des gefärbten Steines im Zusammenhange stehen, derselben ähnlich zusammengesetzt sein, oder auch nicht. Die Färbemittel des Diamantes z. B. stehen mit der Substanz des letzteren in gar keinem Zusammenhange, es sind organische Verbindungen der Metall-Oxyde und Salze, während der Diamant ein Element ist. Manche Silikate und Oxyde sind durch organische Verbindungen gefärbt, die in keinem Zusammenhange mit ihrer Substanz stehen. Bei anderen, z. B. bei Turmalin, ist es wieder eine chemisch ähnliche, sogenannte isomorphe Substanz, welche färbt.

Auch bezüglich der Mengen des anwesenden Färbemittels herrscht grosse Verschiedenheit, oft sind minimale Mengen wie bei Rubin, Diamant vorhanden, während bei Turmalin, Chrysolith die Menge eine beträchtliche sein kann. Man hat daher mit grossen Schwierigkeiten bei ersteren zu kämpfen, wenn man das Färbemittel untersuchen will, da es sehr grosser Mengen des Minerals bedarf, um eine Analyse durchführen zu können, und muss daher oft indirect das Färbemittel bestimmen, z. B. durch Einwirkung von Gasen etc. bei höherer Temperatur, um Anhaltspunkte zu bekommen. Dagegen beweist die Darstellung einer vollkommen übereinstimmenden Färbung nichts; man kann mit Kobalt die Färbung des Saphirs vollkommen herstellen, trotzdem enthält dieser gewiss kein Kobalt. Ein Rückschluss aus künstlich erzeugten Färbungen auf die Färbemittel, welche die Natur in den Mineralien hervorgebracht hat, ist daher unzulässig.

Es sind daher heute noch manche Färbemittel der Edelsteine unsicher, so z. B. ist die Ansicht, dass Chromsäure den Rubin färbe, keineswegs sicher, denn manche Rubine sind wohl auch durch Eisenverbindungen gefärbt, oder vielleicht kommen beide darin vor. Ueber die organischen Substanzen, welche in manchen Fällen als Färbemittel von Edelsteinen auftreten, weiss man noch weniger.

Aus den bisherigen Untersuchungen kann man annehmen, dass insbesondere Eisen- und Manganverbindungen, dann Kupfer- und Chromverbindungen am häufigsten als Färbemittel auftreten.

Neuntes Kapitel.

Farbenbenennungen der Edelsteine.

Die für die Edelsteine, wie überhaupt für Mineralien gebräuchlichen Farbennamen sind zur Zeit sehr willkürliche und wenig präcise, theilweise auf Farbenvergleiche mit Pflanzen, Früchten basirt, theilweise auf bestimmte technische Farben, theilweise auf Farben von Edelsteinen selbst, wodurch dann jeder Fixpunkt fehlen muss.

Am besten sind noch jene Farben charakterisirt, welche sich auf eine bestimmte technisch gangbare Farbe beziehen: indigo, kobalt, berlinerblau, cochenillroth, ponceauroth.

Ganz unzureichend sind die Vergleiche mit Früchten, Blüthen, Blättern, Nahrungsmitteln, z. B. sind die Begriffe pomeranzengelb, pistaziengrün, apfelgrün, berggrün, spargelgrün, chokolatbraun, kastanienbraun und viele andere ähnliche sehr dehnbare. Ganz willkührlich sind die Namen röthlichweiss, grünlichschwarz, schwärzlichbraun. H. Fischer[1] findet den Grund der anerkannten Unzulänglichkeit der üblichen Ausdrücke für Mineralfarben in dem Mangel an Ausdrücken und insbesondere präciser Ausdrücke in der deutschen Sprache, doch ist es in anderen Sprachen damit nicht besser bestellt.

Am besten wäre wohl der Vergleich mit technisch bekannten gangbaren Farben; indigo, kobaltblau, sepia, bordeauxroth, zinkweiss, ponceauroth, sind doch ziemlich präcise Ausdrücke für eine bestimmte Farbennüance.

Das beste Vergleichsmittel bildet unstreitig die Radde'sche Farbenskala, welche in zwei Ausgaben vorhanden ist, in einer kleineren[2] und einer grösseren[3]. Letztere enthält 42 Farben, welche wieder in 21 Töne zerfallen, so dass man 882 Farbentöne präci-

[1] Neues Jahrbuch für Mineralogie 1879, S. 854.

[2] Preis 6 Mark. Hamburg 1877.

[3] Preis 24 Mark. Leider sind die einzelnen Exemplare nicht gleichmässig, manche Tafeln scheinen misslungen zu sein. Es wäre im Interesse des Herausgebers, wenn nur vollkommen reine Farbendrucke ausgegeben würden, da sonst die Benützung beeinträchtigt wird.

siren kann. Man kann die Farbentöne isoliren, und es gelingt leicht durch Nebeneinanderlegen des betreffenden Edelsteines den Ton sehr genau zu fixiren. Ich habe mich dieser Tafeln sehr häufig bedient, um Farben von Mineralien zu bestimmen, und glaube, dass es bisher kein besseres Mittel, als dieses giebt.

Zehntes Kapitel.

Dichroismus und Polychroismus.

Die doppeltbrechenden Mineralien haben die Eigenschaft nach verschiedenen Richtungen mehr oder minder verschiedene Färbung zu zeigen. Diese Eigenschaft, der Polychroismus, ist in vielen Fällen leicht zur Erkennung der Edelsteine, zu der Unterscheidung derselben unter einander und von Imitationen, zu verwerthen, und es mag daher auf dieselbe näher eingegangen werden.

Einfachbrechende Krystalle, wie Diamant, Spinell, Granat, sowie amorphe Mineralien, wie Opal, zeigen in verschiedenen Richtungen betrachtet stets dieselbe Farbe. Doppeltbrechende Krystalle haben jedoch im allgemeinen in verschiedenen Richtungen auch verschiedene Färbung. Bei manchen Körpern ist der Unterschied so gross, dass man ihn ohne weiteres, ohne irgend welchen Apparat, beim ersten Blicke wahrnimmt, so beim Turmalin, wenn man ihn in der Richtung des Prisma's oder senkrecht dazu beobachtet. Turmalin, Epidot zeigen beim Drehen sehr verschiedene Farben. Bei anderen Mineralien ist der Unterschied kein so beträchtlicher, wird aber unter Zuhilfenahme einfacher Mittel sehr deutlich. Als solche Hilfsmittel dienen das früher erwähnte Nicol'sche Prisma, sowie ein besonders für diese Untersuchung von Haidinger erdachter Apparat, die dichroskopische Lupe (Fig. 14).

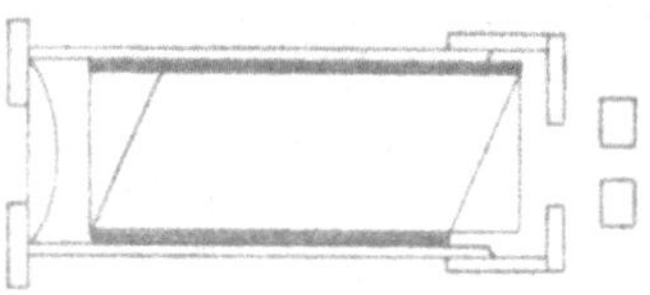

Fig. 14. Dichroskopische Lupe.

Bei Anwendung des Nicol'schen Prisma's muss man dieses drehen, und man gewahrt dann zwei verschiedene Bilder nacheinander. So zeigt der Rubellit die Nüancen rosa und blassviolet bis blaugrau, Beryll bläulichgrün bis braungelb (bis vieil'or), Andalusit intensives rosa und gelblich bis grünlich.

Bei Anwendung der dichroskopischen Lupe sieht man die beiden Bilder nicht nacheinander, sondern nebeneinander, so dass ihre Verschiedenheit deutlicher wahrnehmbar ist. Diese Lupe besteht aus einem in einer Messinghülse befindlichen Kalkspathprisma; auf der einen (linken) Seite desselben befindet sich eine Linse, durch welche man durchblickt, während auf der anderen Seite ein quadratischer Ausschnitt angebracht ist. Man sieht, wenn man das Auge vor die Linse hält, zwei Bilder der quadratischen Oeffnung.

Betrachtet man ein farbiges doppeltbrechendes Mineral durch die Lupe, so sieht man zwei verschieden gefärbte Bilder; hätte man dagegen ein einfach brechendes Mineral, so wären die Bilder gleich gefärbt; aber auch wenn man ein einaxiges Mineral in der Richtung der optischen Axe betrachtet, so sieht man zwei gleiche Bilder; man muss daher, um Verwechselungen vorzubeugen, falls man nicht von vorneherein sofort die zwei Färbungen sieht, erstens den Krystall[1] drehen (da auch bei doppeltbrechenden Krystallen bei einer bestimmten Lage der Bilder gleich erscheinen), zweitens aber auch den Krystall nach verschiedenen Richtungen betrachten.

Man sagt gewöhnlich, die einaxigen Krystalle zeigen Dichroismus, die zweiaxigen Trichroismus. Bei ersteren sind es die Farben in der Richtung der optischen Axe und senkrecht dazu, welche den grössten Unterschied zeigen, während bei den zweiaxigen drei aufeinander senkrechte Richtungen vorhanden sind, welche drei ganz verschiedene Farben zeigen; so z. B. beobachtet man beim Cordierit in der Richtung der drei Krystallaxen die Farben: berlinerblau, hellgelb, hellblau. Es kann dies bei natürlichen Krystallen zur Unterscheidung einaxiger und zweiaxiger Krystalle benutzt werden, denn längs der optischen Axe betrachtet, also wenn man z. B. den Prismenkanten nach durch einen Smaragd, Saphir, Turmalin sieht, wird man immer, auch beim Drehen um die optische Axe herum, dieselbe Farbe sehen; wäre aber ein zweiaxiger Krystall vorhanden, z. B. Cordierit, so würde man bei einer solchen Drehung wiederum verschiedene Farbentöne sehen: um also ein praktisches Resultat zu erreichen, muss man den Krystall nach drei oder mindestens zwei aufeinander senkrechten Richtungen betrachten, von welchen eine mit einer krystallographischen Axe oder der optischen Hauptaxe zusammenfallen soll; man wird bei einaxigen Krystallen zwei verschiedene Bilder erhalten, bei zwei-

[1] und zwar um die horizontale Axe.

axigen, wenn man nach den Richtungen der Axen hindurch sieht, drei verschiedene Bilder.

Bei geschliffenen Edelsteinen ist die Sache oft schwierig, weil man die Lage der Axen nicht kennt; da man jedoch zumeist nur rhombische und hexagonale Krystalle, nämlich Turmalin, Saphir von Cordierit — Smaragd, Turmalin von Chrysoberyll und Chrysolith — Topas von Korund zu unterscheiden hat, so lässt sich die Untersuchung nach drei Richtungen oft auch bei geschliffenen Steinen durchführen, insbesondere wenn zufällig der Stein eine grössere Facette zeigt, die einer Krystallaxe parallel ist oder dazu senkrecht steht. Jedenfalls wird man mit dem Nicol oder der dichroskopischen Lupe zuerst die grosse Schliffläche beobachten und oft hierbei schon Unterschiede, namentlich aber die Anwesenheit oder Abwesenheit von Dichroismus wahrnehmen, was immerhin schon wichtig ist.

Elftes Kapitel.

Künstliche Veränderung der Farben.

Manche Farbstoffe der Edelsteine lassen durch gewisse Agentien eine chemische Umwandlung zu, wodurch eine andere Farbe erzeugt wird oder auch die Farbe gänzlich schwindet. So weiss man schon seit langer Zeit, dass manche gelbe Topase, unter gewissen Verhältnissen erhitzt, rosafarben werden, und dieses Mittel wurde auch häufig zur Aufbesserung der Farbe angewandt. Auch Hyacinth wurde des öfteren durch Glühen farblos und dadurch dem Diamant ähnlich. Die Topase wurden gewöhnlich mit Zunder umhüllt, während Hyacinth, Saphir mit ungelöschtem Kalk oder Eisenfeilspänen erhitzt wurden. Der Karneol soll durch einfaches Brennen eine schöne Farbe erhalten. Alle diese Veränderungen wurden früher nur der Hitze zugeschrieben. Es sind über diese Farbenveränderungen beim Glühen eine Reihe von Angaben verbreitet, welche vielfach unrichtig sind.

Verfasser dieses hat neuerdings eine grosse Anzahl von Versuchen über Veränderungen der Edelsteine bei hoher Temperatur und durch Einwirkung von Gasen ausgeführt, welche darthun, dass in den meisten Fällen die Hitze allein nicht das wirkende Agens ist, ausser bei Entfärbungen durch organische Substanz, und dass aller

Wahrscheinlichkeit nach Oxydationen und Reductionen der betreffenden Färbemittel durch Metall-Oxyde verursacht sind, die reducirt oder in eine höhere Oxydationsstufe überführt werden können, wobei naturgemäss eine Farbenänderung eintreten muss. Dort, wo durch einfache Erhitzung Entfärbung eintritt, ist die Annahme, dass ein flüchtiges organisches Färbemittel darin enthalten war, wohl zutreffend; in diesem Falle genügt schon der Sauerstoff der Luft, um eine Oxydation durchzuführen.

Nach der Widerstandsfähigkeit, in oxydirenden sowohl als in reducirenden Gasen ihre Farbe zu behalten, kann man zweierlei Arten von Edelsteinen unterscheiden: solche, welche, wie Rubin und Diamant[1], absolut unveränderlich zu sein scheinen, und solche, die unter dem Einflusse jener Gase bei hoher Temperatur ihre Farbe mehr oder minder verändern, sei es, dass sie ganz entfärbt werden, oder eine andere Färbung annehmen. Zu letzteren gehören nach den Untersuchungen des Autors vorzugsweise Saphir, Chrysolith, Topas, Turmalin, Amethyst, Smaragd, Spinell. Es wird späterhin bei der Beschreibung der einzelnen Edelsteine noch darauf zurückzukommen sein.[2]

Fälschung der Farben.

Nicht zu verwechseln mit jenen Farbenveränderungen und Entfärbungen, welche nicht auf Fälschung, sondern auf einem Processe beruhen, den auch die Natur mitunter eingeschlagen haben dürfte, ist die Färbung der Oberfläche der Edelsteine (oder auch wennmöglich ihrer ganzen Masse) durch Färbemittel, die mehr oder minder tief eindringen; oft begnügt man sich auch damit, durch Anbringung einer Farbe an einzelnen Kanten der geschliffenen Steine einen farbigen Schein zu erzeugen, welcher die Farbe zu ändern vermag. Es genügt in letzterem Falle schon die sogenannte Rundiste zu färben, um dem Steine ein ganz verändertes Aussehen zu verleihen. Insbesondere geht das Bestreben schon lange darauf aus, die gelblichen Diamanten weiss zu färben. Das dazu angewandte

[1] Insbesondere die gelben Cap-Diamanten scheinen unter keinem Einflusse ihre Farbe zu verlieren. Würde es gelingen, durch chemische Veränderung ihre natürliche Farbe weiss zu machen, so könnte man nicht von einer Fälschung sprechen.

[2] Ueber die Apparate und die Art und Weise der Ausführung dieser Versuche, sowie über die Gase, welche als Agentien dienen, kann hier nicht näher berichtet werden.

Mittel beruht darauf, dass die Complementär-Farbe, also in diesem Fälle eine blaue Nüance, die entsprechende gelbe Farbe anullirt und auf diese Weise ein reines Weiss herstellt. Es werden daher blaue Färbemittel angewandt, welche theilweise widerstandsfähig, z. B. gegen Säuren, sind; sie werden sowohl im festen als im flüssigen Zustande gebraucht. So haben nach Mittheilung von Jannetaz[1] bereits die Inder seit langer Zeit durch vorsichtiges Auftragen von Ultramarin die gelbe Farbe neutralisirt, während in neuerer Zeit bei zahlreichen gelben Cap-Diamanten[2] durch eine blaue Flüssigkeit, womit die Diamanten oberflächlich imprägnirt wurden, die gelbe Farbe aufgehoben und das reine Weiss, allerdings nur für kurze Zeit, hergestellt wurde.

Letztere Proceduren sind natürlich Fälschungen und haben nichts gemein mit jenen, welche bezwecken eine bleibende chemische Veränderung des Diamantes hervorzurufen.

Die Verbesserung der Farben ist übrigens schon in den ältesten Zeiten im Gebrauch gewesen, denn Plinius erwähnt sie bereits und erzählt, dass man Bergkrystall zu Smaragd färben könne. Am häufigsten ist das Verfahren wohl gebraucht worden, um aus Chalcedon Onyx und Achat darzustellen, wozu man sich schon seit alten Zeiten des heissen, mit Wasser verdünnten Honigs bediente; die Steine wurden in heissem Honig durch mehrere Wochen behandelt, alsdann wurden sie in Schwefelsäure einige Stunden hindurch eingetaucht; letztere zersetzt die organische Substanz und färbt den Stein schwarz. Natürlich können nur poröse Steine so gefärbt werden.

Chalcedone werden durch Salzsäure schön gelb gefärbt.

Manche Edelsteine haben die unangenehme Eigenschaft, bei längerer Einwirkung des Sonnenlichtes die Farbe zu verlieren oder wenigstens blässer zu werden; dies soll namentlich bei Rosenquarz und Chrysopras der Fall sein; in diesem Falle dürften organische Färbemittel vorliegen. Von manchem Topas wird ebenfalls ein Bleichen erwähnt.

Weitere optische Eigenschaften der Edelsteine.

Opalisiren. — Man versteht darunter die Eigenschaft des edlen Opals, und in minderem Grade ähnlicher Mineralien (Halbopal), ein

[1] Bulletin de la soc. minéralogique de France 1891.

[2] Siehe die Mittheilung von Chatrian und Jacobs in Comptes rendus de l'Académie 1882, Bd. 95.

buntes Farbenspiel zu zeigen. Dasselbe rührt, wie Brewster bewiesen hat, davon her, dass in der Masse jener Mineralien eine Menge mikroskopischer Hohlräume liegen, die nach drei verschiedenen Richtungen vertheilt sind. Nach Behrens sollen dagegen eingebettete, sehr dünne und oft gekrümmte reflectirende Lamellen von etwas anderer Brechbarkeit die Ursache sein; andere Forscher wieder bezeichnen Risse und Hohlräume als das Farbenspiel hervorbringend. Dies dürfte wohl auch das richtige sein.

Labradorisiren. — Eine merkwürdige Eigenschaft ist die des Labradors und Hypersthens, welche in prächtigem Farbenspiel mit vorherrschendem Stahlblau bei diesem, Rothbraun bei jenem, besteht. Dasselbe wird durch zahlreiche parallel gelagerte Einschlüsse verursacht. Aehnlich ist die Erscheinung beim Avanturin oder Sonnenstein, welcher einen eigenthümlichen Schiller zeigt, verursacht durch Interponirung von rothem Eisenglimmer.

Fluoresciren. — Dies ist die eigenthümliche blaue Lichterscheinung, die manche Flussspathe aus England zeigen.

Asterismus. — Eine durch die Reflexion bedingte Erscheinung ist der Lichtschein oder die Lichtfigur (Asterismus), welche manche Mineralien zeigen. Am deutlichsten sieht man die Erscheinung bei manchen Glimmern aus Canada, welche, vor eine Lichtquelle gehalten, einen prächtigen sechsstrahligen Stern zeigen. Unter den Edelsteinen zeigt dies auch mancher Saphir, insbesondere der sogenannte Sternsaphir; manche Chrysoberylle sollen einen vierstrahligen Stern zeigen. Bei den Saphiren, welche obige Erscheinung zeigen, wird zur Erhöhung des Bildes ein rundlicher Schliff (Cabochon) angewandt.[1]

Glanz. — Je stärker die Lichtbrechung eines Minerals, je stärker wird auch der Glanz sein; Diamant, Weissbleierz, Bleiglas, welche hohe Brechungsquotienten zeigen, haben den stärksten Glanz. Die Edelsteine haben entweder Diamantglanz oder Glasglanz.

Phosphorescenz. — Manche Edelsteine haben die Eigenschaft durch langes Aussetzen an der Sonne, dann durch Erwärmen oder durch starkes Reiben, im Dunkeln schwach zu leuchten. Insbesondere Flussspath und Diamant (auch Topas und Turmalin beim Erhitzen) sollen dies gut zeigen.

[1] Zu diesem Zwecke muss der Stein senkrecht zur Hauptaxe rund geschliffen werden, so dass die Axe den Mittelpunkt der Wölbung trifft.

Zwölftes Kapitel.

Von den chemischen Eigenschaften der Edelsteine.

Die Edelsteine sind zum kleinsten Theil Elemente, denn unter diese ist nur der Diamant zu rechnen; zum weitaus grössten Theil sind sie Verbindungen, und zwar sind die meisten zu den kieselsauren Salzen oder Silikaten zu rechnen, so der Topas, Smaragd, Turmalin, Granat, Chrysolith etc.; einige gehören anderen Salzen an, wie der Türkis, ein phosphorsaures Salz; andere sind Verbindungen eines Elementes mit Sauerstoff: Oxyde, wie der Hyacinth, dann der Quarz mit seinen zahlreichen Varietäten: Rauchtopas, Citrin, Jaspis, Carneol, Onyx etc., ferner der Korund mit seinen Varietäten Rubin und Saphir.

Silikate und Oxyde sind daher diejenigen Klassen des Mineralreiches, unter welchen die Edelsteine am meisten vertreten sind.

Schmelzbarkeit und Zersetzbarkeit der Edelsteine bei hohen Temperaturen.

Die meisten Edelsteine sind sehr feuerbeständig und halten sehr hohe Temperaturen aus, ohne sich zu zersetzen; doch kömmt es häufig vor (siehe S. 32), dass die Farbstoffe eine Veränderung erleiden. Die helle Weissgluth halten aus[1]: Korund, Diamant, Quarz, Hyacinth, Topas, Chrysolith, Andalusit, Cyanit, Chrysoberyll, Spinellrubin. Einen Beginn von Schmelzung zeigen in gepulvertem Zustande Beryll, Smaragd, Cordierit.

Bei jener Temperatur schmelzbar (wenn gepulvert) sind: Granat, Turmalin, Lasurstein, Türkis, welche auch (wie Opal) zersetzt werden; in ganzen Stücken zeigt sich jedoch zumeist nur Beginn des Schmelzens.

Der Diamant ist in grösseren Stücken bei heller Weissgluth nicht zersetzbar; man beobachtet jedoch auf den Oberflächen feine Eindrücke, sogenannte Ätzfiguren, von dreieckiger Form[2]. Dagegen ist der Diamant in reinem Sauerstoffgas bei sehr hoher Temperatur verbrennbar, doch ist es ein Irrthum zu glauben, dass der Diamant

[1] Auf Grund von neuen Versuchen, welche ich angestellt habe.
[2] hervorgebracht durch eine beginnende Verbrennung auf der Oberfläche.

schon bei niedriger Temperatur, in grösseren Stücken, verbrenne. Wie aus den Versuchen von G. Rose und aus den von mir ausgeführten hervorgeht, ist die Temperatur, welche der Diamant, ohne zu verbrennen, ertragen kann, eine recht hohe.[1]

Den Säuren widersteht (auch wenn man über 100° längere Zeit hindurch erhitzt) der Diamant vollständig. Von kochendem Königswasser werden die meisten Edelsteine angegriffen, ebenso manche in Salzsäure und Schwefelsäure. Der Rubin (und überhaupt Korund) widersteht dagegen und erst über 100° wird er von Schwefelsäure angegriffen, natürlich auch von concentrirter Flusssäure. Quarz, Hyacinth werden nur von letzterer angegriffen, von anderen Säuren jedoch nicht.

Von kochender Natronlauge werden mit Ausnahme des Diamantes fast alle Edelsteine angegriffen, sowohl Silikate als auch Oxyde, darunter auch Quarz.

Gegen Schmelzmittel und sogenannte Aufschlussmittel verhalten sich die Edelsteine sehr verschieden. Diamant scheint absolut unangreifbar. Korund (Rubin, Saphir) wird von saurem schwefelsaurem Kali oder Fluorkalium angegriffen; diese Schmelzmittel greifen auch alle übrigen Steine an, insbesondere wirkt Fluorkalium auch auf die widerstandsfähigsten, wie Hyacinth und Quarz.

Andere wie Spinell, Granat, Chrysolith, Turmalin, Opal, Labrador werden schon von Soda und Natronhydrat ganz oder theilweise zersetzt.

Demnach bewährt sich auch hier der Diamant in jeder Hinsicht als der König der Edelsteine, der weder von Säuren noch von schmelzenden Salzen angegriffen wird.

Bei hoher Temperatur mit Gasen erhitzt, verändern und zersetzen sich manche Edelsteine; Diamant wird nur im Sauerstoffstrom zerstört, bleibt sonst unversehrt, während Rubin in allen reducirenden Gasen, wie Wasserstoff, Kohlenoxyd, Leuchtgas, sowie in den oxydirenden unveränderlich bleibt, aber in Fluorwasserstoff angegriffen wird. Manche Edelsteine, wie Turmalin, Chrysolith, Granat, Beryll, Cordierit, werden schon von Chlorwasserstoffgas, aber auch von Leuchtgas verändert, wie der Verfasser durch Versuche nachgewiesen hat.

[1] Vergl. Kapitel Diamant.

Dreizehntes Kapitel.

Sonstige Eigenschaften der Edelsteine.

Die übrigen Eigenschaften der Edelsteine fallen gegenüber den bisher betrachteten (Dichte, Härte, Spaltbarkeit, optische und chemische Eigenschaften) nur wenig in's Gewicht.

In früheren Zeiten dichtete man den Edelsteinen noch viele andere Eigenschaften an, abgesehen von den rein mystischen und alchimistischen, welche bis vor 200 Jahren eine Hauptrolle spielten und wegen deren sie fast mehr geschätzt waren, als um ihrer wirklichen willen. Es sind die medicinischen Eigenschaften, dann die angeblich wirksamen Kräfte auf den Willen und das Schicksal des Menschen, dann namentlich unwahre optische und physikalische Eigenschaften, z. B. die, wie Sterne zu leuchten (Rubin, Karfunkel); manchen Steinen schrieb man auch eine sonderbare Entstehungsweise zu, wie dem Luchssaphir. Auch sollte der sonst unangreifbare Diamant nach Plinius in Bocksblut löslich sein. Hervorragende elektrische Eigenschaften wurden ihnen erst später zugeschrieben.

Noch im 18. Jahrhundert beschäftigten sich mineralogische Werke eingehend mit jenen sagenhaften Eigenschaften der Mineralien, obgleich schon vor 150 Jahren manche Autoren starke Zweifel an der Wirksamkeit der Mineralien ausdrückten, wie z. B. Brückmann; ja schon einige Autoren des klassischen Alterthums hatten den Muth jenen Fabeln entgegenzutreten. Aber auch heute ist der Aberglaube noch nicht gänzlich getilgt, wie der vielfache Gebrauch der Monats- und auch theilweise noch der Apostelsteine beweist, was mich, da vielfach Anfragen an Mineralogen und Juweliere einlaufen, bestimmt, jene mitzutheilen, wobei noch zu bemerken ist, dass im Orient die Monatssteine immer noch allseitig getragen werden.

Die Monatssteine sind:

Januar	Hyacinth	Juli	Onyx
Februar	Amethyst	August	Karneol
März	Jaspis	September	Chrysolith
April	Saphir	October	Beryll (Aquamarin)
Mai	Achat	November	Topas
Juni	Smaragd	December	Rubin

Elektrische Eigenschaften. — Manche Edelsteine zeigen Elektricität, wenn sie gerieben oder auch wenn sie erwärmt werden (Pyroelektricität). Bei Erwärmen findet dies bei Turmalin, Diamant, Topas, Beryll, Granat statt. Der Topas hat die Eigenschaft, die durch Reibung erlangte Elektricität sehr lange Zeit hindurch zu bewahren.

Magnetische Eigenschaften. — Starke Magnete und Elektromagnete haben Einwirkung auf stark eisenhaltige Edelsteine; es giebt deren jedoch nur wenige, z. B. einige Granatvarietäten.

Vierzehntes Kapitel.

Darstellung der Edelsteine im Laboratorium.

Wohl zu unterscheiden von der Imitation der Edelsteine ist die Darstellung derselben im Laboratorium. Dort handelt es sich um Fälschungen, darauf berechnet, das Auge zu täuschen, hier handelt es sich darum, das, was die Natur geschaffen, vollständig zu reproduciren. Der im Laboratorium dargestellte Stein muss, wie das in einigen Fällen gelungen ist, sämmtliche Eigenschaften: chemische Zusammensetzung, Krystallform, Krystalltypus, Härte, Spaltbarkeit, specifisches Gewicht, Farbe, Polychroismus, Glanz, Brechung (Doppelbrechung), vollkommen im Einklang mit den natürlichen aufweisen — dann ist er auch dem in der Natur gefundenem Steine als ebenbürtig zur Seite zu stellen; allerdings zwingt schon das Fehlen eines jener typischen Charaktere dagegen Einspruch zu erheben.

Wenn die Lösung des Problems nicht als völlig gelungen zu betrachten ist, wenn auch nur eine oder die andere, wenn auch untergeordnetere Eigenschaft abweicht, so muss der künstliche Stein als weniger werthvoll bezeichnet werden. Man hätte demnach zu unterscheiden: 1) solche Steine, welche absolut nicht zu unterscheiden sind von den natürlichen, und 2) solche, welche, wenn auch durch sehr feine Unterscheidungsmittel seitens der Sachkenner, sich von den durch die Natur geschaffenen unterscheiden lassen. Ich möchte auch letztere Gattung nicht direct als Imitation bezeichnen, denn da der Stein die wichtigsten Eigenschaften (Härte, Dichte, Farbe, chemische Zusammensetzung etc.) besitzt, so ist er für manche Zwecke vollkommen brauchbar, und könnte daher höchstens als minderwerthig bezeichnet werden.

Erstere Gattung aber, die ununterscheidbare, ist dem Naturproduct vollkommen ebenbürtig[1], und es ist nur Einbildung, wenn man derartige Steine den natürlichen unterstellt. Bisher ist allerdings diese Darstellung nur in einzelnen Fällen gelungen, da auch bei den besten Kunstproducten, dem Türkis und Rubin, Unterschiede, wenn auch minimale, bei mikroskopischer Untersuchung nachweisbar sein dürften. In dieser Hinsicht kann der Mineralog dem Juwelenhändler wichtige Dienste leisten, da es ihm gelingen kann, Unterschiede, welche oft nur bezüglich einer Eigenschaft zutreffen, ausfindig zu machen, und so die Provenienz des Steines nachzuweisen. Vorläufig hat die Frage noch keine grosse Wichtigkeit erlangt, da die Kosten der Herstellung grösserer Steine, wie es scheint, derartige sind, dass eine geschäftliche Concurrenz mit den ja immer noch in grösseren Mengen auffindbaren natürlichen Producten jetzt noch nicht zu befürchten ist, aber sie kann jeden Tag acut werden. Einen Vortheil für das Publikum haben die später zu besprechenden Entdeckungen Frémy's bezüglich des Rubins doch gehabt; sie werden eine ungemessene Preissteigerung seitens der Rubingrubencompagnien hindern, denn bei einem höheren Preise, als dem jetzigen, würde die Darstellung künstlicher Rubine rentabel erscheinen, so dass dieselbe zu einer Industrie ausgebildet werden könnte, was bis jetzt noch nicht der Fall ist.

Dagegen scheint es nur ganz richtig, wenn die Juweliere und Edelsteinhändler die Steine der zweiten Gattung, bei der einzelne Charaktere mit den natürlichen nicht stimmen, nicht als völlig ebenbürtig mit den natürlichen anerkennen.

Die Methoden der Synthese sind für die Edelsteine naturgemäss auch diejenigen, welche für alle Mineralien angewendet werden; wir theilen sie in zwei Klassen:

A) Umkrystallisirung einer bereits vorhandenen Substanz;

B) Darstellung unter gleichzeitiger Krystallisation durch chemische Reaction.

So z. B. stellen wir den Rubin aus Thonerde, welche amorph ist, dar; wir krystallisiren sie um; es ist dies ein Process, welcher in die erste Klasse gehört, während der Herstellungsprocess des Spinells (Zusammenschmelzen von kohlensaurer Magnesia und Thonerde) durch chemische Reaction dieser Bestandtheile hervorgerufen

[1] Siehe meinen Vortrag über Mineral-Synthese (Mitth. d. naturwissenschaftl. Vereins f. Steyermark. Graz 1890).

wird, ebenso wie die Darstellung des Granates durch Zusammenschmelzen von Thonerde, Kieselsäure mit Chlormagnesium.

Innerhalb der beiden genannten Klassen der Synthese unterscheiden wir drei Wege:

1) Den Darstellungsprocess aus Gasen oder der Sublimation;

2) die Darstellung aus Lösungen;

3) die Darstellung aus Schmelzflüssen.

Dies sind auch die drei Bildungsarten der Edelsteine in der Natur. Doch dürfte nach dem vorhandenen Beobachtungsmaterial gerade der zweite Weg, die Bildung der Lösungen, derjenige sein, welcher am allerhäufigsten von der Natur eingeschlagen wurde, während der erste fast gar nicht bei Edelsteinen beobachtet wird. Bei Laboratoriumssynthesen erreicht man dagegen die besten Resultate durch Darstellung aus Schmelzflüssen oder durch Sublimation, während auf dem von der Natur am häufigsten gebrauchten, sogenannten nassen Wege durch Darstellung aus Lösungen bei Edelsteinen nur geringe Resultate erbracht wurden und auch praktisch davon wenig zu erwarten ist, da man nur winzige Krystalle erhält und überdies die Apparate sehr complicirt und kostspielig sind. Bezüglich des ersteren Umstandes erklärt sich dies dadurch, dass grössere Krystalle nur dann entstehen, wenn die Zeit ihres Wachsthumes eine sehr lange ist; um einen Amethyst oder einen Topas von mittlerer Grösse zu Stande zu bringen, hat eben die Natur Jahrhunderte gebraucht. Es kommt hier ein wichtiger Factor zur Geltung, über den der kurzlebige Mensch nicht zu verfügen im Stande ist: die Zeit.

Ueberdies hat bei der Bildung einer Reihe von Mineralien ein hoher Druck geherrscht, wie dies dadurch bewiesen wird, dass manche derselben (wie Topas, Saphir, Quarz, Feldspath) Einschlüsse von flüssiger Kohlensäure enthalten; die Kohlensäure wird, wie wir aus einschlägigen Versuchen wissen, nur bei enormen Drucke flüssig, und wir müssen daher annehmen, dass Körper, welche flüssige Kohlensäure enthalten, unter solchem Drucke entstanden sind. Dies ist der Fall bei vielen Edelsteinen, welche sich mit anderen Mineralien in der Natur finden, die nach dem vorher Ausgeführten nur unter hohem Drucke entstanden sind. So haben wir Anlass zu vermuthen, dass Rubin, Saphir, Diamant, Zirkon (Hyacinth) unter Einwirkung eines hohen Druckes bei ihrer Entstehung standen. Wir haben nun auch Resultate auf diesem Wege erzielt, indem wir Korund, Feldspath, Diopsid auf nassem Wege nachgeahmt haben; die erhaltenen Krystalle waren jedoch immer minimale, da die Zeitdauer des Versuches eine beschränkte ist und auch, wie aus den neuesten synthetischen Versuchen hervorgeht, der Umfang des Apparates massgebend ist; in kleinen Gefässen lassen sich nur winzige Krystalle darstellen.

Mineralbildung durch Sublimation. — Auf diesem Wege, sei es, dass man eine bereits existirende chemische Verbindung durch Erhitzen in Dampfform bringt, sei es, dass man zwei Gase aufeinander einwirken lässt, erhält man schön krystallisirte Mineralien. Auch manche Edelsteine sind auf diese Weise dargestellt worden, z. B. Korund, Spinell.

Wenn man sich weiter Röhren zur Sublimation bedient, welche durch eine entsprechende Heizvorrichtung längere Zeit auf derselben Temperatur erhalten werden können und eine entsprechende Vorlage von geringer Temperatur damit in Verbindung bringt, so kann man schöne, ziemlich grosse Krystalle erhalten, ob aber Stücke erhalten werden könnten, die die nöthige Grösse zum Schliffe besitzen würden, ist noch nicht festgestellt.

Mineralbildung aus Schmelzflüssen. — Am besten sind diejenigen Versuche bisher gelungen, welche den Weg der Darstellung aus Schmelzfluss inschlugen. Diese Methode zerfällt in zwei: erstens (A) Schmelzfluss unter Zusatz eines Schmelzmittels, welches dazu dient, eine leichter schmelzbare Schmelze herzustellen, zweitens (B) Schmelzfluss ohne Zusatz. Bei beiden hat man vor Allem darauf zu achten, dass die Schmelze lange Zeit hindurch bei gleichmässiger Temperatur verharren kann und zwar ungefähr in der Nähe des Schmelzpunktes. Die Reaction wird zuerst bei einer höheren Temperatur, so lange die Schmelze noch dünnflüssig ist, durchgeführt, und hernach beginnt die zweite Periode des Wachsenlassens der Krystalle[1]; je länger diese Periode dauert, desto grösser werden die Krystalle. Man bedient sich zur Erzeugung künstlicher Krystalle auf dem Wege des Schmelzflusses kleiner Oefen, welche aus feuerfestem Thon gemacht werden und aus einem Ofenmantel und einem inneren enge anliegenden Schmelzmantel, sowie aus einem gut schliessenden Deckel (ebenfalls aus Thon) bestehen. Der Tiegel aus Platin, welcher sich in dem inneren Mantel befindet, wird durch einen Gebläsebrenner erhitzt, der durch ein sogenanntes Trommelgebläse regulirt wird, so dass man eine höhere oder geringere Temperatur durch Steigerung der Luft- oder Gas-Zufuhr erhalten kann. Ausserdem benützt man den Umstand, dass die Gasflamme an verschiedenen Stellen verschiedene Temperatur

[1] Nourrir les cristaux, wie die Franzosen sagen.

besitzt, um durch Höher- oder Niedriger-Stellen des Tiegels die bestimmte nothwendige Temperatur zu erreichen.

Der beste Ofen ist der von Leclercq und Fourquignon, der in nachstehender Abbildung (Fig. 15) dargestellt ist.

Doch eignet sich dieser Ofen nur für kleine Tiegel zu Laboratoriumsversuchen; man wird ihn hauptsächlich dann benützen, wenn es sich um Darstellung aus Schmelzen ohne Zusatz von Schmelzmitteln handelt. Wenn man die zweite Methode anwendet: Zusatz eines Schmelzmittels, braucht man keine so hohe Temperatur, aber grössere Tiegel; man erhitzt dann diese in einem Muffelofen von beliebiger Construction.

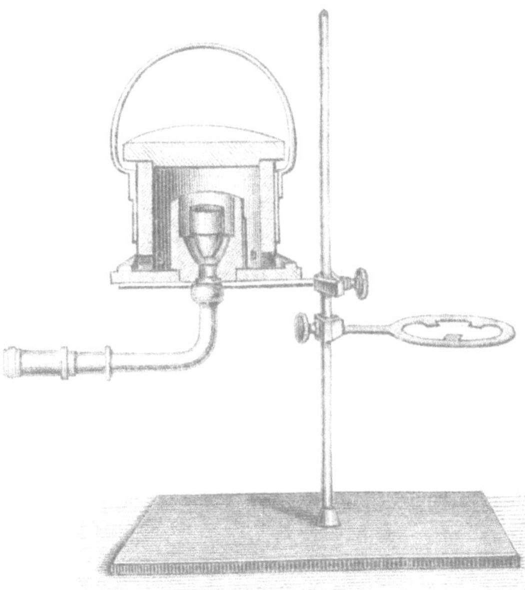

Fig. 15. Fourquignon-Ofen.

Um grössere künstliche Edelsteine zu erzeugen, bedarf es aber grosser Gefässe und daher auch grosser Oefen. Bisher sind meines Wissens solche Versuche nur von Frémy ausgeführt worden bei der künstlichen Darstellung von Rubin.[1] Um nun vermittelst jener Apparate künstliche Mineralien darzustellen, muss man vor allem die nöthige chemische Mischung darstellen, welche eine Substanz ergiebt, die mit der des Minerals vollkommen übereinstimmt. Im ersten Falle (A) stellt man nach den Resultaten der Analyse der betreffenden Mineralien eine Mischung her, also um Spinell darzustellen 40 Theile Magnesia mit 102 Theilen Thonerde (statt Magnesia nimmt man besser kohlensaure Magnesia, von der man 84 Theile zu nehmen hat, um 40 Theile Magnesia zu erhalten). Um Chrysolith herzustellen nimmt man 168 Theile kohlensaurer Magnesia und 60 Theile Kieselerde.

[1] Vergleiche Kapitel Rubin.

Wenn die Methode (B) angewandt wird, so wird man entweder nur eine Umkrystallisirung vornehmen, wie z. B. bei der Thonerde, oder man wird, wie bei der Darstellung von Granat, nach der Analyse des letzteren, welche z. B. ergiebt:

Kieselsäure	=	38·7
Thonerde	=	18·1
Kalkerde	=	0·8
Magnesium	=	10·4
Eisenoxyd	=	32·0
		100·0

die nöthigen Gewichtsmengen Thonerde, Eisenoxyd und Kieselerde mengen und dazu noch Chlormagnesium und Chlorcalcium nehmen, wobei wir jedoch mindestens so viel nehmen müssen, als zur Bildung der oben angegebenen Mengen Magnesia und Kalkerde nothwendig ist. Die Erfahrung hat aber gelehrt, dass man mehr nehmen muss, als die Theorie erfordert.

Im Falle man (wie bei der Darstellung von Rubin, Saphir) nur eine Umkrystallisirung vornimmt, muss man die dazu nothwendige Menge durch Versuche experimentell feststellen. Zur Umkrystallisirung auf dem Wege des Schmelzflusses bedient man sich eines Zusatzes, dessen Wirkung auf die Ausscheidung von krystallisirten Mineralien ganz ausserordentlich ist, obgleich sie theoretisch noch nicht ganz aufgeklärt ist, der Fluormetalle: Fluornatrium, Fluorcalcium, Fluorbaryum. Diese und einige andere Schmelzmittel haben auf die Ausscheidung aus Schmelzen sehr guten Einfluss, wie denn das Fluor auch gasförmig (ebenso wie in manchen Fällen Chlorwasserstoff) einen grossen Einfluss auf die Bildung der künstlichen Mineralien hat; ja auch in Lösungen wirken Fluoride, wie Bruhns gezeigt hat. Die französischen Autoren haben diesen Körpern den Namen „Agents minéralisateurs“ gegeben, ich nenne sie Krystallisationsagentien. Das Fluor hat dabei an der Zusammensetzung des entstehenden Minerales, in diesem Falle Korund, keinen Antheil. In manchen Fällen hat man auch wie bei der Krystallisation des Leucites und Feldspathes Wolframsäure und Vanadinsäure als Zusatz mit Vortheil gebraucht (nach Versuchen von Hautefeuille).

Nehmen wir nun an, wir hätten durch Anwendung der einen oder der anderen Methode ein Mineral aus Schmelzfluss erzeugt, welches dieselbe Zusammensetzung besitzt, wie das natürliche, so ergiebt sich daraus nicht immer, dass wir dieselbe Krystallform erhalten. Mineralien, welche sich in der Natur bei niedriger Temperatur bilden können, zeigen, wenn man sie aus Schmelzfluss erzeugt, eine andere

Krystallform, und dann auch andere physikalische Eigenschaften, sie besitzen eine zweite, wie man sagt, dimorphe Modification. In diesem Falle kann man nicht sagen, dass man das Mineral dargestellt hat, man hat nur einen Körper von gleicher chemischer Zusammensetzung erzeugt. Die Edelsteine, die hier in Betracht kommen, sind allerdings meistens nicht dimorph, so dass wirklich auch bei höherer Temperatur derselbe Körper erhalten wird. Nur bei Diamant ist es uns noch nicht gelungen, die natürlichen Bedingungen zu erreichen; wir erhalten daher den Kohlenstoff immer nur in der graphitartigen Form, nicht in der Diamantform, können also Diamant noch nicht darstellen.

Ist aber die Krystallform so erhalten worden, wie sie in der Natur vorkommt, so ist oft der Krystalltypus ein anderer; lange Zeit hat man z. B. nur tafelförmigen blätterähnlichen Rubin erhalten, der zum Schleifen unbrauchbar war. Die Bedingungen, unter welchen die Natur arbeitet, sind uns nicht immer bekannt, oder wir sind nicht im Stande sie einzuhalten, so dass wir oft an der Möglichkeit der genauen Darstellung zweifeln müssen; in anderen Fällen ist es aber durch Versuche, allerdings jahrelang fortgesetzte, gelungen, Krystalle, wie sie die Natur bildete, zu erhalten, wie z. B. Frémy beim Rubin bewies.

Worauf es aber bei Edelsteinen besonders ankommt, das ist die Durchsichtigkeit und die Farbe, und hier liegt mitunter die grösste Schwierigkeit. Manchmal sind die Krystalle undurchsichtig oder nur durchscheinend, namentlich trifft dies ein, wenn sie nicht sehr langsam erstarrt sind; aber auch das Erzeugen der Farbe kann, wenngleich geringere Schwierigkeiten machen.

Wie zu erwarten, ist es dabei unbedingt nothwendig, als Färbemittel jene Stoffe zu gebrauchen, welche auch in der Natur vorkommen, da ein anderer, wenngleich er dieselbe Färbung abgeben würde, doch immer einen wesentlichen Unterschied begründen würde, und wir von einem künstlichen Edelsteine, wenn er nicht denselben Farbstoff wie der natürliche enthielte, auch wenn die Farbe dieselbe wäre, nicht sagen könnten, er sei mit dem Naturproducte identisch. Es ist daher sehr wichtig die Färbemittel der natürlichen Edelsteine kennen zu lernen. Bisher ist dieser Seite der Edelsteinkunde noch wenig Aufmerksamkeit zugewandt worden, und das, was darüber gesagt wird, beruht theilweise nur auf Vermuthungen.

Endlich ist es eine nicht zu unterschätzende Aufgabe, die Quantität des beizumischenden Färbemittels, welche nur durch Versuche bestimmt werden kann, zu ermitteln.

Wenn man zur Rubin-Färbung der Thonerde Chromsäure verwendet, so macht man die Beobachtung, dass nur dann, wenn sehr kleine Mengen genommen werden, sich die Rubinfärbung einstellt, bei grösseren Mengen aber eine smaragdgrüne Färbung auftritt. Die Ursache dieser Erscheinung ist noch nicht ganz aufgeklärt.

Mineralbildung aus Lösung. — Der Weg zur Bildung von Mineralien, welchen insbesondere bei den Edelsteinen die Natur eingeschlagen hat, ist in weitaus den meisten Fällen der aus Lösung gewesen; auch können wir annehmen, dass die an Einschlüssen und Verunreinigungen armen und so schönen Krystalle von Topas, Saphir, Rubin, Diamant[1] nur auf diesem Wege entstanden sind. Trotzdem bereitet dieser Weg zur Herstellung grösserer Krystalle die meisten Schwierigkeiten, wie schon eingangs bemerkt, da man bisher immer nur kleine Kryställchen erhalten hat. Allerdings ist ein Versuch zur Herstellung grösserer Steine, wozu vor Allem auch grosse Gefässe nothwendig wären, noch nicht gemacht worden.

Die Versuche gelingen überhaupt nur unter Anwendung eines höheren Druckes, welcher, wie wir gesehen haben, auch bei der Bildung der betreffenden Mineralien in der Natur vorhanden war. Um solche Versuche auszuführen, muss man die betreffenden Lösungen in verschlossenen Röhren aus sehr widerstandsfähigem Material — Bessemer Stahl, Schmiedeeisen — auf eine Temperatur von 350—450° C. erhitzen. Um den Druck, welchen der Wasserdampf ausübt, zu verstärken, benützt man die Kohlensäure, welche man unter Druck einpumpen kann, oder auch andere expansive Gase: Schwefelkohlenstoff, Äther. Man kann dadurch einen sehr hohen Druck erreichen. Bisher sind Versuche auf diese Weise Edelsteine zu erzeugen noch nicht angestellt worden. Bei dem Umstande, dass man sowohl Korund, Quarz, Diopsid und andere in das Gebiet der Edelsteine gehörige Mineralien auf nassem Wege dargestellt hat, wäre ein Versuch in dieser Hinsicht wohl sehr wünschenswerth, doch würde derselbe, wenn auch nicht mit sehr bedeutenden, doch mit grösseren Kosten verbunden sein, als sie den Männern der Wissenschaft gewöhnlich zu Gebote stehen.

---

[1] Das Vorkommen von weissem Diamant im Meteorstein von Arizona würde allerdings auf eine Ausscheidung aus Schmelzfluss deuten.

Fünfzehntes Kapitel.

Imitationen der Edelsteine.

Imitationen können auf folgende Weise hergestellt werden:

1) Durch gleichgefärbte minderwerthige Edelsteine oder Halbedelsteine.

2) Durch Glasflüsse.

1) Bei der ersten Art der Nachahmung handelt es sich darum einen gleichfarbigen Stein zu erzeugen, der, wenn er auch eine mindere Härte besitzt, doch noch einen genügenden Härtegrad zeigt, so dass er nur durch feinere Methoden unterscheidbar wird, und der überdies Glanz, Durchsichtigkeits- und Brechbarkeitsverhältnisse besitzt, welche denen des edleren Steines einigermassen nahe kommen. Um die gleiche Farbe herzustellen, verwendet man Steine, welche in dieser Hinsicht nur schwer zu unterscheiden sind, oder, wo es angeht solche, welche auf künstlichem Wege eine Farbenveränderung zulassen, wodurch man im Stande ist, genau die Farbennüance des betreffenden Steines zu imitiren.

Für die erstere Art der Nachahmung giebt es viele Beispiele. Bergkrystall in seinen wasserhellen glänzenden Exemplaren, wie sie z. B. der Rheinkiesel und die sogenannten Marmaroser Diamanten zeigen, kann als Surrogat für Diamant benutzt werden, während entfärbter Korund und Zirkon als Beispiele für die letztere Art dienen. Manche Spinelle zeigen dieselbe Farbe wie Korund; die Härte ist nicht so verschieden, dass man sich bei oberflächlicher Untersuchung nicht täuschen könnte. Leichter ist der Granat, welcher oft die Rubinfarbe zeigt, wegen seiner bedeutend geringeren Härte zu erkennen, dagegen kann der Granat als Imitation für Spinell (Rubinspinell) dienen. Rosa-Topase, die man künstlich durch Erhitzen erhält, dienen ebenfalls als Ersatz für diesen werthvollen Edelstein, der ihnen in der Härte sehr nahe steht. Auch Turmalin kann mit Spinell verwechselt werden. Saphir kann durch blauen Turmalin nachgeahmt werden, auch durch Quarz, welchen man, wie später beschrieben werden wird, blau gefärbt hat.

Topas kann durch den gleichfarbigen Citrin ersetzt werden.

Zur Unterscheidung benütze man die im dritten Kapitel beschriebenen Wege.

2) Eine zumeist viel rohere und leicht erkennbare Imitation ist die durch Glasflüsse. Diese sollen nur durch die Farbe wirken und lassen sich, da sie weicher sind und auch nur einen geringen Glanz besitzen, meistens schon ohne weitere Hülfsmittel unterscheiden; sie sind mehr dazu bestimmt, in der Entfernung zu wirken, hauptsächlich bei künstlicher Beleuchtung.

Sie unterscheiden sich am besten durch die Härte, die nie den siebenten Härtegrad erreicht; manche sind an der geringeren Brechbarkeit kenntlich, was allerdings häufig nicht zutrifft, viele auch durch niedrigeres specifisches Gewicht als das der natürlichen Edelsteine. Es sind durchwegs Gläser, welchen man durch Pigmente die Farbe der natürlichen Edelsteine verleiht. Am meisten dient zur Verfälschung das gefärbte Strassglas[1]. Dieses Glas enthält Kieselsäure, Bleioxyd, Kali, Borax, Arsen und das entsprechende Färbemittel.

Statt dessen kann man ein Glas aus 45 Th. Quarz, 22·5 Th. Natroncarbonat, 7·5 Th. gebranntem Borax, 11·25 Th. Mennige, 3·75 Th.[2] Salpeter anwenden, besonders bei Diamant-Imitationen.

Als Färbemittel dienen:

Für Rubin: auf 48 Th. Strass, 1 Th. Cassius' Goldpurpur, 1 Th. Eisenoxyd, 1 Th. Goldschwefel und 1 Th. Uebermangansaures Kali, 6 Th. Bergkrystall[3]. Für Saphir: obiges Glas (nach Elsner) mit 0·125 Kobaltcarbonat.

Für Beryll, Aquamarin, 0·625 Eisenoxyd. Für Smaragd: 1·25 Eisenoxyd und 0·625 Kupferoxyd. Für Amethyst: 0·25 bis 0·375 Manganoxyd. Für Topas: 1·875 Uranoxyd.

Zur Unterscheidung der Glasflüsse von Edelsteinen dient, ausser der Härte, das Vorhandensein von grösseren Gasporen, die mit der Lupe sehr deutlich sichtbar sind; ferner giebt Kluge an, dass die Edelsteine durch Reiben elektrisch werden und noch nach mehreren Stunden die Reibungselektricität zeigen, während die Glasflüsse diese schon nach 30, höchstens 60 Minuten verlieren. Auf optischem Wege, namentlich durch den Dichroismus, lässt sich vielfach die Unterscheidung durchführen, selbstverständlich sind alle Glassflüsse amorph, daher auch nicht dichroïtisch.

---

[1] Strass nach dem gleichnamigen Erfinder genannt. Ein gutes Diamant-Imitationsmittel wird aus 41·2 Proc. Kieselsäure, 8·4 Proc. Kali, 50·4 Proc. Bleioxyd hergestellt. (Heeren.)

[2] nach Elsner's Vorschrift.

[3] Andere Vorschriften (Donault-Wieland) geben an: 48 Theile Strass, 7 Theile Braunstein. Ueberhaupt existirt eine grosse Anzahl solcher Recepte.

3) Fälschung durch Doubliren. Dies ist jedenfalls diejenige Imitation, welche am schwersten zu erkennen ist und auch auf optischem Wege nicht immer erkannt wird. Man führt sie aus entweder durch Zusammensetzen eines Edelsteines mit einem anderen, entsprechend gefärbten, z. B. Quarz, oder durch Zusammenkitten (oder Zusammenschmelzen) eines Edelsteines mit gleichgefärbtem Glas, endlich auch durch Aushöhlen eines Bergkrystalls und Ausfüllen desselben mit einer gefärbten Flüssigkeit.

Zur Erkennung der Edelsteine, welche durch Zusammenkitten entstanden sind, braucht man sie nur in heisses Wasser zu legen, wobei der Kitt erweicht und die beiden Theile auseinanderfallen. Bei zusammengeschmolzenen Steinen lässt sich die Fälschung meistens durch das specifische Gewicht und die Härteprobe feststellen[1]; auch durch die optische Untersuchung auf Dichroïsmus und auf Interferenzerscheinungen im Polarisationsapparat kann man die Verschiedenheit der beiden Theile nachweisen, namentlich wenn zwei Edelsteine vorliegen.

Die Hohldoubletten lassen sich beim Durchblicken nach allen Seiten erkennen.

Vorkommen und Fundstätten der Edelsteine.

Das Vorkommen der Mineralien ist in mehrfacher Hinsicht wichtig, erstens zur Entscheidung der Frage nach ihrer Entstehung, dann aber auch desshalb, weil mit der Art des Vorkommens am Fundorte viele Charaktere des Minerals wechseln, so der Krystalltypus, der Grad der Durchsichtigkeit, die Farbe, Grösse, ja auch, wenngleich nur seltener und in geringem Maasse, die Härte. Daher ist auch das Vorkommen oder der Fundort bei Edelsteinen sehr wichtig. Edelsteine von verschiedenem Fundort haben in rohem Zustande nicht nur verschiedene Krystallform (Krystalltypus), sondern auch verschiedene Farbe, wie sich das namentlich bei den Diamanten (Indien, Cap, Brasilien) zeigt, sowie auch verschiedene Härte (die Cap-Diamanten sind etwas weniger hart als die brasilianischen); weitere Unterschiede bestehen in dem Vorkommen von Einschlüssen und in der Reinheit der Farbe und Wasserhelligkeit und in vielen anderen weniger wichtigen Einzelheiten.

Fragen wir uns nach den Ursachen dieser Verschiedenheiten, so haben wir sie hauptsächlich in der verschiedenen Bildungs-

[1] Da das Glas gewöhnlich ein anderes specifisches Gewicht hat als der Edelstein, so wird man am besten mit den schweren Flüssigkeiten experimentiren.

weise, dann in der Verschiedenheit der Lösungen, aus welchen das Mineral auskrystallisirte, zu suchen. Bei den in Wasser löslichen Mineralien kann man durch Zusätze die Krystallform ändern, so z. B. beim Alaun, welcher meistens in Octaëdern erhalten wird, und nur wenn man Alkalien zusetzt, in Würfeln krystallisirt. Durch Sublimation erhält man Korund (Rubin) in Tafeln, aus Schmelzfluss Korund in dickeren Krystallen. Der Eisenglanz, welcher sich auf dem Wege der Sublimation bildet, ist dünn, tafelförmig; aus Lösungen erzeugt, hat er pyramidal rhomboëdrischen Typus.

Die brasilianischen Diamanten sind auf andere Weise entstanden, als die Capdiamanten, sie zeigen Beimengungen anderer Stoffe als die vom Cap, daher ist auch beider Farbe verschieden; jene zeigen, wenn sie überhaupt gefärbt sind, meist braune, bläuliche oder grünliche Farbe, was wahrscheinlich von Eisen- und Titanverbindungen herrührt, während die Capdiamanten bekanntlich gelbe Töne zeigen, die von einem noch unbekanntem Färbemittel erzeugt werden. Noch deutlicher tritt diese Verschiedenheit bei den Turmalinen auf, welche an verschiedenen Fundorten verschiedene Farbe zeigen, weil sie verschiedene chemische Zusammensetzung besitzen, wobei natürlich auch der Krystalltypus variirt. Dasselbe gilt von Granaten verschiedener Fundstätten.

Der Fundort ist demnach in jeder Hinsicht von Wichtigkeit. Allerdings ist er es nur indirect, denn das, was jene Verschiedenheiten bedingt, ist die Entstehungsweise des Muttergesteines. Es ist daher von Bedeutung zu wissen, in welchem Gesteine die betreffenden Edelsteine sich vorfinden, und wie sich jene gebildet haben. Bezüglich des Vorkommens unterscheidet man zweierlei Arten von Lagerstätten: die primären und die secundären. Die ersteren zeigen die Mineralien im Muttergesteine; auf den letzteren zeigen sich die Mineralien in Massen, welche aus der Zertrümmerung des Muttergesteines gebildet und mit anderen Gesteinen vermengt sind. Die Ablagerung secundärer Lagerstätten geschieht oft sehr weit von dem Ursprungsort, so dass oft von dem Muttergesteine nicht mehr die Spur enthalten ist. Daher ist es sehr schwierig, in einem solchen Falle die Entstehung des Minerals zu beurtheilen. Gerade aber die Edelsteine finden sich hauptsächlich weit weg von ihrem Entstehungsorte, auf secundärer Lagerstätte; nur in seltenen Fällen gelingt es uns, das ursprüngliche Gestein, in welchem sie entstanden sind, zu entdecken. Desshalb ist auch die Entstehungsart mancher Edelsteine schwer zu enträthseln, da sie mit vielen anderen Mineralien gemengt im Diluvium und Alluvium sich finden. Man nennt solche secundäre

Lagerstätten auch Seifen, und die Massen, welche aus Bruchstücken verschiedener Gesteine, aus Sanden und diversen Mineralien bestehen, Seifengebirge. Diese sind heutzutage noch die ergiebigsten Fundorte der Edelsteine, wobei bemerkenswerth ist, dass gewöhnlich nicht eine einzelne Art, sondern meist mehrere Arten zusammen vorkommen. Allerdings wird die Gewinnung der Edelsteine wesentlich erleichtert, ja wir würden aller Wahrscheinlichkeit nach viele Steine nie zu Gesicht bekommen haben, wenn die Wirkungen der Gewässer nicht an einem Orte so viele Exemplare aus verschiedenen Punkten vereinigt hätte. Jedenfalls würde die Gewinnung sehr erschwert sein, denn die Zahl der auf primärer Lagerstätte gewonnenen Edelsteine ist verhältnissmässig eine sehr geringe.

Indien, Ceylon, Birma, Brasilien, Paraguay und Süd-Afrika sind die wichtigsten secundären Lagerstätten der Edelsteine, welche uns die Hauptmasse der Rubine, Diamanten, Saphire, Spinelle, Amethyste, Turmaline, Chrysolithe und Topase liefern.

Aus dem Vorhergehenden ist ersichtlich, dass ein eigentlicher Bergbau auf Edelsteine zu den Seltenheiten gehören muss, da es sich in fast allen Fällen um das Aufsammeln der in Sanden, Geröllen und Flussläufen vorkommenden Steine handelt.

Wo aber von einem Bergbaue gesprochen werden kann, mit Ausnahme der Diamantterritorien vom Cap, ist darunter meist Tagbau zu verstehen. Am Cap allerdings ist die Ausbeutung schon eine so grossartige, dass man ihr füglich den Namen Bergbau geben muss.

Bezüglich der geographischen Verbindung der Edelsteinfundorte herrscht natürlich keine Regelmässigkeit. Es ist aber unzweifelhaft, dass manche Länder besonders bevorzugt sind, und dass andere an Edelsteinen überaus arm sind, im Gegensatze zu ihrem sonstigen Reichthum an anderen Mineralien. Dies hängt zum grossen Theile wohl zusammen mit dem Muttergesteine der Edelsteine einerseits, mit dem Vorkommen jener jüngeren Bildungen, dem Seifengebirge, andererseits. Letztere finden sich zumeist in tropischen Gegenden, was mit den ungeheuren Wasserreichthume derselben im Zusammenhange stehen kann.

Während Europa überaus arm an Edelsteinen ist (mit Ausnahme von Quarzvarietäten), sind Indien, Ceylon, die indischen Inseln, der Ural sehr reich an werthvollen Steinen.

Afrika wäre wieder eher arm zu nennen, da dort eigentlich nur die Capcolonie als Edelsteinfundort zu nennen wäre; in Anbetracht des Umstandes jedoch, dass dieser Continent auch in dieser

Hinsicht noch ungenügend erforscht ist, lässt sich ein definitiver Ausspruch zur Zeit nicht fällen.

Jedenfalls scheint Südamerika mit Brasilien, Uruguay und Paraguay am reichsten sowohl in Bezug auf kostbare Edelsteine, wie auch auf geringwerthigere Steine, wie Amethyst, Chalcedon und andere Quarzvarietäten, zu sein. In Nord-Amerika[1] kommen wohl schöne Stücke vereinzelt vor, und manche weniger werthvolle Steine wie Hiddenit und Korund sehr häufig, im Ganzen aber ist Nord-Amerika kein sehr edelsteinreiches Land zu nennen.

Sechzehntes Kapitel.

Eintheilung und Nomenklatur der Edelsteine.

Vom rein mineralogischen Standpunkte finden die Edelsteine ihren Platz im Mineralsysteme nach ihrer chemischen Zusammensetzung (siehe S. 36), vom Standpunkte der Edelsteinkunde jedoch müssen wir hauptsächlich nach der Schönheit, Seltenheit, also auch nach dem Werthe klassifikatorisch vorgehen. Wir theilen sie daher ein in Edelsteine und Halbedelsteine. Letztere werden von manchen auch Schmucksteine benannt. Eine weitere Eintheilung erscheint, bei dem Umstande, dass es sich ja doch nur um wenige Arten handelt, nicht nothwendig; die Anordnung ist gewöhnlich die, dass man mit den edelsten und werthvollsten, also Diamant und Rubin, beginnt und allmählich zu den weniger werthvollen herabsteigt.

Man hat auch die Edelsteine in verschiedene Rangstufen eingetheilt und insbesondere vier bis fünf Klassen unterschieden, wovon die letzten aber eigentlich nur mehr als Schmuck- oder Halbedelsteine bezeichnet werden können. Am besten erscheint mir folgende Eintheilung:

A. Edelsteine.

1) Diamant, Korund, Smaragd, Spinell.

2) Euklas, Chrysoberyll, Zirkon, Phenakit, Topas, edler Opal, Granat, Turmalin.

[1] Ueber die Edelsteinproduction der Vereinigten Staaten giebt uns das Werk von G. Kunz (mineralogischem Beirath der Firma Tiffany) Aufschluss. In diesem Werke: Gems and precious stones of North-America wird die Production Nord-Amerikas an verarbeiteten inländischen Edelsteinen im Jahre 1888 auf 27·200 Dollars geschätzt.

3) Türkis, Chrysolith, Cordierit, Cyanit, Andalusit, Staurolith, Hiddenit, Axinit, Vesuvian, Diopsid.

B. Halbedelsteine.

4) Quarz, Chalcedon, Achat, Feldspath, Lasurstein, Manganspath.

5) Bernstein, Flussspath, Nephrit, Bildstein, Malachit, Obsidian, Serpentin.

Die Nomenklatur der Edelsteine ist gegenwärtig keine einfache. Wenn schon die mineralogisch verschiedenen, aber doch einer Species angehörigen Varietäten, wie die des Korunds und des Quarzes, Namen besitzen, welche durch nichts ihre Zusammengehörigkeit verrathen, so würde darüber, wie überhaupt über die Inconsequenzen der mineralogischen Nomenklatur hinwegzusehen sein; die Sache wird aber dadurch wesentlich complicirt, dass die Handelsnamen theilweise den mineralogischen Begriffen oft geradezu widersprechen, und dass viele Synonyme eingeführt wurden. Während der Mineralog unter Saphir einen blauen Stein versteht, spricht der Edelsteinhändler auch von gelbem Saphir, welcher einen besonderen Namen haben sollte, was wohl nur wegen der Seltenheit dieses Steines unterblieben ist.

In der zweiten angedeuteten Richtung hat z. B. der Name Rubin die verschiedensten Bedeutungen: für echten Rubin, für Spinell (Rubis spinelle), für manche Turmaline. Chrysolith wird von Juwelieren für sehr verschiedene Begriffe angewandt: für wirklichen Olivin-Chrysolith, für Idokras, Chrysoberyll etc. Andererseits ist der Rubinbalais gar kein Rubin, sondern Spinell. Auch circuliren unter dem Namen brasilianischer Saphir blaue Turmaline.[1]

Im folgenden sind natürlich nur die mineralogisch richtigen Namen gebraucht, doch wurden bei den einzelnen Species die gebräuchlicheren Handelsnamen angegeben.

Die Betrachtung der einzelnen Edelsteine, welche wir nunmehr im zweiten Theile vornehmen wollen, wird sich auf alle die Eigenschaften beziehen, die wir bisher im Allgemeinen betrachtet haben, wir werden demnach die charakteristischen morphologischen, physikalischen und chemischen Eigenschaften der Edelsteine, ihr Vorkommen, ihre Entstehung etc. zu studiren haben, um alsdann im letzten Theile ihre Unterscheidung vornehmen zu können.

[1] Grosser Unfug, der eine intensive Verwirrung erzeugt, wird im Handel mit dem Worte orientalisch getrieben. Was soll es heissen, wenn grüner Korund als orientalischer Smaragd bezeichnet wird? Es wäre wohl sehr leicht die mineralogischen Namen anzuwenden.

Specieller Theil.

Beschreibung und Charakteristik der einzelnen Edelsteine.

Siebzehntes Kapitel.

Diamant.

Der Diamant ist nach dem gegenwärtigen Zustande unserer Kenntnisse reiner Kohlenstoff, welcher im octaëdrischen oder regulären Krystallsystem krystallisirt. Bekanntlich hat der krystallisirte Kohlenstoff die Eigenschaft in zwei verschiedenen Krystallsystemen vorzukommen und daher zwei Modificationen zu bilden, welche auch in ihren physikalischen Eigenschaften grundverschieden sind, es ist dies der Diamant einerseits, der Graphit andererseits. Es ist erwiesen, dass diese Körper sich äusserlich in Allem unterscheiden, trotzdem sie chemisch ident sind. Ausser diesen beiden dimorphen krystallisirten[1] Modificationen haben wir noch den amorphen, nicht krystallisirten Kohlenstoff.

Die chemische Natur des Diamantes, in welchem man früher zur Zeit Bergmann's eine besondere Erde, die terra nobilis vermuthete, wurde durch die Thatsache festgestellt, dass derselbe an der Luft oder im Sauerstoff zu Kohlensäure verbrennt; er ist daher reiner Kohlenstoff. Doch enthalten viele Diamanten minimale Mengen eines aus anderen Elementen bestehenden Farbstoffes, auch muss bemerkt werden, dass eine Varietät, die schwarze anthracitische, Sauerstoff und Wasserstoff enthalten soll. Es wäre gut, wenn die alten Versuche erneuert würden, um die Abwesenheit von Wasserstoff im Diamant mit grösserer Präcision zu constatiren.

Der Diamant kommt mit Ausnahme einiger Varietäten[2] in Einzelkrystallen vor, nicht in krystallinischen Aggregaten. Häufig besteht jedoch ein Krystall aus zwei Individuen, die zwillingsartig

[1] Möglicherweise existirt noch eine weitere krystallisirte Modification.
[2] Siehe S. 61.

verwachsen sind; endlich findet man auch viele rundliche, ovale Diamanten, während viele Krystalle nur eine oder die andere gut ausgebildete Fläche besitzen.

Es verdient jedoch bemerkt zu werden, das Diamant fast immer in Krystallen oder abgerundeten Stücken, nicht aber derb vorkommt.

Die Hauptform ist das Octaëder, dann das Rhombendodekaëder (Fig. 16), der Achtundvierzigflächner (Fig. 17), seltener der Pyramidenwürfel oder ausgesprochene Halbflächner. Selbstverständlich kommen auch Combinationen dieser Formen vor. Der Würfel und das Ikositetraëder kommen nur ausnahmsweise vor.

Nicht selten sieht man sogenannte Zwillinge, Verwachsungen zweier Individuen, wobei diese zu einer Fläche (und zwar zu der Octaëderfläche) symmetrisch liegen, entweder so, dass sie sich berühren, oder so, dass sie sich durchdringen.

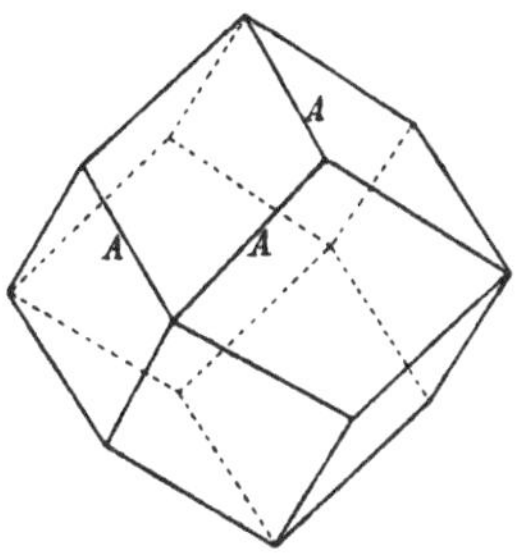

Fig. 16. Rhombendodekaëder.

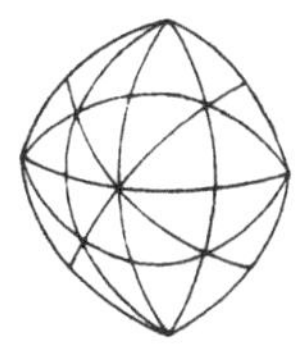

Fig. 17. Achtundvierzigflächner mit gekrümmten Flächen.

Die Beschaffenheit der Flächen der rohen Diamanten ist bei Krystallen oft eine abnorme, indem häufig die Flächen nicht eben, sondern zumeist gewölbt sind; abgerundete Kanten sind sehr häufig, oft sind namentlich die brasilianischen Krystalle zur Kugelform geneigt. Auf den Flächen beobachtet man mitunter Vertiefungen, welche auf den Octaëderflächen dreieckig, auf den Würfelflächen viereckig sind, die vielleicht mit den sogenannten Aetzfiguren identisch sind, welche man künstlich durch Erhitzen der Krystalle im Sauerstoff erzeugen kann Viele Krystalle zeigen einen schaligen Bau.

Spaltbarkeit und Härte. — Der Diamant besitzt eine sehr vollkommene Spaltbarkeit, und zwar läuft dieselbe der Octaëderfläche parallel. Diese Eigenschaft bringt es mit, dass der Diamant leicht zertrümmert werden kann, trotz seiner bedeutenden Härte, welche, wie schon seit langer Zeit bekannt, die grösste ist, welche bisher beobachtet werden konnte. Kein anderes Mineral oder Kunstprodukt kommt ihm annähernd gleich; der Unterschied in der Härte zwischen ihm und dem ihm darin sehr nahe stehenden Korund ist ein sehr grosser. Am nächsten kommt ihm hierin das künstliche, krystallisirte, sogenannte diamantartige Bor, welches auch als Ersatz des

Diamanten zum Schleifen und Bohren angewandt wurde, doch hat es sich in Folge der hohen Herstellungskosten nicht bewährt.

Die Steinschleifer glauben, dass nicht alle Diamanten dieselbe Härte haben. Insbesondere sollen die Diamanten vom Cap geringere Härte haben; es ist aber möglich, dass dies nur bei einem Theile derselben der Fall ist, nämlich bei jenen, welche minimale Interpositionen zeigen. Eine weitere, von den Steinschleifern constatirte Thatsache ist die, dass auf den Würfelflächen die Härte grösser ist, als auf den Flächen des Octaëders.

Die Spaltbarkeit wird von den Steinschleifern benützt, indem der Schleifoperation das Abspalten voranzugehen hat.

Specifisches Gewicht. — Das specifische Gewicht der Diamanten wird nicht stets gleich befunden; dies hängt wohl theilweise mit dem Umstande zusammen, dass Poren (sogenannte Fahnen), Einschlüsse, auch ein etwaiges Färbemittel, eine Differenz erzeugen, immer kann dies jedoch nicht die Ursache sein, da auch ganz wasserhelle reine Diamanten nicht ganz übereinstimmen; dass Diamanten von verschiedenen Fundorten hierin wie auch bezüglich der Krystallform, Härte, Farbe sich verschieden verhalten, ist leicht denkbar, möglicherweise ist aber auch bei ganz reinen Diamanten der Umstand schuld, dass die verschiedenen Beobachter nach verschiedenen Methoden operirten, und dass bei grossen Steinen überhaupt die Bestimmung nicht so genau ausfällt, wie mit Pulver.

Die Durchschnittszahl des specifischen Gewichtes der farblosen Diamanten ist 3·52, er schwimmt also nur in der ganz concentrirten Lösung von Jodoform und Jodmethylen (S. 11).

Der Florentiner, ein berühmter indischer Stein aus dem österreichischen Schatze, hat nach Schrauf die Dichte von 3·521. Schrötter fand bei einer Anzahl von Diamanten 3·509—3·519. Die Capdiamanten haben im Durchschnitt das specifische Gewicht 3·53.

Ein rosenrother Diamant aus Indien zeigt das specifische Gewicht 3·53. Reine Krystalle dürften schwerlich ein höheres specifisches Gewicht aufweisen. Dagegen hat der poröse krystallinische, schwarze Diamant, Carbonado, ein kleineres specifisches Gewicht: 3·50—3·51.

Optische Verhältnisse. — Der Diamant gehört zu den einfach brechenden Mineralien. Er hat einen ausserordentlichen hohen Brechungsquotienten, und in Folge dessen auch einen sehr kleinen Werth des Winkels der Totalreflexion, daher auch kein Mineral einen solchen Glanz und solches Feuer, durch zahlreiche innere Reflexe verursacht, aufweisen kann. Die Bleigläser ahmen jedoch diese Eigenschaften nach, und werden daher zu Diamantimitationen gebraucht. Unmöglich ist es jedoch mit Mineralien wie Quarz und Hyacinth die optischen Eigenschaften nachzuahmen. Die Lichtwirkung, welche den Diamant auszeichnet, wird noch durch eine weitere Eigenschaft erhöht, das sogenannte Dispersionsvermögen.

Wir haben nämlich früher gesehen, dass das Sonnenlicht in einem durchsichtigen Stein in seine verschiedenen einfachen Lichtarten, die Regenbogenfarben, zerlegt wird, und zwar wird das Roth am wenigsten abgelenkt, violett am meisten; dazwischen liegen orange, gelb, grün, blau. Wenn wir durch einen Stein, der durch schräg auf einander stehende Flächen begrenzt ist, auf eine Gasflamme blicken, so wird diese mit farbigen Rändern umsäumt sein, und um so breiter und intensiver werden diese Ränder sein, je grösser die Zerstreuungskraft des Steines ist, d. h. die Eigenschaft, die verschiedenen oben genannten einfachen Lichtstrahlen in verschiedenem Maasse abzulenken; dieses Dispersionsvermögen ist abhängig von der Differenz der Brechungsquotienten, welche der Stein für verschiedene einfache Lichtarten, für verschieden gefärbtes Licht zeigt.

Der Diamant besitzt nicht nur die Eigenschaft, die verschiedenen Lichtstrahlen sehr verschieden abzulenken, sondern auch die, die Lichtstrahlen sehr stark abzulenken. Der Brechungsquotient (siehe S. 18) für roth ist 2·413, für violett 2·457.

Diesen drei Eigenschaften, dem grossen Brechungsquotienten, dem grossen Dispersionsvermögen, und dem geringen Winkel der Totalreflexion verdankt der Diamant sein Feuer und Farbenspiel, welches jedoch nur bei passendem Schliffe zur richtigen Geltung gelangen kann.

Manche Diamanten zeigen Spuren von Doppelbrechung, die jedoch nur vom physikalischen Standpunkte Interesse hat, und daher hier nicht weiter zu erwähnen ist. Der geschliffene Diamant ist zur Untersuchung auf einfache Brechung im Polarisationsapparat wegen der Totalreflexion wenig geeignet, so dass man selten diese Eigenschaft zur Unterscheidung wird benutzen können.

Farben der Diamanten. — Der reine Diamant ist zwar vollkommen wasserhell, viele Diamanten sind jedoch durch einen ihrer Substanz völlig fremden Farbstoff gefärbt. Selten ist die Farbe eine intensive, meist ist nur ein Stich, eine zarte Nüance vorhanden.

Die indischen Diamanten scheinen am reinsten zu sein, denn der Procentsatz der gefärbten ist ein geringer. Ueberwiegend ist das Gelb, ein äusserst blasses Gelb, das in der untersten Stufe der Radde'schen Farbenskala steht. Schöne intensiver blau und roth gefärbte Krystalle kommen, wenn auch nur selten, vor; die weissen, oder richtiger farblosen, zeigen oft einen kaum merklichen Stich in's bläuliche, welcher sehr beliebt ist.

Die brasilianischen Diamanten zeigen noch immer einen höheren Procentsatz an weissen Steinen. Bei den gefärbten kommen alle möglichen Farben vor, selten intensive, häufiger ist nur ein Uebergang zu einer Farbennüance.

Die häufigsten Farben sind braun und zwar ein Uebergang in's Nelkenbraune und Sepia oder mit gelblichem Stich in Ockerfarbe oder Trapp. Es kommt aber auch schwarzbraun vor, und selten nahezu schwarz.[1]

Grüne Farben sind nicht gar selten, obgleich ein intensives Smaragdgrün seltener ist als grüngelb (Radde'sche Skala 11 [q—s]) wie Chrysoberyll. Stich in's grüne ist bei brasilianischen Diamanten häufig. Violettgraue Farben kommen ebenfalls vor. Taf. 42 (q—l). Es ist meist ein Uebergang von Graubraun in's Violette. Amethyst ist selten. Blau kommt entweder intensiv vor (kobalt- und himmelblau) oder nur ein Stich in's Blaue. Blaue Färbungen sind selten und sehr geschätzt. Mitunter kommt blaugrau und schwarzblau vor.

Rosa ist ebenfalls beobachtet, insbesondere ist es die zarte Farbe des Spinelles und des Rosa-Topases, sehr selten ist eine intensive Rubinfarbe, welche daher besonders beliebt ist.

Die Capdiamanten zeigen bekanntlich sehr häufig einen schwachen Stich in's Gelbliche, doch giebt es auch rein weisse (oder eigentlich farblose), sowie auch schwach bläuliche, grünliche. Ferner kommen vor: deutlich weingelb gefärbte, Radde'sche Skala (Taf. 7 u. 8 u), braungelbe und orangegelbe (Taf. 4 u, v; Taf. 6 u, t), grauviolette und rauchgraue (Smoky-Stones). Prononcirte Farben (grün, blau, roth) fehlen auch bei den Capdiamanten nicht gänzlich, sind aber doch nur ganz vereinzelt beobachtet worden, und noch seltener als bei brasilianischen und indischen. Der Procentsatz ganz farbloser Steine beträgt nur 2 Procent, ist also weit geringer als bei indischen und brasilianischen, wodurch die unrichtige Annahme entstanden ist, dass die Capdiamanten stets gelblich seien.

Farbstoff. — Welches sind nun die Färbemittel, welche die Farben verursachen? Auch diese sind nach den Fundorten wahrscheinlich verschieden. Ueber die Natur derselben ist bisher noch wenig sicheres bekannt, was wohl darin begründet ist, dass die färbenden Stoffe nur in minimalen Quantitäten vorhanden sind, so

[1] Auch auf Borneo. Siehe S. 66.

dass, um sie auf analytischem Wege zu constatiren, eine grosse Menge Material untersucht werden müsste. Die landläufige Ansicht, als seien es kohlenstoffhaltige organische Verbindungen, welche die Krystalle färben, ist keineswegs begründet und beruht nur auf Vermuthungen. Wie die herrschenden Farben bei den Diamanten verschiedener Fundstätten verschieden sind, so dürfte das wohl auch der Fall sein für die Farbstoffe selbst.

Sehr wichtig zur Beurtheilung letzterer sind die Einschlüsse, welche manche Diamanten zeigen.

In den brasilianischen Diamanten sieht man Einschlüsse, welche sich bei Betrachtung unter dem Mikroskope theilweise als Titansäure (Rutil), theilweise als Eisenerze (Eisenglanz zumeist) bestimmen lassen (Damour will Topas? beobachtet haben). Dies stimmt mit den von mir ausgeführten Versuchen überein, welche es wahrscheinlich machen, dass Titan- und Eisenverbindungen das färbende Princip der braunen und braungelben brasilianischen Diamanten sind. Die grüne Färbung rührt wahrscheinlich von Eisenoxydulverbindungen her, während die Anwesenheit von Kohlenwasserstoffen oder harzartigen Körpern meiner Ansicht nach äusserst unwahrscheinlich ist.

Die gelbe Farbe der Capdiamanten, welche allen Einflüssen widersteht, dürfte ebenfalls von anorganischen Substanzen herrühren; die Anwesenheit von Eisen ist in denselben nach meinen Versuchen äusserst wahrscheinlich, damit stimmen auch die Beobachtungen von E. Cohen überein, welcher in Capdiamanten Einschlüsse von Eisenerzen constatirte, welche man früher für kohlige Substanz gehalten hatte. Grüne Einschlüsse hält Cohen für Kupfer- oder Eisenverbindungen, während Des-Cloizeaux in Diamanten ein eisenhaltiges Silikat, den Klinochlor, zu erkennen glaubte. Ein definitives Urtheil über die Farbe der Capdiamanten ist noch nicht statthaft.

Eine Eigenthümlichkeit in Bezug auf die Farbe und wohl auch in andrer Hinsicht bilden die afrikanischen Smoky-Stones, bei welchen die grauen Farben in Sectoren vertheilt erscheinen. Auch einige schwarze brasilianische Diamante zeigen diese Erscheinung.

Es kommen überhaupt bei manchen Steinen verschiedene Färbungen an einem und demselben Stein vor; so sind oft die Ecken des Octaëders dunkler gefärbt, oder man beobachtet einen gelben Kern, einen braunen Kern in einer lichteren oder ganz farblosen Hülle.

Was das Vorkommen des Farbestoffes anbelangt, der mit der

chemischen Natur in keinem Zusammenhange steht, so ist es wahrscheinlich ein dilutes Farbemittel, von dem man annehmen kann, dass es zwischen den Molekülen des Diamantkohlenstoffs vertheilt ist.

Verhalten des Diamantes bei hohen Temperaturen. — Durch zahlreiche Versuche, welche bereits Ende des 17. und im 18. Jahrhundert durchgeführt wurden, wurde die Verbrennbarkeit des Diamantes nachgewiesen.[1] Dadurch ist der Glaube entstanden, dass der Diamant leicht verbrennbar ist; dies gilt aber nur für feines Pulver. Schon G. Rose fand, dass Diamant in grösseren Bruchstücken bis zum Schmelzpunkte des Eisens ohne Veränderung existiren kann. Bei Abschluss von Sauerstoff kann man stark erhitzen, ohne eine Veränderung wahrzunehmen.

Der Autor dieses hat zahlreiche Versuche über die Temperatur, welche Diamantkrystalle oder Bruchstücke aushalten können, ausgeführt, und dabei gefunden, dass man dieselben ohne Schaden im Gebläsebrenner bis zur oxydirenden Weissgluth erhitzen kann. Anders verhält sich die Sache, wenn man im Sauerstoffstrome erhitzt, denn dann ist die Einwirkung eine viel intensivere; grössere Stücke halten zwar auch hier die helle Rothgluth aus, aber sie zeigen bereits die Einwirkung der beginnenden Verbrennung in den Aetzeindrücken, jenen auf S. 55 erwähnten dreieckigen Vertiefungen.

In nicht oxydirenden Gasen, in Kohlenoxyd, Kohlenwasserstoffen, Leuchtgas etc. kann man den Diamant auf noch weit höhere Temperaturen erhitzen, ohne dass eine Veränderung wahrgenommen wird.

Demnach ist der Diamant ein Mineral, welches zuweilen hohe Temperaturen erträgt.

Einwirkung von Säuren etc. — Der Diamant ist vollständig unlöslich; der Autor dieses hat einige frühere Versuche wiederholt, und z. B. die Einwirkung von Schwefelsäure, Salpetersäure, Chromsäure, Königswasser bei höherer Temperatur zwischen 100°—160° (sogar noch höheren) versucht, und niemals eine Angreifbarkeit constatiren können, obgleich die Versuche mehrere Wochen hindurch ausgedehnt wurden; auch Aetzeindrücke fehlten.

In Gasen, z. B. in den unten genannten (mit Ausnahme des Sauerstoffes), ferner in Salpetersäure, schwefliger Säure, Chlorwasserstoff, Fluorwasserstoff, Chlor, konnte auch bei Rothgluth keine Spur

---

[1] Der erste Diamant wurde unter Cosmus II. zu Florenz im Focus eines Brennspiegels verbrannt. Aehnliche Versuche wurden auf Geheiss des Kaisers Franz I. ausgeführt; ebenso in Paris zur Zeit Lavoisier's.

von Veränderung wahrgenommen werden. Nur als ich einen brasilianischen Diamanten in concentrirter Schwefelsäure derartig erhitzte, dass die sich aus letzterer entwickelnden Dämpfe auf einen schwach rothglühenden Diamanten strichen, konnte constatirt werden, dass derselbe an der Oberfläche trübe und undurchsichtig geworden war.

Ebensowenig wie Säuren wirken die ätzenden Basen, wie Natron und Ammoniak, bei 100°. Gasförmiges Ammoniak und Salmiakdampf bleiben ebenfalls ohne Wirkung, selbst bei hoher Temperatur. Der Diamant ist demnach unangreifbar in Säuren und alkalischen Basen[1].

Elektrisches Verhalten. — Der Diamant ist ein schlechter Leiter der Elektricität; durch Reiben auf einem Tuche wird er elektrisch, wie viele andere Edelsteine, verliert jedoch diese Eigenschaft rasch wieder.

Phosphorescenz. — Durch Einwirkung des Sonnenlichtes wird der Diamant phosphorescirend; diese Erscheinung soll am deutlichsten sein, wenn man nur blaues Sonnenlicht anwendet.

Carbonado. — Eine fast nur in Brasilien vorkommende krystallinische schwarze Diamantvarietät. Fälschlich wurde er auch als amorpher Diamant bezeichnet. Man hielt ihn lange Zeit für ein Gemenge von Diamant mit Kohle.

Der Carbonado ist ein feines krystallinisches Aggregat von kleinen winzigen Octaëdern, oft ist die Textur etwas porös, daher auch sein specifisches Gewicht bedeutend niedriger ist und stark schwankt. Die Härte des Carbonados soll grösser sein als die des krystallisirten Diamantes, was bei dem Fehlen von durchgehenden Spaltflächen erklärlich wäre. Ob die färbende Substanz wirklich Kohle ist, ist noch nicht sichergestellt, meiner Ansicht nach ist sie durch Beimengung von Eisen und Titan verursacht.

Die Fundstätte des Carbonado ist das Seifengebirge des Districtes La Chapada, Provinz Bahia. Die begleitenden Gesteine sind syenitischer und granitischer Natur, Turmalin, Zirkone, Staurolith, Rutil, Granat finden sich mit denselben.

Der Carbonado kommt demnach vorzugsweise in Brasilien vor; in West-Griqua-Land hielt man anfänglich ein braunschwarzes Mineral — Titaneisen — für Carbonado, was durch E. Cohen richtig

---

[1] Nach Rogers soll Diamantpulver durch Einwirkung von chromsaurem Kali und Schwefelsäure, wobei Sauerstoff entsteht, zu Kohlensäure verbrennen. Ich erhitzte einen Diamanten in jenem Gemenge bei 120° Wochen hindurch, ohne irgend eine Einwirkung zu bemerken.

gestellt wurde; indessen hat man späterhin auch in Kimberley Carbonado gefunden. Ein Stück, welches ich zu untersuchen Gelegenheit hatte, war ein sehr feinkörniges Aggregat von braunem Diamant mit einzelnen kleinen weissen Diamanten; das Ganze war durch schwarzbraunes Eisenerz cementirt.

Der Name Carbonado muss für diese Aggregate des Diamantes reservirt werden, bezieht sich also nicht auf einzelne Krystalle von schwarzbrauner, blauschwarzer oder schwarzer Farbe.

Grösse der Diamanten. — Wie bei den meisten Mineralien ist die Grösse der Diamanten eine ungemein verschiedene, man kann jedoch behaupten, dass die mittlere Grösse im Vergleich zu anderen Mineralien eine sehr geringe ist, und dass nur sehr wenig grosse Exemplare bekannt sind. Die Grösse wechselt überdies mit dem Fundorte; wie wir sehen werden, ist die mittlere Grösse der Capdiamanten eine weit bedeutendere als die der brasilianischen. Merkwürdig ist, dass grosse Diamanten meist eben so wasserhell und rein sind wie kleinere, eine Erscheinung, die bei anderen Mineralien nicht immer eintritt, indem z. B. bei Bergkrystall, Feldspath, Topas, Granat, grössere Individuen mehr durch Einschlüsse verunreinigt sind, als kleinere.

Die Grösse des Diamanten erreicht niemals die der Edelsteine Smaragd, Topas, Saphir, Amethyst. Die Grösse der Diamanten wird aus dem Gewichte derselben bestimmt.

Allgemein bekannt ist, dass nicht nur die Diamanten, sondern alle Edelsteine seit alter Zeit nach einem, allerdings etwas schwankendem Gewichte, dem Karat, gewogen werden. Der Name Karat soll von dem Namen einer Art Bohne, Kuara, herrühren, welche in Schangallas (Afrika) zum Goldhandel benützt, später nach Ostindien gebracht und zum Wägen der Diamanten benutzt wurde. Dabei hat aber das Karat in verschiedenen Ländern verschiedene Werthe, welche zwischen 197 Milligr. (Florentiner Karat) und 207 Milligr. (Karat von Madras) schwanken; doch waren stets der Amsterdamer Werth mit 206·7 und der Pariser mit 205·5 Milligr. am gebräuchlichsten.

Im Jahre 1871 fixirte die Pariser Syndikatskammer der Edelsteinhändler das Karat genau mit 0·205 Gramm, und dieses Gewicht ist nunmehr ziemlich allgemein adoptirt. Der vierte Theil des Karates heisst Gran, die weiteren Unterabtheilungen des Karates sind $^1/_8$, $^1/_{16}$, $^1/_{32}$, $^1/_{64}$.

Im Gegensatze zu anderen Mineralien, welche, wie z. B. Quarz, in mikroskopischen Kryställchen und in meterlangen Krystallen vorkommen, kommt Diamant einerseits nur äusserst selten in Krystallen über 20 gr vor, andererseits aber auch nicht in winzigsten Kryställchen. Die kleinsten Diamanten sollen $^1/_4$—$^1/_8$ mm Durchmesser haben, solche sind aber äusserst selten. Mikroskopische Diamanten kommen nirgends vor. Wie also grosse Individuen sehr selten sind, so sind es auch sehr kleine.

Den grössten der bisher gefundenen Diamanten weist Indien auf, falls nämlich die Angabe, dass der Gross-Mogul, welcher jetzt 280 Karat wiegt (im Besitze des Schah von Persien), roh 780 Karat gewogen haben soll, richtig ist. Im portugiesischen Kronschatze soll ein hühnereigrosser Diamant „Braganza“ sich befinden, welcher aber in manchen Schriften als Topas bezeichnet wird.

Von Landak auf Borneo stammt ein 367 Karat schwerer Diamant, welcher dem Rajah von Matam gehört. Weitere grosse Diamanten sind der Nizam aus Golconda, geschliffen 340 Karat, der Orloff, 193 Karat geschliffen (im russischen Schatze), der Florentiner aus dem österreichischen Schatze, geschliffen $139^1/_2$ Karat, etwas gelblich, der Regent (aus Golconda), geschliffen $136^1/_2$ Karat (roh 410 Karat). Den grössten Ruf besitzt der Kohinoor, welcher angeblich nach den Erzählungen Taverniers sogar 793 Karat gewogen haben soll. Als ihn die Engländer 1850 confiscirten, wog er $186^1/_2$ Karat, nach dem daran vorgenommenen Brillantschliff verblieben nur noch $106^1/_{16}$ Karat. Andere grössere durch ihre Schönheit sowohl, wie durch ihre interessante Geschichte bekannte indische Steine sind der Regent, Sancy, Piggot u. A.[1]

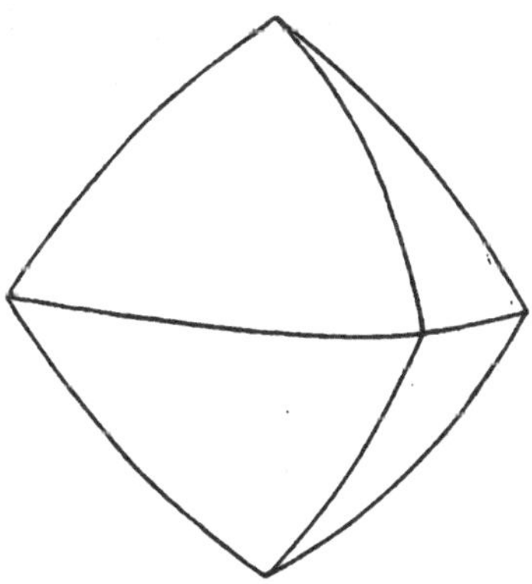

Fig. 18. Diamantoctaëder mit gekrümmten Kanten. (Originalgrösse.)

Afrika hat in der kurzen Zeit des Abbaues viele sehr grosse Steine geliefert, darunter einen von 462 Karat roh, einen anderen von 429 Karat, den Stewart etc.

Brasilien zeigt meist nur kleine und sehr kleine Steine; der grösste, der Stern des Südens, wog roh $254^1/_2$ Karat, geschliffen $125^1/_2$ Karat. Der portugiesische Schatz besitzt einen solchen von $138^1/_2$ Karat.

Farbige grosse Diamanten, nämlich solche mit prononcirter Farbe, scheinen selten zu sein; so der blaue $44^1/_4$ Karat schwere

[1] Ueber historische Diamanten siehe Kluge's Edelsteinkunde.

Hope-Diamant, dann ein rubinrother 10 Karat schwerer, ein 40 Karat schwerer, tiefgrüner in Dresden etc.

Figur 18 zeigt in natürlicher Grösse ein Octaëder mit abgerundeten Kanten aus der Kimberley-Mine. Bis 1890 war es das grösste bisher in Süd-Afrika gefundene. Es wog $428^1/_2$ Karat und hatte eine Länge von $1^7/_8$ engl. Zoll; geschliffen wog es 228 Karat.

Fundstätten des Diamant.

Die Fundstätten der Diamanten besitzen nicht nur geographisches Interesse, sondern erwecken durch die Verschiedenheit der Lagerstätten auch geologisches, sowie wegen der verschiedenen Entstehung ein hervorragendes genetisches Interesse, während andererseits die Fundstätte auch desshalb wichtig ist, weil die physikalischen Eigenschaften der Diamanten mit der Fundstelle schwanken, wie z. B. die Farbe und Dichte, wie denn auch die Krystallform sich ändert.

In Europa ist mit Sicherheit das Vorkommen von Diamanten nicht zu constatiren. Die Hauptfundorte sind: Indien, Borneo, Brasilien und West-Griqualand (Süd-Afrika).

1. Indien. — In Indien wird der Diamant mit einer unten angeführten Ausnahme nirgends im festen anstehenden Gesteine getroffen, sondern stets in Sanden, Geröllen und Schuttmassen der Flussbette. Die Diamanten werden durch fliessende Wasser aus den höheren Regionen in die Niederungen gebracht. Das bereits auf secundärer Lagerstätte befindliche Gestein, welches die Diamanten enthält, ist ein breccienartiges, aus Trümmern anderer Gesteine bestehendes, in welchem sich insbesondere Quarze in verschiedenen Varietäten, Chalcedon, dann Korund, Epidot, auch Eisenerze, gerundete Kieselsteine finden. Aus dem Vorkommen der Diamanten an jenen Orten lässt sich daher kein Schluss auf ihre Entstehung ziehen.

In anstehendem Fels auf primärer Lagerstätte scheint der Diamant in Indien erst durch den französischen Ingenieur Chaper gefunden worden zu sein, welcher darüber in der französischen mineralogischen Gesellschaft berichtete.[1] Hiernach findet sich der Diamant im District Bellary zusammen mit blauem Korund (Saphir), Quarz, Feldspath und Epidot in einem pegmatitartigen Gestein, welches sich auf nassem Wege gebildet hat, inmitten von Gneissen und ähnlichen Gesteinen. Die Krystalle sind sehr scharfkantig.

[1] Bulletin, Bd. VII. 1884.

Dieser Fund ist sehr wichtig, weil er zeigt, dass die Träger des Diamanten die granit- und gneissartigen Gesteine des indischen Hinterlandes sind, und dass aus diesen jene Trümmergesteine entstanden, in welchen der Diamant heute sich findet.

Die Lagerung der Diamantenbreccien, welche manchmal mehr sandsteinartigen Charakter besitzt, zeigt, dass die Breccien erst sehr spät aus den unten aufliegenden Graniten oder Gneissen, die auch durch eruptive Trappgesteine durchbrochen wurden, entstanden sind. Leider ist über die näheren geologischen Verhältnisse nahezu nichts bekannt, wenn wir von jener Mittheilung des französischen Forschers absehen; die älteren Berichte von Reisenden sind zu unklar, und die indischen Geologen, welche nur für die Thiere der Vorwelt Interesse zu haben scheinen, haben sich mit diesen Fragen nicht beschäftigt, da beispielsweise die Geologie von Indien von Medlicot keinerlei neuen Aufschluss hierüber bringt.

Was die geographische Lage der indischen Diamantenfundorte belangt, welche insbesondere durch Ritter geschildert wurde, so werden gewöhnlich drei Gruppen unterschieden. Sie befinden sich am Ostabfall des Dekkhan-Gebirges.

a) Die ergiebigsten Fundorte waren in alter Zeit die des berühmten Golconda-Landes, welche jetzt nichts mehr liefern. Von hier stammen die historischen Diamanten Pitt, Kohinur, Orlow. Zur Zeit Tavernier's war die Ausbeute grossartig, während sie jetzt gleich Null ist. Die Diamantschicht gehört dem Alluvium an, das Grundgebirge soll Granit sein. Das erstere besteht aus einem Gemenge von Kiesel-, Quarz-, Granit- und Sandsteinbruchstücken, sowie solchen von Kalkconglomerat.

b) Bei Cuddapah am Pennarfluss. — Der Diamant ist in Sanden, Grus, Lehm und unter Kalktuff gelagert; gleichzeitig mit dem Diamanten erscheinen reichlich Kiesel, Sandsteine, Jaspis, auch Bohnerz. Die dortigen Diamanten sind crêmefarbig, honiggelb, grauweiss, neben vielen vollkommen wasserhellen. Der Diamant wird aus wenig tiefen Gruben auf primitive Art durch Eingeborene gewonnen. Die gewonnenen Diamanten zeigen abgerundete Formen mit undeutlicher Krystallform.

c) Bei Banganpally. — In diesem District findet sich der Diamant in Schutthügeln und an Gehängen. Er liegt nur wenige Fuss unter der Oberfläche. Die Diamanten sind krystallisirt, zumeist in Octaëdern oder Dodekaëdern; es sollen meist kleinere Steine sein.

d) District von Sumbhulpur am Godavari. — In diesem

Reviere sind sehr schöne wasserhelle Diamanten von nicht geringer Grösse gefunden worden; hauptsächlich finden sie sich in den Flussläufen im Alluvium. Die sie enthaltende Schicht dürfte mit der vom nächsten Fundorte gleichaltrig sein. Das Gestein ist ein rother eisenschüssiger Thon-Sandstein mit Kieselbruchstücken.

e) Die Pannagruppe bei Bundelkund. Ein Höhenzug von Sandsteinmassen, welche auf Granit lagern, der, wie es scheint, von Melaphyr (Trapp) durchbrochen wird. Diese Sandsteine gehören zu der von indischen Geologen ausgeschiedenen Kaimurgruppe; sie sind feldspathreich und eisenschüssig. Verschiedene Kiesel, Jaspis, Hornstein, Quarz, welche aus den Hohlräumen von eruptiven Melaphyrgesteinen stammen sollen, kommen mit den Diamanten vor. Ausser wasserhellen Diamanten findet man auch grünliche, orange-farbene, braune; der Hauptfundort ist Panna. Der District von Bundelkund ist der ergiebigste indische Diamantfundort; die Steine werden in Panna selbst geschliffen und verkauft; die Preise sind höher als in Europa.

Da diese Diamantenfundstätten schon öfters beschrieben wurden, auch kein weiteres Interesse erwecken, weil es sich nur um secundäre Lagerstätten handelt, so kann hier von einem weiteren Eingehen abgesehen werden.

Auch die Insel Borneo birgt in ihrem südöstlichen Theile Diamanten; diese finden sich wiederum im Seifengebirge, welches gleichzeitig mit Diamant auch Quarz, Pyrit, Gold, Platin, Magnetit enthält.

Das Seifengebirge lagert auf Serpentin; ob dieser das Muttergestein des Diamanten ist, ist nicht bekannt. Von Landak auf Borneo stammt einer der grössten Diamanten; es sollen von hier auch schöne schwarze Diamanten stammen. Als charakteristische Begleiter des Diamanten erscheinen schwarze und schwarzblaue Quarze, welche Eisenkies und Platin enthalten. Der Zusammenhang mit Serpentin (welcher aus Olivin entstanden ist) und Platin ist sehr bemerkenswerth und spricht für eruptiven Ursprung, doch deutet das Zusammenvorkommen mit den Quarzen nicht auf eine directe vulkanische Bildung.

2. Brasilien. — Die brasilianischen Diamantfundstätten waren lange Zeit die massgebendsten und reichsten. Besonders wichtig sind die Lagerstätten von Diamantina in der Provinz Minas Geraës. Auch in anderen brasilianischen Provinzen, Saõ Paulo, Goyaz, Matto grosso, finden sich diamanthaltige Schichten. Eine gewisse Aehnlichkeit zwischen den geologischen Verhältnissen der

einzelnen Fundstätten lässt sich trotz der grossen Entfernung derselben unter einander nicht verkennen. Die brasilianischen Lagerstätten unterscheiden sich, was die Diamanten selbst anbelangt, von den indischen durch Kleinheit der aufgefundenen Individuen und durch Massenhaftigkeit des Vorkommens; farbige Diamanten sind etwas häufiger als in Indien, insbesondere kommen viele kleine braungelbe und trappfarbene Steine vor, die als Schleifmittel (Boort) ihre Verwendung finden. Doch sind hier auch einzelne reine, grössere Steine gefunden worden, wie der vorhin erwähnte Stern des Südens; immerhin beträgt das durchschnittliche Gewicht wenig über einen Karat; Steine, welche über 20 Karat wiegen, sind bisher nur in wenigen Exemplaren vorgekommen. Die hohen Preise, welche für grössere Diamanten bezahlt werden, sind daher erklärlich, umsomehr, als auch viel mehr weisse Steine als am Cap vorkommen.

Geologisch werden zweierlei Lagerstätten des Diamanten in Brasilien unterschieden: secundäre Lagerstätten und das sogenannte primäre Vorkommen in dem Itakolumit genannten Gesteine. Am Berge Grammagoa, 43 Meilen von Tejuco in der Provinz Minas Geraës entfernt, fand man in den dreissiger Jahren in jenem eigenthümlichen sandsteinartigen Gesteine Diamanten eingewachsen, und zwar in derselben Art verbreitet wie Granaten im Glimmerschiefer. Der Itakolumit besteht aus Quarz mit Glimmer-, Talk- und Chloritblättchen und hat die Eigenschaft biegsam zu sein; dieses Gestein ist in Brasilien sehr verbreitet. Manche brasilianische Itakolumite enthalten Eisenglimmer, ja auch goldhaltige kommen vor.

In neuerer Zeit hat man begründete Ursache anzunehmen, dass der Diamant nicht im Itakolumit entstanden ist, sondern dass sich letzterer nach dem Diamanten gebildet hat; sein Material stammt wahrscheinlich wie der Diamant selbst aus granitartigen Felsarten.

Nach Gorceix, welcher die Diamantlagerstätten Brasiliens genauer erforscht hat, dürfte der Diamant auf Gängen entstanden sein, welche in dem Itakolumit oder Glimmerquarz aufsitzen.

Mit Ausnahme des Vorkommens am Berge Grammagoa, wo die Diamanten im Itakolumit stecken, kommen diese Edelsteine stets in Conglomeraten, Sanden und Geröllen, thonigen Massen mit zahlreichen anderen Mineralien, welche theilweise auch zu den Edelsteinen gehören, vor. In Diamantina kommt der Diamant an den Flussläufen, im sogenannten Cascalho, einem schlammigen, sandigen Thon, mit Gesteinsbruchstücken gemengt vor. Auch hier scheinen Gneisse und Glimmerschiefer die ursprünglichen Muttergesteine zu sein, welche jene Gesteinsbruchstücke und die Sandsteine, die den Diamanten begleiten, geliefert haben, so dass möglicherweise ein gneissartiges Gestein das Muttergestein des Diamanten sein könnte. Ferner kommen Diamanten auch in etwas älteren, ebenfalls den recenten Formationen angehörigen Schichten vor; es sind dies die Sandschichten, welche das Plateau, das von jenen Flüssen durchschnitten wird, bilden; dasselbe wird charakterisirt durch ein eisenschüssiges Conglomerat, welches verschiedene Gesteinsfragmente in Sand enthält und das den Goldwäschern unter dem Namen Tapanhoa-canga bekannt ist.

Die Diamantfundstätten der Provinz Minas Geraës finden sich nach Gorceix theils in jüngsten Alluvialbildungen, theils in älteren Formationen (Kohlenformation). In den obersten Schichten fehlt oft der Diamant, aber sobald das eigenthümliche Gestein der Cascalho auftritt, hat man Grund zur Annahme, auch Diamanten zu finden. Die Hauptfundorte sind die Umgebungen der Flüsse Servicio de Rio und Servicio de Campo, Servicio de Serra. Die Orte, wo heute noch Diamanten ausgebeutet werden, sind: Diamantina und Umgebung, S. Joao de Chapada, Grão Mogol, Abaeté, Cocaës, Bagagem.[1] Begleiter des Diamanten sind hauptsächlich titanhaltige Mineralien: Rutil, Anatas, Arkansit, Titaneisen, dann Quarz, Jaspis, Feuerstein, der nie fehlende Turmalin (feijaõ), Chrysoberyll, dann (nach Gorceix) Ytterspat, Monazit, Eisenerze wie (Martit, Magnetit, Rotheisenstein, Eisenkies in Brauneisen umgewandelt), Markasit, dann Silikate (Disthen, Staurolith, Glimmer, Talk, Fibrolith, Granat, Titanit, Euklas), endlich Gold, Lazulith, Psilomelan.

Manche dieser Mineralien, wie Psilomelan, dann Brauneisen, Eisenkies, Jaspis sind wahrscheinlich nachträgliche Bildungen. Bemerkenswerth ist das Vorkommen von Gold, Titan- und Eisenerzen, sowie von Phosphaten.

Die Mehrzahl dieser Mineralien findet sich nach Gorceix auch in den metamorphischen älteren Felsarten, aus denen wahrscheinlich der Cascalho sich in jüngerer Zeit gebildet hat. Die Diamanten finden sich dort in quarzhaltigen Thonen, welche auch die Titaneisenerze enthalten. Die in älteren Schichten enthaltenen Diamanten unterscheiden sich von den in jüngsten Gesteinen vorkommenden durch Scharfkantigkeit und rauhe Flächen; sie sind zumeist leicht gefärbt, und zwar grünlichblau. In den Geröllschichten liegt der

[1] Von hier stammt der grosse Diamant: Stern des Südens.

Diamant mit den Eisen- und Titanerzen zu unterst, während oben Turmalin und andere Silikate liegen.

Die wichtigsten Fundorte der Provinz Bahia sind Cinçorra und Chapada, St. Isabel am Rio des contas, dann Lençoes, ferner Salobro u. A. Damour hat den Diamantsand von Chapada, Provinz Bahia, genauer untersucht, und darin ausser dem für Brasilien so charakteristischen Feijaõ, einem schwarzen Turmalin, hauptsächlich Quarz und Rutil, dann Ytterspath und kieselsaure Yttererde gefunden, seltener sind Diaspor (Thonerdehydrat), Brookit und Anatas (Titansäure), Magneteisen, Feldspath, Gold. Der untersuchte Sand enthielt neben weissen Diamanten auch den schwarzen Carbonado.

Leider besitzen wir nur geringe Kenntnisse von den mineralogischen Verhältnissen der Diamantlagerstätten Bahias, da wenig Fachgeologen sie gesehen haben; Gorceix besuchte die neue Diamantlagerstätte von Salobro.[1] Auch hier findet sich der Diamant in alluvialen Bildungen. Wieder sind es Quarz, Korund, Titaneisen, Eisenglanz, ferner Magnetkies, Monazit, dann Zirkon, Almandin, Disthen, Staurolith, welche den Diamanten begleiten; der häufigste Begleiter des Diamanten, der „Feijaõ", fehlt aber an dieser Fundstätte.

Bemerkenswerth ist hier das Vorkommen von Monazit und Ytterspath (welche das seltene Element Yttrium enthalten) als Begleiter des Diamanten, da sie sonst nur auf granitischen oder syenitischen Gängen gefunden wurden; sie lassen als das wirkliche Muttergestein des Diamanten ein ähnliches Gestein vermuthen. In Bezug auf die Entstehungsfrage ist auch das Vorkommen von Titan-Mineralien sehr wichtig, obgleich der Schlüssel zur Lösung dieser Frage noch nicht gefunden ist. Ein Zusammenhang mit Titan und jenen seltenen Metallen ist jedenfalls vorhanden.

Die Ausbeute Brasiliens an Diamanten war eine Zeitlang eine sehr bedeutende, 300,000 Karat jährlich, aber schon 1852 betrug sie nur noch 130,000 Karat.

Manche ältere Fundstätten werden nicht mehr ausgebeutet, da die leicht zu gewinnenden Diamanten bereits fehlen und ein rationeller Maschinenbetrieb nicht eingeführt ist. Nach den Berichten von Reisenden, denen zumeist der Gegenstand ferner lag, dürften viele Fundorte noch lange nicht erschöpft sein und noch viel versprechen, falls bessere Gewinnungsmethoden eingeführt werden. Auch werden fortwährend neue Fundorte von Diamanten entdeckt, so dass Bra-

[1] In dem Bulletin de la soc. mineralog. de France. VII. p. 209. Paris 1884.

silien immer noch als wichtiges Land für Diamanten zu gelten hat; es ist auch zu erwarten, dass in den wenig bevölkerten und noch wenig erforschten Provinzen Diamantfundstätten zukünftig sich finden werden.

3. West-Griqualand (Südafrika). — Ueber die gegenwärtig so wichtigen Diamantfelder der Capcolonie haben mehrere Geologen, Rupert-Jones, E. Cohen, Chaper, berichtet. In den ersten Jahren wurde der Diamant sowohl in Flüssen, den sogenannten River Diggings gefunden, als auch in trockenen Gruben, Dry Diggings, gefördert. Erstere lieferten seinerzeit eine Anzahl grösserer Diamanten, wie die bekannten Steine Stewart und Star of South Africa.

Die Hauptmasse der Diamanten ist jedoch in den Dry Diggings gefördert worden, welche jetzt allein noch in Betracht kommen. Die Lagerstätten des diamantführenden Bodens liegen auf dem Plateau der in Südafrika weithin verbreiteten Karooformation, einer älteren, zwischen Kohlen- und Triasformation liegenden geologischen Etage. Die diamantführende Erde findet sich in kraterähnlichen Vertiefungen, welche von Cohen mit den Maaren der Eifel verglichen werden. Diese eigenthümlichen Vertiefungen enthalten eine blaugraue Erde, den sogenannten „blue ground“, mit zahlreichen eckigen, losgerissenen Bruchstücken von verschiedenen Gesteinen und grossen Massen der angrenzenden Felsarten, sogenannten „floating reefs“. An der Oberfläche wird der blaue Grund durch Oxydation des darin enthaltenen Eisens gelb und führt den Namen „yellow ground“. Die Vertiefungen besitzen nach den bisherigen Ergebnissen eine parallele Begrenzung und dürften sehr tief sein, möglicherweise verlaufen sie jedoch trichterförmig. Im Jahre 1891 hatte man auf der der Debeers-Gesellschaft angehörigen Kimberley-Mine bereits in einer Tiefe von 850′ Diamanten gegraben. Da bisher eine Verminderung der Diamanten in der Tiefe nicht constatirt wurde, so dürfte das dort vorhandene Material an Diamanten ein sehr bedeutendes sein.

Die Diamantminen bedecken nur ein sehr kleines Areal, so[1] die Old-Debeers-Mine 55,000 qm, die Kimberley-Mine 41,000 qm, Bultfontein 98,000 qm, Dutoitspan 160,000 qm und Jagersfontein 80—90,000 qm. Kleinere Gruben sind die von Kaffeefontein und St. Augustin.

Welches ist nun die Entstehungsart jener eigenthümlichen krater-

[1] Nach der Darstellung von E. Cohen.

artigen Vertiefungen, und wie ist der Diamant in dieselben gekommen? Der Diamant befindet sich natürlich auch hier auf secundärer Lagerstätte und selbst dort, wo er auf Bruchstücken eines festen Tuffgesteines, welches man für das Muttergestein hielt, vorkommt, ist er nicht dortselbst entstanden.

Cohen nimmt an, dass der diamantführende Boden das Product einer eigenthümlichen vulkanischen Thätigkeit ist, welche der der Schlammvulkane analog ist, und glaubt, dass jene Becken oder Trichter wirkliche Krater sind, und dass der blaue Grund eine Art vulkanischer Asche ist, welche auch fremde Massen an den Rändern, dann Geschiebe, sowie neuere Bildungen, organische Reste und Kalktuff aufgenommen hat.

Dies wird durch das Studium eines in der Debeers-Mine auftretenden vulkanischen Ganggesteines (dort „snake" genannt) bestätigt; dasselbe ist nach Stelzner ein basaltisches Gestein: Pikritporphyr. Die Untersuchung des blauen Grundes ergab eine Uebereinstimmung seiner Bestandteile mit dem festen Gestein, abgesehen von neueren und fremden Bildungen. Blauer Grund und Basalt stammen aus einer Quelle. Auch die Begleiter des Diamanten weisen darauf hin, dass dieser durch vulkanische Thätigkeit zu Tage gefördert wurde. Hierbei ist jedoch zu beachten, dass der Diamant nicht in dem Basalt entstanden ist, denn er wurde nie in diesem Gestein gefunden.

Wir haben demnach hier den Fall einer eruptiven Bildung eines, durch vulkanische Aschemassen zu uns geförderten Diamantvorkommens. Für die eruptive Bildung des Diamanten selbst ist dies jedoch kein schlagender Beweis, da er jedenfalls früher existirt hat als die vulkanische Asche und die vulkanischen Gesteine.

Merkwürdig ist, dass die verschiedenen früher genannten Gruben trotz ihrer geringen Entfernung von einander typische Differenzen zeigen, sowohl was den blauen Grund und die verschiedenen Einschlüsse anbelangt, als auch in Bezug auf ihren Reichthum und die Qualität der Diamanten selbst, was von grossem Interesse ist. Sehr viele Diamanten (aber von niederer Qualität) liefert die Kimberley-Mine; Dutoitspan giebt sehr schöne und grosse Steine, Octaëder. Das Material der Old Debeer's-Mine ist sehr günstig, grosse Steine sind häufig, doch dominirt gelb; hier kommen oft Krystalle vom Typus des Rhombendodekaëders vor. Die Jagersfontein-Mine hat viele bläulichweisse Diamanten geliefert; sie ist zwar nicht so ergiebig wie andere Gruben, aber die Qualität ist vorzüglich.

Nach dem Berichte der Ingenieure der Debeers-Gesellschaft ist auch der „blue ground“ der verschiedenen Gruben nicht übereinstimmend und dürfte die Bildung desselben nicht gleichalterig bei allen sein. Auch die begleitenden Gesteine, z. B. von Debeers und Jagersfontein, zeigen Unterschiede. Auf letzterer Grube kommen grosse undurchsichtige Granaten vor, welche bei ersterer fehlen.

Selbstverständlich ist auch der Gehalt des blauen Grundes an Diamanten in den verschiedenen Minen ungleich, am reichsten ist Kimberley: $1^1/_4 - 1^1/_2$ Karat per Ladung; Bultfontein hat nur $^1/_5 - ^1/_8$ Karat per Ladung blauen Tuffs.

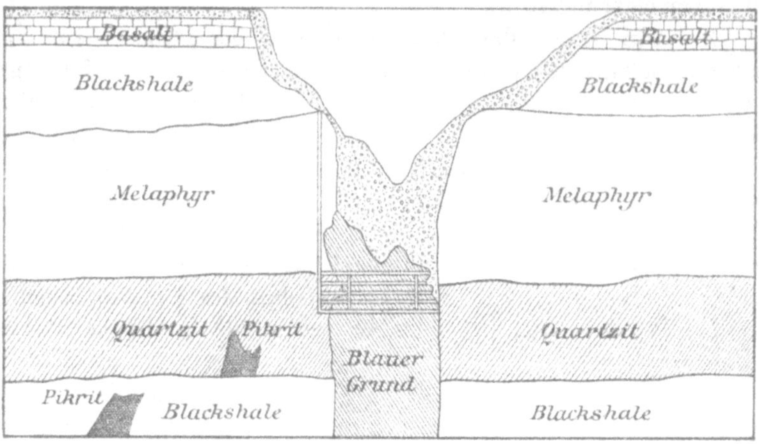

Fig. 19. Profil der Kimberley-Mine.

Fig. 19 zeigt die geologischen Verhältnisse der Diamantlagerstätte. Die Schichten, welche durch die vulkanische, jetzt mit blauem Grunde angefüllte Spalte durchbrochen werden, sind von unten nach oben folgende:

Blackshale (ein schwarzer, kohlenreicher Schiefer, welcher viel Eisenkies enthält),

Quartzit, in welchen Gänge basaltischen Gesteins eindringen,

Melaphyr,

Blackshale,

Basalt,

Alluvium.

Die Lagerung der Schichten ist vollkommen horizontal.

Was die Diamanten selbst anbelangt, so haben sie zumeist abgerundete Kanten. Vorherrschend ist der octaëdrische Typus.

Die mittlere Durchschnittsgrösse der Capdiamanten ist entschieden weit beträchtlicher als die der brasilianischen und indischen, daher der Reichthum an grossen Steinen charakteristisch für die südafrikanischen Fundstätten ist; sehr kleine Diamanten unter $^1/_{16}$ sind selten. Wenn auch keine so grossen Steine bekannt sind wie die historischen indischen Kohinoor, Grossmogul etc., so sind doch mehrere Steine von einigen hundert Karat vorgekommen, und wenn man bedenkt, wie kurz gegen Indien die Zeit der Ausbeutung ist, so kann man behaupten, dass die Fundstätte der meisten grossen Steine Süd-Afrika ist.

Steine von 100—150 Karat sind bereits häufig gefördert worden. Im Jahre 1889 wurde in der Debeersmine ein grosses Octaëder mit abgerundeten Kanten von $428^1/_2$ Karat (88 grm) gefunden; nach dem Schleifen reducirte sich sein Gewicht auf $228^1/_2$ Karat. Neuerdings (1892) soll ein Stein von 462 Karat gefunden worden sein.

Begleiter des Diamanten sind: Olivin, Granat, Caprubin, Zirkon, Chromeisen, Korund, Disthen, Chromdiopsid (smaragdgrün), Enstatit, Glimmer, Magneteisen, Titaneisen, Hornblende. Andere Mineralien, welche sich mit jenen finden, wie Opal, Kalkspath, Baryt, Zeolithe, sind erst später gebildet. Auch Bruchstücke von Gesteinen finden sich mit dem Diamanten, insbesondere von Diabas, Melaphyr.

Die Farbe der Capdiamanten ist, wie bereits erwähnt, oft gelblich, doch kommen auch ganz weisse und bläuliche vor. Die meisten Steine zeigen einen kaum merklichen Stich ins Gelbe; diese Färbung wird von den Juwelieren Capweiss genannt. Da bereits früher die verschiedenen Farben erwähnt wurden, so will ich hier nur noch die rauchgrauen besprechen. Sie bilden in wissenschaftlicher Hinsicht eine Specialität, die aber vom praktischen Standpunkte keineswegs erwünscht ist; es sind dies die rauchgrauen Steine, sog. „smoky stones", bei welchen jedoch die rauchgraue Farbe nicht über den ganzen Stein verbreitet ist, sondern in welchen bei octaëdrischer Krystallform dunklere Sectoren, die von den Ecken gegen das Innere ziehen, vorkommen.

Aus noch nicht ganz aufgeklärten Ursachen zerspringen viele dieser grauen Steine, wenn sie aus dem Boden genommen werden; wahrscheinlich sind sie bei höherer Temperatur entstanden und auch bei höherem Druck, wodurch sie innere Spannungen erlitten haben.

Die Diamantgräber behaupten, dass die Steine nicht zerspringen, wenn sie sofort in den Mund genommen oder in einer Kartoffel aufbewahrt werden. Letzteres soll offenbar vor Stoss bewahren, welcher natürlich das Zerspringen befördert.

Die Production an Diamanten war in den verschiedenen Jahren sehr ungleich. 1884 betrug sie 2,204,786 Karat, 1887: 3,646,899, 1889: 2,755,204, 1890: 2,195,102. Der erzielte Durchschnittspreis für 1890 betrug nach Angaben der Debeers-Gesellschaft 1 Lstr. 9 sh. 6 d. für das Karat.

Ueber die Gewinnung der Diamanten können hier nur wenig Angaben folgen, da dies nicht in den Rahmen des vorliegenden Werkes fällt. Die anfangs sehr primitive Art des Grabens ist allmählich einem regelrechten Bergbaue gewichen, mit allen maschinellen Vorrichtungen. Aus der auf der S. 72 befindlichen Skizze wird auch der Betrieb durch Stollenbau und Schächte[1] klar. Sehr fördernd war es, dass die früher so zahlreichen kleinen Compagnien zu grösseren sich vereinigten, so dass jetzt nur noch sehr wenige Compagnien existiren, von welchen die Debeers-Compagnie die herrschende ist. Sie producirte 1890 die oben genannte Quantität an Diamanten, welche einen Werth von 4,287,728 Lstr. repräsentirten. Der geförderte blaue Tuff wird auf den Waschstätten der Compagnie vermittelst Maschinen gewaschen; das reine Material, welches aus Diamant, aus kleinen Gesteinsbruchstücken und den früher erwähnten mit vorkommenden Mineralien besteht, wird alsdann gesiebt und schliesslich sortirt.

Auf der Pariser Ausstellung vom Jahre 1889 war der Vorgang des Waschens und Sortirens in sehr deutlicher Weise in dem Pavillon der Debeers-Compagnie dargestellt.

Durch sehr vollkommene Waschvorrichtungen ist das frühere Verlorengehen von kleinen Diamanten behoben worden. Ueberhaupt ist erst mit dem Entstehen der grossen Compagnien der Betrieb ein rationeller und wirklich nutzbringender geworden.

4. Ural. — Das diamantführende Gestein, der Itakolumit, kommt auch im Ural vor, und man hatte daher Grund auf Diamanten dort zu fahnden. Dies führte im Jahre 1829 zur Entdeckung von Diamanten in den Sanden der Goldwäscherei Adolphsk auf der russischen Seite des Ural und später auch in Goldseifen des sibirischen Abhangs. Bergkrystall, Magneteisen, Anatas, welche in Dolomit eingewachsen sind, kommen mit dem Diamanten vor.

Die uralischen Diamanten zeigen die Krystallform des Ikositetraëders und Rhombendodekaëders und haben oft einen Stich ins Grünliche. Die Zahl der gefundenen Diamanten im Ural ist jedoch eine sehr beschränkte geblieben und dürfte wohl schon seit langer Zeit nichts mehr gefunden worden sein.

[1] Auf der Skizze S. 72 sind die verschiedenen Wasserschächte nicht alle eingezeichnet.

5. Nord-Amerika. — Aus Nord-Amerika kamen zu verschiedenen Zeiten Nachrichten über Diamantfunde, welche sich jedoch später als auf Irrthum, ja theilweise auf absichtlicher Täuschung beruhend, erwiesen. Einige Spekulanten scheuten sich nicht, an verschiedenen Orten brasilianische oder afrikanische Diamanten auszustreuen, um daraufhin den Versuch zur Gründung von Compagnien zur Ausbeutung dieser vermeintlichen Diamantlager zu bilden und so die betreffenden Territorien möglichst hoch zu verkaufen. Authentische Funde scheinen jedoch die in Nord-Carolina gemachten zu sein; sie stammen aus Trümmergesteinen krystallinischer gneissartiger Felsarten.

Bei Manchester in Virginia wurde ein Octaëder gefunden, welches $23^3/_4$ Karat wog (der bekannte Dewey-Diamant). Nach Genth kommt in Nord-Carolina ein dem brasilianischen Itakolumit ähnliches Gestein vor, mit dem Unterschiede jedoch, dass dasselbe nirgends Diamanten enthält; übrigens kommen auch in Brasilien zahlreiche Itakolumite vor, welche frei von Diamanten sind.

Die Zahl der unzweifelhaften nordamerikanischen Diamanten ist jedenfalls eine minimale. Näheres darüber giebt G. Kunz in seinem Werke über amerikanische Edelsteine.

6. Australien. — Auch in diesem Lande haben wir Diamanten zu verzeichnen und zwar findet sich dieser Edelstein auf den Goldseifen der Colonie von Victoria bei Beechwooth. Da Schrauf als Begleiter des Diamanten auch Quarz, Spinell, Korund und Rutil constatirte, so ist eine Analogie mit dem brasilianischen Diamantvorkommen vorhanden.

In neuerer Zeit ist der Diamant in den Goldseifen von Mudgee, Colonie Neu-Süd-Wales, ausgebeutet worden; sein Vorkommen in dieser Gegend scheint immerhin beachtenswerth.

Nachahmungen des Diamanten.

Man sucht den Diamanten durch minderwerthige glänzende Steine, welche entweder wasserhell oder sehr schwach gefärbt sind, zu ersetzen.

Bergkrystall (Rheinkiesel, sogen. marmaroser Diamant), Phenakit, entfärbter Hyazinth, weisser Saphir dienen dazu, um farblose Diamanten nachzuahmen. Die Unterscheidung lässt sich oft schon durch minderen Glanz und Farbenspiel durchführen, genauere Anleitung dazu giebt das dritte Kapitel. Gefärbte Diamanten werden durch Topas und Aquamarin ersetzt; in diesen Fällen ist zumeist eine genauere Untersuchung nothwendig.

Von dem Bleiglase, dem Strass, unterscheidet man durch die Härte und durch das elektrische Verhalten den Diamanten.

Künstliche Färbungen des Diamanten.

Da die weissen und blauweissen Diamanten weit werthvoller sind als gelbe, so sucht man häufig ihre Farbe anf künstlichem Wege aufzubessern. Derartige Proceduren sind in den letzten Jahren häufig constatirt worden. Sie sind übrigens, wie schon S. 34 bemerkt, uralt und bereits in Indien angewandt worden. Das Färben geschieht nach Chatrian und Jacobs durch Eintauchen in blaue Flüssigkeiten, welche die Complementärfarbe der gelben Farbe der Diamanten zeigen. Durch Waschen verschwindet die weisse Farbe und die gelbe kommt wieder zum Vorschein. Doch sollen in neuerer Zeit Färbungen mit schwer löslichen Flüssigkeiten vorgekommen sein, welche schwer wegzuwaschen sind.[1]

Darstellung von echten Diamanten im Laboratorium.

Die Versuche, Diamanten herzustellen, standen zumeist nicht im Einklange mit der Entstehung in der Natur, da sie begreiflicher Weise in der Absicht der praktischen Verwerthung im Falle des Gelingens ausgeführt werden und gerade die von der Natur eingeschlagenen Wege in diesem Falle im Laboratorium schwer reproducirbar sind, indem ein Arbeiten unter hohem Drucke mit unseren Apparaten nicht durchführbar erscheint.

Manche der Verfahren, welche angeblich zur Bildung von künstlichen Diamanten geführt haben sollen, wurden geheim gehalten; irgend ein praktisches Resultat haben diese, meist von obscuren Experimentatoren angekündigten Versuche bisher niemals gehabt, ja es ist sogar vorgekommen, dass absichtliche Täuschung versucht wurde. Ich werde daher nur auf einige beachtenswerthere Versuche eingehen.

Den meisten Versuchen lag wohl die Idee zu Grunde, eine Reduction organischer Substanzen durchzuführen, was jedoch nur in einem Falle möglicherweise zu einem Resultate geführt hat, obgleich der Beweis dafür mir nicht ganz geliefert erscheint.

Es ist dies der Versuch, welchen der englische Chemiker Hannay durchführte, und welcher auch den natürlichen Verhältnissen etwas näher kommt.

Hannay reducirte Kohlenwasserstoff unter grossem Druck in

[1] Berichte der französischen Akademie der Wissenschaften 1882. Bd. 95.

Gegenwart einer gasförmigen Stickstoffverbindung bei einer Temperatur von 500° in einer zugeschweissten Eisenröhre und will eine sehr kleine Menge eines harten diamantartigen Pulvers, welches bei der Analyse 97 Procent Kohlenstoff ergab, erhalten haben. Ob wirklich Diamant vorliegt, lässt sich nicht mit Sicherheit bestimmen. Die Möglichkeit, dass sich auf ähnlichem Wege Diamant in der Natur bildete, ist nicht ausgeschlossen.

Auch die Elektricität wurde zur künstlichen Bildung von Diamanten herangezogen. So behauptet Parson, er habe künstliche Diamanten vermittelst des elektrischen Stromes erzeugt (möglicherweise war das dabei erzeugte harte Pulver Korund).

Parson erhielt das angebliche Diamantpulver gelegentlich eines Versuches, Kohle für Bogenlampen herzustellen. Eine cylindrische Form aus starkem Stahl, welche ungefähr 76 mm inneren Durchmesser und 152 mm Höhe hatte, war unter eine hydraulische Presse gestellt. Rings um die Form schichtete er gelöschten Kalk, silberhaltigen Sand, Thon und Coaksstaub. Die Stromstärke wechselte zwischen 200—300 Amp. An der Oberfläche des Kohlenstaubes hatte sich ein graues Pulver, angeblich von Diamanthärte, gebildet.[1] Bis jetzt ist über diese angeblichen Diamanten Genaueres nicht bekannt geworden. Schon früher hatte Despretz, wie er in den Berichten der französischen Akademie von 1853 S. 369 mittheilte, Kohlencylinder einem Inductionsstrome unterworfen, indem er gegenüber dem Kohlencylinder in einer Entfernung von 5—6 cm Platindrähte anbrachte und durch einen Monat continuirlich den Strom von dem Kohlencylinder zum Platin durchleitete. Auf den Platindrähten sollen sich nun winzige schwarze Octaëder von Diamant gebildet haben. Ein Beweis dafür, dass Diamant wirklich vorliege, ist nicht erbracht worden.

Ein vielleicht erfolgreicher Weg wäre der der Abscheidung aus Lösungen bei hohem Drucke, der zweite der Weg aus Schmelzfluss. Letzteren können wir uns leichter vorstellen. Es ist bekannt, dass das schmelzende Eisen ein Lösungsmittel für Kohlenstoff ist, der sich aber in diesem Falle nicht als Diamant ausscheidet, sondern als Graphit. Nun wissen wir aber, dass Körper, die in zwei krystallographisch und physikalisch verschiedenen Modifikationen vorkommen können, die also dimorph sind, je nach den äusseren Verhältnissen, insbesondere je nach ihrer Entstehungstemperatur, bald in dieser Modifikation, bald in der zweiten erstarren. Es wäre nun denkbar, dass sowohl

[1] Revue intern. de l'Electricité. Bd. VII.

die verschiedene Temperatur als auch eine Verschiedenheit in dem Lösungsmittel und in dem herrschenden Drucke die Ursache sein könnte, dass man bei den Versuchen, Kohlenstoff aus Eisen auszuscheiden, nur Graphit erhält. So wäre es leicht möglich, dass, wenn die Ausscheidung unter hohem Drucke vor sich ginge, statt Graphit Diamant sich bilden würde; dasselbe könnte der Fall sein, wenn die Ausscheidung in Folge des höheren Druckes schon bei einer geringeren Temperatur stattfinden und wenn statt reinen Eisens ein Gemenge dieses mit anderen Metallen vorliegen würde. Um eine Ausscheidung des Diamant-Kohlenstoffes zu ermöglichen, hat man auch ein leichteres Metall angewendet, und der Verfasser hat selbst eine Reihe von Experimenten angestellt, um Kohlenstoff in Aluminium zu lösen und als Diamant zur Abscheidung zu bringen, sowie auch um Kohlenstoffverbindungen durch Aluminium zu zersetzen. So wurden leicht zersetzbare kohlenstoffhaltige Verbindungen wie Chlorkohlenstoff, Acetylen über geschmolzenes Aluminium geleitet; es ergab sich auch ein ziemlich harter Kohlenstoff, welcher jedoch nicht Diamant, sondern eine eigenthümliche, sehr stark wie Diamant glänzende und harte, aber undurchsichtige, in Tafeln krystallisirende Modifikation, welche nicht mit dem Graphit bezüglich jener Eigenschaften übereinstimmt, die aber auch kein Diamant ist, sondern wahrscheinlich eine weitere noch unbekannte Modifikation des Kohlenstoffes darstellt. Leider war es in Folge der Kleinheit der Krystalle nicht möglich zu bestimmen, ob die Härte die des Diamantes sei, in welchem Falle eine Art Carbonado vorgelegen hätte.

Ich möchte immerhin einige Winke für jene geben, welche sich etwa ernstlich mit der Frage der Erzeugung von Diamanten beschäftigen wollen, und denen die nöthigen Apparate zur Verfügung stehen; ich glaube, dass das Problem nicht unlösbar ist, dass jedoch grosse technische Schwierigkeiten dem Gelingen entgegenstehen, und dass namentlich grössere Mittel zu einer praktischen Durchführung nöthig sind.

Der eine Weg wäre der, die flüssige Kohlensäure durch Natrium zu zersetzen, was ebenfalls unter Druck zu geschehen hätte.

Ein zweiter Weg wäre eine Ergänzung zu dem von mir angeführten, soeben beschriebenen. Ein Gemenge von Aluminium und Eisen müsste auf Chlorkohlenstoff oder eine andere leicht zersetzbare Kohlenstoffverbindung bei hoher Temperatur einwirken, aber ebenfalls unter Druck, da sich bei gewöhnlicher Temperatur eine andere Modifikation bildet, wie aus meinen Versuchen hervorgeht.

Bildung der Diamanten in der Natur.

Welche ist nun die Entstehung des Diamanten in der Natur? Ueber diese vielfach ventilirte Frage ist man noch immer im Unklaren. Aufschluss darüber können die Lagerungsverhältnisse nur in geringem Maasse geben, da bisher zumeist nur die secundären Lagerstätten bekannt sind. Das Zusammenvorkommen mit Mineralien von bekannter Entstehungsart, dann die physikalischen und chemischen Eigenschaften des Diamanten, sowie die synthetischen Versuche können darüber eher Aufschluss geben. Aus den vorhandenen Daten ist eine Bildung des Diamanten bei sehr hoher Temperatur, etwa über dem Schmelzpunkt des Eisens, ausgeschlossen. Nach den Versuchen von Despretz und anderen Forschern verwandelt sich nämlich der Diamant, wenn er sehr stark erhitzt wird, vor dem Verbrennen in Graphit; es kann sich daher bei allzuhohen Temperaturen Diamant nicht bilden.

Die Möglichkeit läge indessen vor, dass Diamant sich auf mehreren verschiedenen Wegen bilden kann, obgleich gerade bei diesem Mineral manches dagegen spricht. Als Resultat aller Beobachtungen kann man für den Diamanten zwei Bildungswege als denkbar annehmen, ohne sicher bestimmen zu können, welcher der wahrscheinlichere ist, oder aber, ob etwa, an verschiedenen Fundstätten natürlich, alle beide von der Natur eingeschlagen wurden.

Dass der Diamant auf dem Wege des Schmelzflusses entstehe, hatte man aus den Meteoritenstudien geschlossen, da man in manchen derselben einen diamantartigen Kohlenstoff gefunden zu haben glaubte. Die Entstehung desselben wäre nach den früher erwähnten Betrachtungen und Versuchen denkbar. Daubrée, Meusnier, Cohen, Weinschenk u. A. beobachteten in einigen Meteoriten Graphit, welcher aus Diamant entstanden sein soll (z. B. in dem Meteoreisen von Toluca). Noch wichtiger ist der Fund in einem Meteoreisen von Arizona[1], welches Foote in vulkanischem Gesteine entdeckte. König fand darin weissen Diamant. Diese Angabe als richtig vorausgesetzt, würde man wohl zu dem Resultate kommen, dass hier eine Entstehung des Diamanten aus schmelzendem Eisen vorliegt. Daubrée glaubt eine Analogie zwischen dem Vorkommen der südafrikanischen Diamanten und ihrer Entstehung in den Meteoreisen zu finden; er meint, dass zwischen dem Diamantvorkommen am Cap und dem diamantführenden Meteoriten von Novo-Urec und

[1] Fundort: Cañon diablo. Nach einer neueren Untersuchung von Mallard scheint unzweifelhaft Diamant vorzuliegen.

anderen, deren steinige Masse aus Olivin besteht (also einem häufigen Begleiter des Diamanten), eine überraschende Aehnlichkeit zu constatiren sei; und da der Olivin fast immer der Begleiter des Meteoreisens ist, so schliesst er, dass der Diamant auch in Südafrika aus eisenhaltigen Massen sich gebildet habe. Daubrée glaubt, dass in den inneren Theilen unseres Planeten grosse Mengen Diamanten enthalten sein müssen, was ja *a priori* keineswegs unwahrscheinlich wäre.

Daubrée sagt, dass es jedoch ganz besonderer Kräfte bedürfe, um den Diamanten zu Tage zu fördern. Es kann nun insbesondere nach den früher erwähnten Angaben Foote's, falls diese richtig sind, die Annahme, dass sich im Meteoreisen Diamant gebildet habe, analog vielleicht wie unser Graphit aus Roheisen, nicht bestritten werden, und somit läge, auch der Analogie halber, die Wahrscheinlichkeit vor, dass in den inneren eisenreichen Theilen unserer Erde eine ähnliche Ausscheidung sich vollziehe. Indessen ist Daubrée's Parallele des Vorkommens von Diamanten in Meteoriten und in den südafrikanischen Tuffgesteinen entschieden zu weit gehend und ist für dieselbe ebensogut eine Bildung auf nassem Wege, also auf dem zweiten der angedeuteten Wege, ebenfalls denkbar; für die brasilianischen und indischen Diamanten ist die Bildung aus Schmelzfluss bei hoher Temperatur fast ausgeschlossen und eine solche bei ermässigter Temperatur (s, oben S. 42) auch nicht gerade wahrscheinlich, vielmehr tritt in diesen Fällen die Bildung einer Lösung bei niederer Temperatur eher in den Vordergrund.

Bei den südafrikanischen Diamanten ist allerdings die Möglichkeit einer Entstehung aus Schmelzfluss, wenn auch nicht bei sehr hoher Temperatur, durch die begleitenden Mineralien und Gesteine gegeben, obgleich ein Theil, nämlich Korund, Zirkon, Apatit, Rutil, auch aus wässerigen Lösungen entstehen kann. Jedenfalls könnte die Temperatur der Bildung keine sehr hohe gewesen sein, da die mitvorkommenden Mineralien, wie Glimmer, Wollastonit, Granat, eine hohe Temperatur überhaupt nicht ertragen können, sondern aus Schmelzfluss unter Zusatz eines Schmelzmittels entstanden sein dürften (nach der im XIV. Kapitel S. 42 geschilderten Art und Weise).

Immerhin lässt auch das serpentin- und diabasartige einschliessende Gestein die Möglichkeit einer derartigen Bildung offen. Die Idee, dass der Diamant aus den Tiefen der Erde stammt, wird allerdings durch die Beobachtung bestätigt, dass häufig Gold und Platin (insbesondere auf Borneo) Begleiter des Diamanten sind. Olivin, Gold und Platin sind aber gewiss auf dem Wege der

Eruption aus tieferen Schichten zu uns gelangt; es ist daher die Ansicht, dass der Diamant etwa im Granit, für den man eine eruptive Bildung bei ermässigter Temperatur unter Anwesenheit von Wasserdampf und Chlormetallen (welche nach S. 44 den Schmelzpunkt erniedrigen) annimmt, sich gebildet hat, immerhin nicht unwahrscheinlich. Bei der Bildung des Granits kann, wie wir wissen, eine sehr hohe Temperatur nicht geherrscht haben, dagegen dürfte sie bei hohem Drucke stattgefunden haben.

Es lässt sich aber auch das Vorkommen im Granit mit dem im Meteoreisen vereinbaren, wenn man annimmt, dass der ursprüngliche Sitz des Diamanten wirklich in den tieferen Schichten der Erde sich befindet, und dass auch die aus Granit oder aus vulkanischem Tuff stammenden Diamanten nicht in diesen entstanden sind, sondern durch Eruptionen, sei es von älteren granitischen Gesteinen, sei es von jüngeren vulkanischen Tuffgesteinen, herausgeschleudert wurden, und dass die ursprüngliche Entstehung, wie die des meteoritischen Diamantes, in geschmolzenem Eisen bei sehr hohem Drucke in den Tiefen der Erde stattfand. Dies ist die Hypothese, welche der Autor für die wahrscheinlichste hält.

Eine zweite Ansicht, welcher neben der der Ausscheidung aus Schmelzfluss eine gewisse Wahrscheinlichkeit innewohnt, ist die oben mehrfach erwähnte Bildung aus Lösungen in Folge Zersetzung von Carbonaten. Das Muttergestein der brasilianischen Diamanten ist wohl kaum bekannt (denn der dafür geltende glimmerreiche Sandstein, der Itakolumit, ist wahrscheinlich nicht das ursprüngliche Muttergestein), doch dürfte nach dem Zusammenvorkommen der Diamanten mit Turmalin, Quarz, Saphir und Zirkon wohl nur der Weg aus Lösung denkbar sein.

Es ist daher auch dieser Weg als möglich zu betrachten, nämlich derselbe, der auch zur Bildung von Feldspath, Quarz, Korund, Topas, Turmalin Veranlassung gab. Man hat aber Anhaltspunkte dafür, dass flüssige Kohlensäure bei der Bildung dieser Mineralien anwesend war, da letztere theilweise noch kleine Reste davon in mikroskopischen Hohlräumen enthalten. Simmler hat nun die Hypothese aufgestellt, dass die flüssige Kohlensäure ein Lösungsmittel für den Diamant sei, und dass aus dieser derselbe krystallisiren könne. Irgend ein Beweis für diese Hypothese existirt nicht. Wahrscheinlicher wäre eine Reduction von flüssiger Kohlensäure oder von in dieser gelösten Carbonaten anzunehmen, ohne dass wir uns indessen über die näheren Umstände des Processes klar wären. Jedenfalls kann eine solche Bildung des Diamanten auf nassem Wege nur bei

Gegenwart eines sehr hohen Druckes, wie er ja zur Flüssigmachung der Kohlensäure nothwendig ist, und bei einer niederen Temperatur (da die Kohlensäure über 31° in flüssigem Zustande nicht vorkommen kann) gedacht werden. Dass ein solcher hoher Druck bei der Bildung vieler Mineralien vorhanden war, und dass insbesondere flüssige Kohlensäure ein sehr wichtiger Factor bei der Entstehung der Mineralien ist, unterliegt keinem Zweifel.

Manche denken sich wohl die Entstehung des Diamanten derart, dass sich derselbe einfach direct aus vegetabilischen Stoffen durch allmähliche Reduction gebildet habe. Forscher wie Petzholdt[1] wollten sogar vegetabilische Reste beobachtet haben. Diese Ansicht ist bei dem heutigen Standpunkte der Wissenschaft kaum discutirbar, auch wurde das Vorkommen von vegetabilischer Zellbildung in den kohligen Partien schwarzer Diamanten bereits von Göppert und Wöhler als ein Irrthum bezeichnet.

Andererseits ist es wenig wahrscheinlich, dass ein Lösungsmittel bei niedriger Temperatur für krystallisirten Kohlenstoff existirt, auch nicht bei hohem Drucke. Die flüssige Kohlensäure hat nicht jene lösende Wirkung, welche ihr Simmler zuschrieb. Der Verfasser hat sogar einen directen Versuch in dieser Hinsicht unternommen, ohne auch nur eine Spur von Löslichkeit zu entdecken. Daher ist immer noch die Reduction der Carbonate oder der Kohlensäure oder der Kohlenwasserstoffe bei hohem Drucke als wahrscheinlich zu erachten. Versuche in dieser Hinsicht sind jedoch sehr schwer durchführbar.

Schleifformen der Diamanten.

Wir haben bereits früher gesehen, dass diejenigen Eigenschaften, welchen der Diamant neben seiner Härte seine Beliebtheit in erster Linie verdankt, das Farbenspiel, das Feuer und der Glanz, bei rohen Diamanten nicht ganz zur Geltung kommen, sondern erst durch passenden Schliff hervorgehoben werden. Man hat schon frühzeitig den Versuch gemacht, den Diamanten zu schleifen, aber man brachte es nur zu einem unvollkommenen Anschleifen oder Poliren natürlicher Flächen (wie bei den alten indischen Steinen und den mittelalterlichen Spitzsteinen). Erst im 15. Jahrhundert wurde, wahrscheinlich von L. von Berquem aus Brügge, die Kunst, Diamanten mit ihrem eigenen Pulver zu schleifen, gelehrt. Das zum Schleifen benutzte Material wird Boort genannt. Man schliff

[1] Beiträge zur Naturgeschichte der Diamanten. Leipzig 1842.

anfänglich nur pyramidenförmig und so entstand die Rosette oder Raute (Fig. 21). Erst später, zur Zeit Mazarin's, entstand der eigentliche Brillantschliff, wie ihn Fig. 20 im Durchschnitt, Fig. 22 im Grundrisse zeigt. Der obere Theil, *abcd*, wird Krone genannt, *cd* ist die Rundiste, *ab* ist die Tafel. Die Rundiste hat am häufigsten rundliche Form, selten eine mehr viereckig-rectanguläre. Dies sind die zwei häufigsten Schleifformen, doch existiren für specielle Fälle noch mehrere andere.

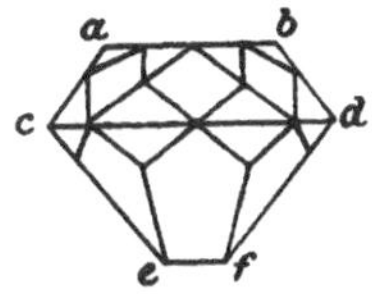

Fig. 20.
Brillantschliff.
Durchschnitt.

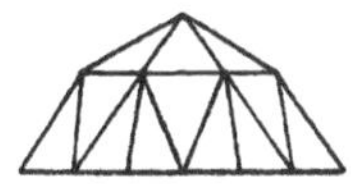

Fig. 21.
Rosette oder Raute.
Durchschnitt.

Ein Blick auf die Durchschnitte zeigt uns, dass dieselben, insbesondere aber der zweite, sehr sinnreich gewählt sind, um der häufigsten Form des Diamanten oder wenigstens seiner Spaltform, dem Octaëder, entsprechend (da man die Spaltbarkeit zur ersten Bearbeitung durch Abspalten benutzt), möglichst wenig Material zu verlieren und besonders um die früher betrachteten optischen Eigenschaften, Glanz, Totalreflexion, Dispersionsvermögen, in Wirksamkeit treten zu lassen, was am Besten beim sogenannten Brillantschliff erreicht wird.

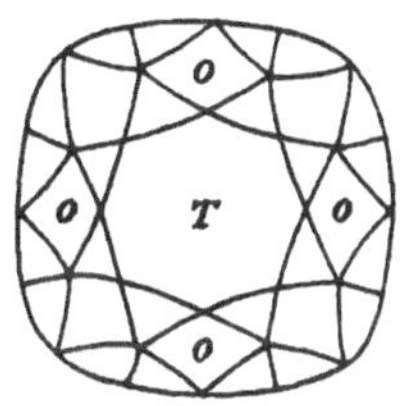

Fig. 22.
Brillantschliff. Grundriss.

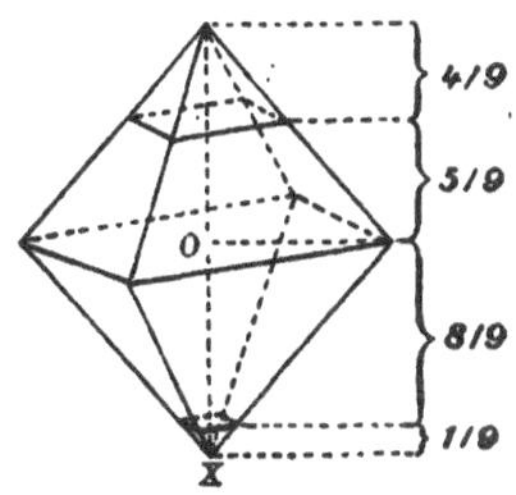

Fig. 22*a*.
Spaltungs-Octaëder.

Beim Schleifen geht man demnach von dem Spaltungsoctaëder (Fig. 22*a*) aus, indem man oben parallel der Basis des Octaëders eine kleine Pyramide abschneidet, wodurch man eine Fläche erhält, welche im Durchschnitt der Fläche *ab* (Fig. 20) entspricht. Unten schneidet man eine zweite Pyramide (vgl. Fig. 22*a*) ab, deren Höhe $^1/_9$ der Länge OX beträgt; man erhält so die untere Fläche *ef*; die Flächen *o* (Fig. 22) sind die natürlichen Octaëderflächen; es werden alsdann zuerst unter 45° zu *T* weitere Flächen angeschliffen u. s. w.

Werth verarbeiteter und roher Diamanten.

Geschliffene Diamanten. — Der Werth des Diamanten ist selbstverständlich wie der jeder Handelswaare grossen Schwankungen unterworfen. Je nach dem Ueberfluss an Edelmetall, nach dem

Geldwerthe, unter dem Einfluss der politischen Verhältnisse und insbesondere je nach der momentanen Ausbeute der Diamantfundstätten müssen die Preise schwanken. Der Araber Teifaschius bestimmte den Werth der Diamanten für das Karat auf 2 Dinars, circa 120 Mark.[1] Benvenuto Cellini schätzte das Karat eines geschliffenen Diamanten im Jahre 1550 mit 100 Goldthalern, also 350 Mark circa. Anfang des 17. Jahrhunderts wurde der Werth von Boëtius de Boot auf 130 Ducaten (circa 365 Mark) in Uebereinstimmung mit Portaleone angegeben. 1672 galt in London[2] der Werth des ersten Karates nur 180 Mark circa. Tavernier giebt noch weniger an, dagegen verzeichnet der „aufrichtige Jubelierer" (Frankfurt 1772) wieder 300 Mark für ein Karat. Joh. Samuel Schröter giebt in seinem Werke: Einleitung in die Kenntniss und Geschichte der Steine und Versteinerungen, eine vollständige Tabelle, welche dem Gothaer Hofkalender 1769 entstammt; der Preis des Grans ist dort 12 Thaler 6 Groschen.

Während der französischen Revolution gab man nur noch circa 110 Mark für das erste Karat; später stieg der Preis wieder und Schrauf giebt ihn 1869 mit mindestens 200 fl. = 350 Mark an.[3] Damals aber war der Markt auf die indischen und brasilianischen Diamanten beschränkt; die in den 70er Jahren begonnene Ausbeutung der Gruben von West-Griqualand bei Kimberley veränderte die Sachlage mit einem Schlage, indem namentlich Steine von mehreren Karat Gewicht weit häufiger wurden, wodurch die Preise sinken mussten.

Bis zur Entdeckung der Capdiamanten waren mittlere und grössere Steine sehr selten, so dass man den Werth eines Steines von 4 Karat beispielsweise nicht als das Vierfache eines Steines von 1 Karat annahm, sondern eine Werthvermehrung mit dem Quadrate des Gewichtes des Steines supponirte.

Ein Stein von 4 Karat war demnach 4×4 oder 16 mal so viel werth wie ein solcher von 1 Karat. Es ist das die sogenannte indische Regel oder Regel des Linscoten.[4] Im Jahre 1869 gab Schrauf[5] die folgende verbesserte Regel. Nennt man m die Zahl der Karate, so ist der Preis eines Steines von m Karat

$$= \frac{m}{2}(m+2) \times A,$$

[1] Für das erste Karat.

[2] Siehe Schrauf, Edelsteinkunde.

[3] Alle diese Preisangaben bezogen sich auf geschliffene Steine.

[4] Genau ist die Werthschätzung des Diamanten in Jeffries, Treatise on Diamonds, behandelt.

[5] Schrauf, Edelsteinkunde S. 93.

wobei A der Preis des ersten Karates ist. Wenn man demnach einen Stein von 4 Karat hatte, so war sein Werth im Jahre 1869 $2 \times 6 \times 200 = 2400$ fl. Man multiplicirte also den Preis des ersten Karates mit 12 anstatt mit 4 wie heute. Zur Zeit würde der Werth dieses Steines erster Klasse nur circa 400 fl. sein. Den Sancy von 53 Karat berechnet Schrauf mit 215,000 fl. Uebrigens lässt sich für Steine von so bedeutendem Gewichte eine Berechnung überhaupt nicht mehr aufstellen.

Vanderheym, wohl einer der bedeutendsten Diamantenkenner, gab 1878 eine eigene Tabelle zur Preisberechnung heraus. Vanderheym nimmt vier Qualitäten an, von welchen die zweite und dritte einen leisen, die letzte einen starken Stich ins Gelbliche besitzt. Vanderheym's Tabelle muss heute derart modificirt werden, dass namentlich bei den drei letzten Qualitäten ein Aufsteigen über das proportionale Verhältniss wenigstens bei Steinen bis zu circa 15 Karat nicht eintritt.

Das erste Karat nimmt Vanderheym mit 120—220 Franken je nach der Qualität an, bei drei Karat schwanken die Preise zwischen 660—1250, bei fünf Karat zwischen 1250—2750 Fr., bei 10 Karat endlich ist der Preis für Steine erster Qualität 10,300 Fr., der letzten nur 3050 Fr. Diese Schätzung aus dem Jahre 1878 entspricht auch nicht mehr den heutigen Verhältnissen.

Für ganz grosse Steine, von mehr als 30 Karat beispielsweise, sowie für grössere mit seltenen und schönen Farben wie Saphirblau, Rosa, Hyazinth, Smaragdgrün, Goldgelb, gelten nur noch Liebhaberpreise, wie dies selbstverständlich auch für die historischen Diamanten der Fall ist.[1]

Für Edelsteinsammler und überhaupt für Laien ist es oft vortheilhaft, insbesondere bei gefassten Steinen, aus der Grösse der

1 Karat. $2^1/_2$ Karat. 5 Karat. 10 Karat.

Fig. 23.

oberen Facette das Gewicht des Steines zu bestimmen, was bei regelmässigem Brillantschliff möglich ist. Die Abbildungen Fig. 23 belehren über das Gewicht bei der dargestellten Grösse.

[1] Am Cap unterscheidet man gegenwärtig 11 Sorten verschiedener Steine, welche sehr verschiedenen Preisen entsprechen; früher unterschied man nur 4 Sorten Capdiamanten.

Schrauf hat eine Regel aufgestellt, auf Grund welcher (wenn man die Grösse der Rundiste und die Höhe kennt) das Gewicht zu berechnen ist. Doch dürfte dies praktisch wenig Werth haben, da man bei gefassten Steinen selten in der Lage ist, die Messung genau durchzuführen.

Rohe Diamanten. — In Indien scheinen schon zu Tavernier's Zeiten allgemein gültige Preise für rohe Diamanten nicht existirt zu haben; der Preis wurde nach den einzelnen Eigenschaften des Steines bestimmt.

Die brasilianischen Steine wurden dagegen in grösseren Partien verkauft (mit Ausnahme ganz besonders grosser Steine). Zu Anfang der dreissiger Jahre war der Preis für das Karat 15 Thaler ungefähr, in den fünfziger Jahren 27—35 Thaler (bei Abnahme in grösseren Partien von 2—4000 Karat). Jetzt dürfte der Preis wieder in Folge der Concurrenz der Capdiamanten bedeutend gesunken sein. Die Preise der Capdiamanten (in Partien) wurden bereits erwähnt, der Preis war bis auf 20 Mark für das Karat gefallen, hat sich aber zeitweise bis auf 31 Mark wieder gehoben. Nach dem Berichte der Debeersgesellschaft war der Preis im Jahre 1891 1 Lstr. 9 sh. 6 d.

Achtzehntes Kapitel.

Korund.

Unter Korund versteht man die krystallisirte Thonerde (Aluminiumsesquioxyd). Je nach der Durchsichtigkeit und Färbung unterscheidet man hauptsächlich: Rubin, Saphir, dann die Varietäten des Saphirs, welche im Edelsteinhandel: orientalischer Topas (oder gelber Saphir), orientalischer Smaragd (grüner Saphir), orientalischer Chrysolith (gelbgrüner Saphir), orientalischer Amethyst (violetter Saphir), Sternsaphir, Leukosaphir (weisser Saphir) genannt werden, dann die unedlen Korundvarietäten: Schmirgel und gemeiner Korund. Wir unterscheiden insbesondere edlen Korund (mit Rubin und Saphir), dann unedlen, gemeinen Korund.

Die Härte des Korundes ist 9; er ist nach dem Diamant das härteste Mineral, aber der Unterschied in der Härte beider ist doch ein sehr grosser, wie aus der zum Schleifen nothwendigen

Zeit hervorgeht. Der Saphir ist übrigens, wie Smith bestimmt hat, härter als der Rubin und als gemeiner Korund.

Der Korund zeigt keine Spaltbarkeit, wohl aber mitunter eine schalige Absonderung nach der Basis und dem Rhomboëder, was jedoch bei den edlen Varietäten seltener ist. Früher hielt man diese Absonderung für Spaltbarkeit, was M. Bauer richtig stellte. Da keine Spaltbarkeit vorhanden ist, so widerstehen diese Edelsteine einem Stoss, Druck, sowie auch dem Erhitzen weit mehr als der Diamant.

Der Korund gehört zu den doppeltbrechenden Mineralien, und zwar zu den sogenannten einaxigen; im Polarisationsapparate, in der Richtung der optischen Axe betrachtet, giebt er das schwarze Kreuz (Fig. 9 S. 23). Man hat mitunter auch bei geschliffenen Steinen Gelegenheit dies zu beobachten, da die Basis (welche senkrecht auf der optischen Axe steht) häufig eine der grösseren geschliffenen Flächen ist, insbesondere beim Tafel- und Treppenschliff.

Die Brechung des Korundes ist ziemlich gross, der Brechungsquotient schwankt in verschiedenen Richtungen (siehe S. 18) zwischen 1·76 und 1·769, die Brechung ist aber weit geringer als bei dem Diamant, daher auch nur ein geringer Glanz und überdies nur ein schwaches Dispersionsvermögen wahrzunehmen ist. Ebenso fehlt das schöne Farbenspiel des Diamanten.

Rubin.

Der Rubin kommt in der Natur entweder krystallisirt oder in abgerundeten formlosen Körnern vor. Er zeigt sich in zumeist säulenförmigen, dem hexagonalen System angehörigen Krystallen, welche, wie Fig. 1 S. 4, aus dem Prisma und der Basis gebildet sind (*s* u. *o* in Fig. 24). Mitunter ist der Habitus mehr tafelartig durch Vorherrschen der Basis. Oft kommen säulenförmige Steine vor, welche oben die Basis *o* zeigen, ausserdem kleine Rhomboëderflächen *p* (s. Fig. 24). Der Winkel des Rhomboëders *p* beträgt fast 94°. Sehr häufig sind mehr flache und rundliche Steine.

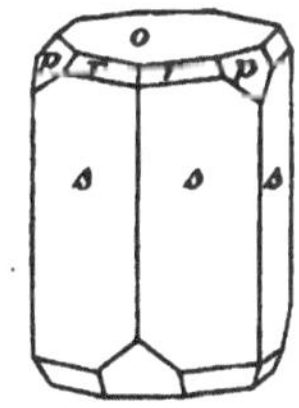

Fig. 24. Rubinkrystall.

Das specifische Gewicht des Rubins ist bei reinen Individuen 4—4·07; er sinkt demnach in den früher erwähnten Flüssigkeiten stets unter. Die genaue Gewichtsbestimmung muss mit der hydrostatischen Wage oder der Federwage erfolgen. Sein hohes specifisches Gewicht lässt ihn jedoch von vielen ähnlichen Steinen unterscheiden.

Den Farben des Rubins liegt die Purpur- und Carminfarbe zu Grunde, die durch verschiedene Abstufungen vom Blauroth zum Rosenroth geht.

Die Tafeln 25 (g—r), 27 (i—p) der Radde'schen Farbenskala geben die Rubinfärbungen. Man kann Rubine unterscheiden, die Purpur mit deutlichem Stich in's Violblaue zeigen (diese sind namentlich aus Birma bekannt), dann solche, welche mehr Blut- bis Carminroth zeigen. Manche sind mehr violett (Taf. 25, m, n, o), andere rosenroth (Taf. 26, n—z). Diese werden weniger geschätzt. Eine zur Erkennung mitunter werthvolle und zur Unterscheidung von Rosa-Diamant, Spinell, Rosa-Topas sehr anwendbare Eigenschaft ist der Dichroismus, welchen man mit der dichroskopischen Lupe (S. 30), die alsdann zwei verschieden gefärbte Bilder giebt, oder mit dem Nicol'schen Prisma (S. 22), durch Drehen des letzteren um 90°, deutlich beobachten kann. Die Farben, welche die Bilder dabei zeigen, sind röthlichblau oder carminroth einerseits, mit einem Stich in's Gelbliche andererseits. Auch ohne Instrument lässt sich der Farbenunterschied in der Richtung der grossen Schlifffläche und seitlich dazu oft deutlich erkennen.

Es kommt vor, dass die Untersuchung mit dem Dichroskop nicht zum Ziele führt, da sehr häufig sowohl beim Brillantschliff als auch beim Tafelschnitt die grösste Facette mit der hexagonalen Basis zusammenfällt, demnach, wenn man normal dazu (in der Richtung der optischen Axe) hindurchsieht, kein Dichroismus sichtbar werden kann. In diesem Falle würde man seitlich eine andere Farbe beobachten müssen. Sodann müsste man, wenn man den Stein mit seiner grossen Facette auf den Tisch des Polarisationsapparates legt, ein schwarzes Kreuz mit Kreisen (Fig. 9 S. 23) beobachten. Auf diese Weise wäre daher die Unterscheidung von Spinellrubin durchzuführen.

Ueber die Natur des Färbemittels ist man noch immer nicht im Klaren; während man früher allgemein annahm, dass Eisenoxyd das färbende Princip sei, glaubte man später aus den Versuchen von Frémy annehmen zu können, dass Chromoxyd resp. Chromsäure das Färbemittel sei. Jedenfalls scheint Eisen ebenfalls vorhanden zu sein. Bemerkenswerth ist, dass künstliche und natürliche Rubine im Crookes'schen Rohr nicht dasselbe Absorptionsspectrum zeigen.[1]

---

[1] Nach Jannetaz, Bull. d. l. soc. minér. de France. Bd. IX. Vielleicht könnte dies zur Unterscheidung sonst identischer künstlicher und natürlicher Rubine benützt werden. Siehe S. 100.

Bei sehr hoher Temperatur werden manche Rubine, insbesondere die bläulichrothen, grün; sie nehmen jedoch beim Erkalten wieder ihre ursprüngliche Farbe an. Dies hat die Ansicht, dass Chromsäure das Färbemittel sei, wesentlich bestärkt, da Chromsäure beim Erhitzen grün wird, allerdings dauernd. Wenn jedoch eine solche Grünfärbung den reducirenden Gasen ihren Ursprung verdankt, so kann sie ebensogut mit Eisenoxyd resp. Eisenoxydul im Einklange stehen.

Bei mehreren Versuchen, welche vom Autor ausgeführt wurden, trat in heller Weissgluth nur bei blaurothen Rubinen vorübergehend Grünfärbung, bei anderen entweder gar keine Veränderung oder aber, wie bei hell carminrothen, ein Uebergang in's Rosenrothe oder Violette ein. Bei noch höherer Temperatur trat in einem Falle eine Entfärbung des Rubins unter gleichzeitiger Trübung ein. Diese Entfärbung war übrigens eine definitive.

Der Rubin wird ebenso wenig wie die übrigen Korunde von Säuren, mit Ausnahme von Flusssäure, angegriffen; erhitzt man jedoch über 110^0 mit concentrirter Schwefelsäure, so beginnt die Zersetzung.

Saphir.

Der Saphir ist die blau gefärbte Varietät des Korundes, doch hat man auch anders gefärbte Korunde unter diesem Namen verstanden. Der Saphir krystallisirt wie der Rubin, von dem er ja nur durch das Färbemittel unterschieden wird; sehr häufig ist das hexagonale Prisma mit der Basis oder mit der Basis und einem Rhomboëder. Es kommen auch Krystalle vor, wie Fig. 24, welche aus der Combination zweier 12 flächigen Pyramiden *r*, *b* und einem Rhomboëder *a*, sowie aus den Flächen des hexagonalen Prisma's *s* bestehen.

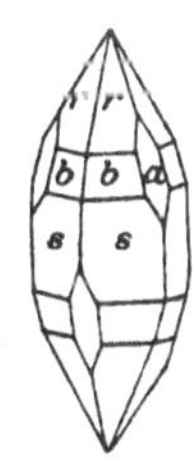

Fig. 25. Saphir.

Der Name „Saphir“ kommt in der hebräischen, griechischen und arabischen Sprache vor.

Saphir ist härter wie Rubin und alle Korundvarietäten. Seine Dichte schwankt, wie die des Rubins, zwischen 4 und 4·08.

Die Farben des Saphirs sind ebenfalls schwankende: Berliner Blau, kornblumenblau, indigoblau, grünlichblau, violettblau, sowie auch himmelblau und sehr helle blassblaue Nüancen kommen vor. Die Töne des Saphirs finden sich in der Radde'schen Farbentafel

Nr. 19 blau f bis t, dann Nr. 18 g bis r (Stich in's Grünliche), selten sind die etwas schmutzig blauen 20, i bis p. Manche Saphire sind fast schwarzblau.

Der Farbstoff der Saphire wird oft einer Chromverbindung zugeschrieben, doch enthält der Saphir auch Eisen. An der Luft oder im Sauerstoffstrom geglüht, verliert der Saphir in der Weissgluth seine Farbe, ohne sie wiederzuerhalten.

Angesichts dessen ist fast eine organische Verbindung wahrscheinlicher als eine Chromverbindung, möglicherweise liegt eine Manganverbindung vor, mit Sicherheit lässt sich darüber nichts sagen.

Der Dichroismus der Saphire ist deutlicher wie der der Rubine. Es kann zur Erkennung desselben die dichroskopische Lupe oder das Nicol'sche Prisma benutzt werden, doch muss man, falls man keinen Dichroismus wahrnimmt, noch nach einer zweiten Richtung beobachten, sofern der Schliff es zulässt, denn in der Richtung der optischen Axe betrachtet tritt die Erscheinung nicht auf. Die Farbennüancen schwanken zwischen tiefblau und blassem meergrün. Der Dichroismus wird nur zur Unterscheidung von blauem Diamant, Amethyst, Topas, Euklas und blauem Beryll (in letzterem Falle wohl selten, da die Farbe sehr blass ist) zu benutzen sein, denn diejenigen Steine, welche am leichtesten verwechselt werden können: Turmalin, Disthen, Cordierit, zeigen noch stärkeren Dichroismus; hier wird durch das specifische Gewicht zu unterscheiden sein.

Schön tiefblaue Saphire zeigen auch ohne Zuhilfenahme der dichroskopischen Lupe oder des Nicols verschiedene Farbentöne, wenn man sie senkrecht zur Hauptaxe und parallel zu dieser betrachtet. Da die tiefblaue Farbe sich in letzterer Richtung zeigt, so schleifen die Edelsteinschleifer gewöhnlich den Stein senkrecht hierzu, also parallel der Basis; dann erscheint der Stein von der Seite aus gesehen heller und mit grünlichblauem Tone. Turmalin zeigt jedoch eine ähnliche Erscheinung, ebenso Cordierit; die Farbentöne sind allerdings etwas verschieden, lassen aber doch Täuschungen zu, so dass man in diesen Fällen diese Eigenschaft kaum zur Unterscheidung wird anwenden können. Zu bemerken ist jedoch, dass helle Saphire überhaupt weit geringeren Dichroismus zeigen wie Turmalin und Cordierit. Auf optischem Wege wird sich der Saphir, welcher einaxig ist und daher ein schwarzes Kreuz zeigt, das wie auf Fig. 10 oder wie auf Fig. 9 erscheint, dadurch von blauem Diamant, welcher isotrop ist und keinerlei Erscheinungen im Polarisationsapparat (S. 22) zeigen kann, unterscheiden lassen, während Topas, Cyanit (Disthen), Cordierit, Euklas eine andere

Interferenzfigur zeigen würden, nämlich die auf Fig. 12 S. 24 abgebildete. Wenn also ein schwarzes Kreuz erscheint, so sind letztere Mineralien ausgeschlossen. Das Nichterscheinen aber würde nichts beweisen und die Frage offen lassen.

Weitere edle Korund-Varietäten.

Es kommen ausser Rubin und Saphir noch folgende verschieden gefärbte edle Varietäten vor:

Violett: Orientalischer Amethyst, Violett-Rubin.

Helles Blaugrün: Orientalischer Aquamarin.

Goldgelb: Orientalischer Topas, Topas-Saphir, Gelber Saphir.

Grün: Orientalischer Smaragd.

Olivengrün: Orientalischer Chrysolith.

Morgenroth: Orientalischer Hyazinth.

Farblos: Orientalischer Leukosaphir, Weisser Saphir.

Aeusserst selten sind die vier letztgenannten. Häufiger dagegen der gelbe und insbesondere der violette Saphir. Die Farbe beider ist nicht feuerbeständig. Der gelbe wird in der Hitze mehr grünlich, was auf Eisen oder Chrom hindeuten würde, der violette entfärbt sich wie der blaue.

Die Amethystfarbigen zeigen sehr deutlichen Dichroismus, auch ohne Lupe, was zur Unterscheidung von Amethyst sehr anwendbar ist; die Farbe geht in's Carmin-Rothe, rosa mit Stich in's Ziegelrothe über. Oft ist der Stein rein violblau. Der Stich in's Rothe soll bei Kerzenlicht prononcirter werden. Zur Unterscheidung von Amethyst wird auch das specifische Gewicht benutzt.

Der orientalische Chrysolith ist dem Chrysoberyll ähnlich; die Farbe ist gelbgrün, vielleicht rührt dieselbe von Eisenoxyd oder von Chrom her, beim Erhitzen wird sie mehr in's reine Grün übergehen. Zur Unterscheidung von Chrysolith und von Chrysoberyll wird das specifische Gewicht benutzt, auch der stärkere Glanz des Saphirs unterscheidet ihn von jenen.

Der gelbe Saphir ist citronengelb mit Stich in's Bräunliche, seltener in's Grünliche. Der Glanz ist stärker als der des Topases, das Feuer sehr lebhaft. Von Topas unterscheidet er sich leicht durch sein hohes specifisches Gewicht. Der orientalische Topas ist ein sehr geschätzter Stein, namentlich wenn er schön hochgelb ist. Von Citrin unterscheidet er sich durch die Härte, den Dichroismus und das specifische Gewicht.

Der orientalische Smaragd ist so selten, dass Manche die Existenz eines Korundes von gesättigter grüner Farbe überhaupt nicht als gesichert annehmen, sondern an eine Verwechslung mit wirklichem Beryll-Smaragd glauben. Da der Smaragd sehr leicht ist, so kann man schon in einer Flüssigkeit vom specifischen Gewichte 2·7 (Jodquecksilber, oder mit Benzol verdünntem Jodmethylen, siehe S. 10) die Unterscheidung vornehmen.

Sternsaphir.

Viele Saphire zeigen auf der Basis Asterismus, welcher indessen auch bei manchen hellen Rubinen, gelben Saphiren (orientalischer Topas) und weniger reinen Korunden auftritt. Die Erscheinung tritt deutlich erst durch den Schliff hervor, wenn man den Stein halbkugelig (mugelig) über die Hauptaxe schleift; man sieht alsdann einen sechsstrahligen Stern. Wahrscheinlich rührt die Erscheinung von feinen röhrenförmigen Hohlräumen her, welche parallel den Seiten des sechsseitigen Prisma's auftreten. Oft wird der Stein fast undurchsichtig und metallisch schimmernd. Am schönsten tritt diese Erscheinung bei dem Ceyloner Saphir auf.

Unter Girasol-Saphir versteht man eine Korundvarietät, welche einen bläulichen Lichtschimmer beim Hin- und Herbewegen zeigt.

Unter Diamantspath versteht man einen halbdurchsichtigen haarbraunen Korund, welcher einen bläulichen Lichtschein auf der Basis zeigt. Er kommt in China vor.

Von den nichtedlen Varietäten des Korundes ist wegen seiner Verwendung zur Edelsteinschleiferei besonders der Schmirgel von Interesse. Derselbe ist ein Gemenge von Korund, Magneteisen, Eisenglanz und Perlglimmer. Dem Schmirgel von Naxos liegt der Saphir als harter Bestandtheil zu Grunde; die kleinen himmelblauen Saphire lassen sich von den Beimengungen nach einem von mir angegebenen Verfahren trennen.

Grösse. — Was die Grösse der edlen Korunde anbelangt, so sind grosse Saphire häufiger als grosse Rubine. Der grösste Rubin, von welchem bisher gesprochen wurde, soll die Grösse eines Taubeneies (geschliffen) haben; Steine von 50 Karat, von 436 und 240 werden erwähnt. Der grösste Saphir soll 951 Karat wiegen. Rohe Steine von einigen hundert Karat existiren sicher, aber sie sind nicht ganz fehlerfrei. Gelbe Saphire sollen ebenfalls in beträchtlichen Grössen vorkommen, Tavernier erwähnt einen solchen von $157^3/_4$ Karat. Die grösseren Rubine sind meistens unrein; reine Rubine über 12—15 Karat gehören überhaupt schon zu den Seltenheiten. Unedle Varietäten des Korundes kommen in Massen bis zu 1000 Pfund vor; namentlich aus Nord-Amerika sind solche bekannt.

Werth der edlen Korund-Varietäten.

Die am meisten geschätzte Varietät ist der Rubin, welcher schon in früheren Jahrhunderten weit besser als Diamant bezahlt wurde. So schätzte Benvenuto Cellini das Karat schönsten Rubins auf 300 Scudi, das des Diamanten nur auf 100. In dem früher erwähnten Werke von Schröter wird der Werth des Rubins von 1 Gran auf 8 Rthlr., der des Saphirs auf 4 Rthlr., also niedriger geschätzt. Saphir ward stets wegen seiner grösseren Häufigkeit als minderwerthig angesehen. Kluge schätzte 1865 den Werth des Rubins für das erste Karat auf 30 rhein. Gulden (ca. 50 Mark), den des Saphirs auf die Hälfte. Noch am Ende des vorigen Jahrhunderts war jedoch der Preis fast der doppelte. Auch hier wurde mit dem zunehmenden Gewichte nicht eine proportionale Steigerung des Preises angenommen, sondern der halbe Werth des ersten Karates wurde mit dem Quadrat der Schwere des zu taxirenden Steines multiplicirt.

Schrauf giebt den Werth des ersten Karates bei tiefdunkelrothen Steinen auf 150 fl. öster. Währung an, was etwas weniger als der heutige Werth ist.

Heutzutage sind die Preise zwar nicht ganz feste, aber immerhin werden fehlerfreie schöne karminrothe Rubine theurer als Diamanten bezahlt, insbesondere Steine von 3 Karat aufwärts mit circa 300—400 Mk. für das Karat.

Mindere Sorten, und diese sind die häufigsten, haben nur den Werth von circa 20 Mark für das Karat, mittlere von 100—150 Mark.

Der Preis des Saphirs übersteigt 200 Mark für das Karat nie, gewöhnlich aber ist er viel niedriger und fällt bis zu 20 Mark. Verhältnissmässig ist also heute der Werth der Rubine erster Qualität gegenüber dem der Saphire gestiegen, denn er ist ungefähr das Dreifache des letzteren, während er früher nur das Doppelte betrug. Die früher erwähnte Regel der Berechnung grosser Rubine, welche äusserst selten sind, gilt im Grossen und Ganzen auch heute noch, während sie, wie wir gesehen haben, beim Diamanten nicht mehr angewandt wird.

Der gelbe Saphir hat ungefähr denselben Werth wie der blaue; der grüne, sehr seltene ist vielleicht der theuerste.

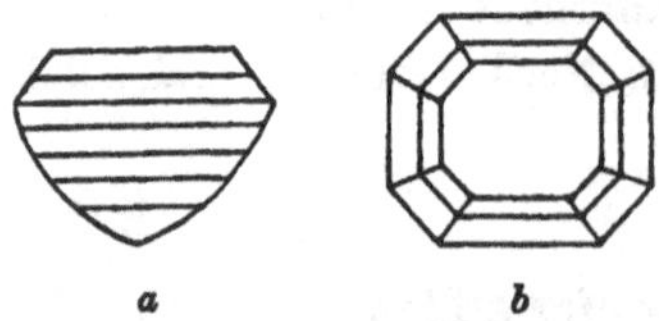

Fig. 26. Treppenschliff.

Rubine und Saphire werden jetzt meist wie Brillanten geschliffen, man schleift aber auch Rosetten; nicht selten ist auch der in Fig. 26 dargestellte Treppenschliff. Der Sternsaphir wird halbkugelförmig, wie die Schleifer sagen „mugelig", geschliffen. Die grosse Fläche des Treppensteines entspricht gewöhnlich der Basis des Krystalls, so dass also, was bei der optischen Untersuchung wichtig ist, die Hauptaxe senkrecht zu dieser Fläche steht; dasselbe gilt zumeist auch für die Tafelfläche beim Brillantschliff.

Die Farbe des Saphirs und Rubins ist von grossem Einflusse auf die Werthbestimmung des Steines; jedoch spielt auch die Mode eine grosse Rolle. Gewöhnlich wird der blutrothe Rubin (*Sang de Pigeon*-Farbe) am meisten geschätzt, und die oben erwähnten hohen Preise beziehen sich auf ihn. Auch die etwas violblau angehauchten Rubine sind sehr geschätzt. Hier und da vorkommende weisse Flecken vermindern stark den Werth; man soll solche durch vorsichtiges Glühen entfernen können.[1]

Bei Saphir ist wohl die schön tief cobalt- bis smalte-blaue Farbe die schönste. Gegenwärtig sind die stark dunklen, in's Schwarzblaue übergehenden Saphire mehr geschätzt, obgleich sie weniger durchsichtig sind und wohl auch nicht so stark glänzen wie die erstgenannten. Hellere Steine sind weit weniger gesucht.

Fundstätten des Edelkorundes.

Die wichtigsten Fundorte von Rubin, Saphir und von den übrigen edlen Korundvarietäten sind in Asien, welches weitaus den grössten Theil der im Edelsteinhandel circulirenden Rubine liefert. Die verschiedenen Korundvarietäten kommen häufig zusammen vor, jedoch nicht überall, ja an einzelnen Fundorten sind Rubin und Saphir sogar streng geschieden. Wir betrachten daher diese beiden Varietäten nach ihren Fundorten gesondert.

---

[1] Rubin kann, da er nicht spaltbar ist, ohne Schaden viel leichter geglüht werden als andere Edelsteine.

Rubin. — Der ergiebigste Fundort des Rubin liegt im Birmareiche. Die Nachrichten über die geologischen Verhältnisse der Fundstätten sind jedoch sehr spärlich. Die Rubingruben liegen im Gebiet des Iravvaddi, in der Gegend von Ava, im Mogokthal bei Kyatpyin und Pama. Die rubinhaltige Erde wird Byon genannt; leider verlautet wenig über ihre Zusammensetzung und Beschaffenheit. Nach einem Berichte der Ingenieure der Birma-Rubin-Company soll der Rubin an den Pingutaung Hills bei Kyatpyin aus einem vulkanischen Gebiete mit erloschenem Krater stammen; mittels eines Schachtes wird das rubinhaltige Gestein gefördert. Es wäre diese Angabe von grossem Interesse, wenn sie sich bestätigen würde, da man alsdann für den Rubin jedenfalls eine Provenienz aus tieferen Schichten anzunehmen hätte, eventuell sogar eine Bildung, welche an die der Frémy'schen künstlichen Rubine[1] erinnern würde. Leider sind diese Angaben viel zu vag, um sie ernst zu nehmen, da von mineralogischen Dilettanten Vieles für vulkanisches Gestein erklärt wird, was damit nicht zusammenhängt. Die Rubine dieser Gegend haben sehr schöne Farben, oft mit Stich in's Tiefblaue; sie sind zumeist dunkel.

Ein älterer, früher sehr berühmter Fundort liegt in Pegu bei Syriam; es kommt daselbst auch Saphir vor, aber weit seltener als Rubin.

Ceylon liefert wenig Rubine, dagegen kommen die übrigen edlen Korunde, namentlich Saphir, orientalischer Topas und Amethyst, sehr häufig dort vor. Die Rubine finden sich unter denselben Verhältnissen wie die Saphire. Die Ceyloner Rubine sind etwas heller, einzelne haben einen schönen Stich in's Bläuliche. Es sind meistens abgerundete Stücke.

Ein wenig bekannter Fundort, von dem über Taschkend viel in den Handel kommt, dessen genaue Lage aber nicht bekannt ist, liegt in Badaschkan in der Mongolei. Möglicherweise liegt der Fundort im Tianschan-Gebirge. Wahrscheinlich stammt ein grosser Theil der im Besitze indischer Fürsten befindlicher Rubine dorther.

Aus Europa ist Rubin nicht bekannt. In Nord-Amerika ist dagegen Rubin gefunden worden, jedoch ist das Vorkommen selten, obgleich unedler Korund in Nord-Carolina in grossen Massen auftritt und auch Saphir verhältnissmässig häufig ist. Der beste Kenner amerikanischer Edelsteine, G. Kunz, bildet in seinem Werke

[1] Siehe S. 98.

über amerikanische Edelsteine einen Rubin von purpurrother Farbe ab, welcher von der Jenks-Mine in Macon County stammt.

Saphir. — Der Hauptfundort für Saphir ist Ceylon; die rosenrothen (sogenannten weiblichen) Saphire, meist heller als Rubin, sind häufig, ferner kommen gelbe, grünliche, schwarze, amethystfarbene ebenfalls vielfach neben dem rein blauen vor, auch kommt, aber selten, Rubin (insbesondere am Fusse des Adampiks) vor. Die verschiedenen Saphire und die Rubine kommen hier theils krystallisirt, theils in abgerundeten Rollstücken verschiedenster Grösse in Alluvialsanden vor. Als Begleiter treten Hyacinth, Spinell, Magneteisen, Granat, unedler Korund, Feldspath auf; das Muttergestein scheint ein gneissartiges zu sein, oder vielleicht Granit.

In Brasilien ist der Saphir der Begleiter des Diamanten, doch scheint sein Vorkommen ein beschränktes zu sein; es kommen keine Krystalle, sondern nur Körner vor.

Auf der Iserwiese in Böhmen kommt Saphir in kleinen Geschieben und abgerundeten Krystallen mit Spinell, Granat und Zirkon vor; diese Mineralien stammen aus dem Granit.

Einzelne Saphire wurden auch in der Basaltlava bei Espaillu in den erloschenen Vulkanen des Velaingebirges, sowie bei Unkel am Rhein gefunden, was auf Bildung aus Schmelzfluss oder durch Sublimation hinweist. Dass der Korund auf verschiedenen Wegen entstehen kann, lehren die Experimentaluntersuchungen, doch können jene Saphire ebenso gut nur aus der Tiefe mitgerissene Bruchstücke sein; solche Bruchstücke von blauem Korund kommen vereinzelt in vulkanischen Massen vor.

Unter den in Nord-Amerika gefundenen Edelsteinen ist der Saphir gut vertreten; es sind die bereits auf S. 95 erwähnten Fundorte in Nord-Carolina, wo neben Rubin auch der gemeine Korund in grossen Mengen gefunden wird. Ferner findet sich Saphir im Staate Montana bei Helena; die beobachteten Farben dieser Steine sind rein blau bis lichtblau, grünlichblau; es wurden dort für circa 2000 Dollars Steine bis 1889 gewonnen, einzelne Edelsteine hatten 4—6 Karat. Dieser Fundort ist der bedeutendste des Saphirs in Nord-Amerika.

Sternsaphir findet man in Jackson-County in Nord-Carolina.

Surrogate und Imitationen der edlen Korunde.

Wir haben auch hier zu unterscheiden zwischen Glasflüssen und wirklichen, aber minderwerthigen Edelsteinen.

Die Glasflüsse sind gewöhnlich sehr durchsichtig und meist fehlerfrei; ihre Farbe und auch der Glanz ahmen den wirklichen Rubin und Saphir sehr gut nach; der Glanz und die Lichtbrechung sind sogar stärker als bei den natürlichen Steinen, besonders wenn sie mit Bleiglas verfertigt wurden. Das beste Unterscheidungsmittel ist die Härte (6) der Imitationen, die wesentlich geringer als die der Naturproducte (9) ist. Dichroismus und Polarisationserscheinungen, von welchen ersterer sehr häufig bei natürlichen Edelsteinen zu beobachten ist, fehlen bei Glasflüssen. Der Dichroismus kann daher in vielen Fällen als Unterscheidungsmittel angewandt werden.

Rubin und Saphir werden durch Reiben electrisch und behalten die Electricität merklich durch einige Zeit.

Das specifische Gewicht ist, zumal bei Glasflüssen, meist unter 4, also geringer als das der Naturproducte; bei mikroskopischer Betrachtung zeigen die Gläser häufig das Vorkommen von massenhaften Poren, aber keine Flüssigkeitseinschlüsse wie die Naturproducte (siehe S. 110).

Alle diese Eigenschaften lassen die Glasflüsse ziemlich leicht unterscheiden. Gaudin und Feil haben allerdings Saphir aus harten Gläsern, welche wesentlich aus kieselsaurer Thonerde bestanden, hergestellt, doch war ihr specifisches Gewicht sehr gering: 2·6; sie könnten daher leicht unterschieden werden; eine bedeutendere praktische Verwerthung scheinen übrigens die nach letzterer Methode dargestellten Saphire nicht gefunden zu haben; im Handel sind hauptsächlich die nach den S. 48 beschriebenen Mischungen angefertigten verbreitet.

Das Bestreben, Rubin zu imitiren, scheint ein uraltes zu sein, denn schon in Keltengräbern hat man Rubinglas gefunden. Dass zu den Glasflüssen der Goldpurpur als Färbemittel benutzt wird, wurde bereits erwähnt.

Bei den Saphir-Imitationen wird Kobaltoxyd als Färbemittel angewandt.

Die Surrogate für Rubin sind folgende minderwerthige Steine: Caprubin, Rubinspinell, Rubinbalais, Almandin, rosa Topas, Turmalin (Rubellit).

Gelbe Saphire imitirt man mit Topas und Citrin, grüne durch Smaragd, auch durch Chrysolith, farblose durch Quarz, morgenrothe durch Hyacinth, amethystene durch Amethyst (Quarz). Der blaue Saphir endlich wird durch Cordierit, blauen Turmalin, Cyanit ersetzt. Andererseits dient weisser Saphir als Ersatz für Diamant.

Die Methoden, nach welchen wir die Unterscheidung des echten Saphir und Rubin von minderwerthigen Edelsteinen vorzunehmen haben, werden später im dritten Theil dieses Werkes ausführlich behandelt werden.

Künstliche Darstellung des Rubins und Saphirs.

Von allen Versuchen der künstlichen Darstellung von Mineralien müssen die den Rubin betreffenden als die erfolgreichsten bezeichnet werden. Nachdem schon Ebelmen, Daubrée, H. St. Claire Deville und Caron u. A. Rubin in kleinen Kryställchen erzeugt hatten, hat E. Frémy in Paris sich lange Jahre hindurch mit der Erzeugung echter Rubine und Saphire beschäftigt, und es ist ihm schliesslich gelungen, nicht nur grosse, sondern auch dicke Krystalle zu erzeugen, die schleifbar waren und von natürlichen Rubinen nicht zu unterscheiden sind.

Es ist dies wohl der erste und einzige Fall einer vollständigen Nachahmung der natürlichen Verhältnisse, welcher einen Stein liefert, der höchstens durch aufmerksame mikroskopische Untersuchung seitens eines geübten Beobachters in besonders günstigen Fällen von einem natürlichen unterschieden werden kann. Denn Härte, Krystallform, Farbe, Durchsichtigkeit, chemische Zusammensetzung, specifisches Gewicht und Lichtbrechung stimmen vollständig bei beiden überein, obgleich andererseits die natürliche Bildung (siehe oben S. 101) des Rubins mit der Entstehung des im Laboratorium erzeugten (welchen man bei hoher Temperatur darstellt) nicht übereinstimmt. Hier wird unter Umständen auch durch genaue Untersuchung der mikroskopischen Einschlüsse eine Unterscheidung möglich sein, wenigstens für einen mit den einschlägigen Methoden vertrauten Fachmann.

Der Rubin wird von Frémy aus Schmelzfluss dargestellt und zwar aus Thonerde selbst; es handelt sich daher nur um eine Umkrystallisirung nach der S. 40 mitgetheilten Methode. Deville und Caron hatten ihn aus Fluoraluminium und Borsäure bei Weissgluth erhalten. Frémy krystallisirt die Thonerde um. Bei seinen ersten Versuchen, welche er gemeinschaftlich mit Feil ausführte, schmolz er Minium mit Thonerde in einem irdenen Tiegel; es bildete sich Bleialuminat, welches, durch die Kieselsäure des Tiegels zersetzt, Thonerde als Rubin auskrystallisiren liess. Allmählich wandte sich Frémy einer anderen Methode zu, bei welcher das Fluorgas eine wichtige Rolle bei der Umkrystallisirung der Thonerde spielte.

Es handelt sich demnach bei dieser Methode eigentlich nur

um eine Umwandlung der amorphen Thonerde in krystallisirte unter Einwirkung eines Krystallisationsagenten (siehe S. 44), wobei durch kleine Zusätze die gewünschte Farbe erzielt wird.

Das Fluor ist nun, wie schon erwähnt, eines der besten Mittel, um jene Umwandlung hervorzubringen. Es wird am besten in der Form der Fluormetalle zur Verwendung kommen, wobei nebenbei noch ein anderer Zweck erreicht wird, nämlich der, die sonst in unseren Oefen unschmelzbare Thonerde zum Schmelzen zu bringen.

Man wendet Fluorbaryum, Fluorkalium oder Fluorcalcium an.

Die nach der älteren Methode: Einwirkung von Thonerde auf Minium durch Zusammenschmelzen beider in kieselsäurereichen irdenen Tiegeln erhaltenen ersten Krystalle waren zu klein und zu dünn, um verwerthet werden zu können; es waren dünne, blätterige Rubine[1] (rubis lamelleux). Trotzdem in grossen Tiegeln gearbeitet und in denselben mehrere Kilo Rubine erzeugt wurden, musste dieses Verfahren aufgegeben werden, da man stets nur blätterige, sehr dünne Krystalle erhielt (eine Combination der Basis und des hexagonalen Prisma's, welch' letzteres jedoch nur ganz klein war, entsprechend dem tafelförmigen Habitus der Krystalle).

Dicke Rubine konnten erst durch die Einwirkung des Fluors erhalten werden; als die beste Methode zur Erzeugung schöner und grosser Rubine erwies sich das Erhitzen bei Luftzutritt eines Gemenges von kalihaltiger Thonerde mit Fluorcalcium oder Fluorbaryum. Das Alkali spielt dabei keine active Rolle, es entweicht als Fluorkalium, aber seine Gegenwart scheint sehr nützlich bei der Bildung grosser Krystalle zu sein. Auch feuchte Luft ist hierzu nothwendig, bei fest verschlossenem Tiegel wird die Krystallbildung gehemmt. Auch die Vertheilung der Substanzen in den Thontiegeln spielt eine Rolle; am gelungensten waren die Versuche, bei welchen die kalihaltige Thonerde an den Tiegelwänden aufgeschichtet wurde, während die Fluorverbindungen das Innere ausfüllten.

Vielleicht wirkt das Kali auch als Schmelzmittel, indem sich Fluorkalium bildet. Sehr wichtig ist die Porosität der Tiegel, da sich in Platintiegeln keine schönen Krystalle erzielen liessen; es ist eben die Einwirkung der feuchten Luft nothwendig, je besser dieselbe im Tiegel circulirt, je grösser sind die Krystalle. Frémy's Versuche dauerten circa 8 Tage, die Temperatur war constant circa 1500°, die Tiegel aus porösem Material hatten 50 Liter Inhalt.

[1] Frémy hat die Resultate seiner sämmtlichen Versuche in einem Werke: Synthèse du rubis, Paris 1891, in welchem auch die erhaltenen Producte abgebildet sind, niedergelegt.

Noch haben wir das Färbemittel zu besprechen unterlassen. Dasselbe soll dem des natürlichen Rubins vollständig gleich sein, oder wenigstens denselben Effect hervorbringen; Frémy gelang es nun, die schöne Rubinfarbe durch Beimengung von 3—4 Procent chromsauren Kalis vollkommen zu reproduciren.

Auch Saphir von rein blauer, sowie von violetter Farbe wurde bei den Versuchen gleichzeitig mit Rubin erhalten, das Färbemittel war ebenfalls chromsaures Kali. Ein Beweis dafür, dass der natürliche Saphir wirklich dem Chrom seine Färbung verdankt, wie Frémy meint, scheint mir jedoch in dieser Beobachtung nicht vorzuliegen, obgleich die verschiedenen Färbungen des Korundes: roth, violett, blau, grün, goldgelb, sich durch Beimengungen von Chrom allerdings erklären lassen. Zu einer endgültigen Entscheidung über die Färbemittel der natürlichen Edelkorunde führen die Versuche aber noch nicht.

Es liegt nämlich trotz der so grossen Uebereinstimmung in der Färbung künstlicher und natürlicher Rubine vielleicht doch ein kleiner Unterschied in den wirklichen Färbemitteln natürlicher und im Laboratorium erzeugter Rubine vor, indem, wie schon früher erwähnt, in den natürlichen auch Eisen eine Rolle bei der Färbung der Rubine spielt, und von den Saphiren mit noch mehr Recht anzunehmen ist, dass dieselben nicht nur durch Chrom gefärbt zu sein brauchen, da die blaue Färbung der natürlichen Saphire in hoher Temperatur schwindet, was, wenn Chromsäure allein die Färbung verursachen sollte, nicht recht erklärlich wäre.

Fig. 27*c* zeigt einen von Frémy dargestellten rohen Rubinkrystall, Fig. 27*a* und *b* zeigen einen aus geschliffenen künstlichen Steinen durch Herrn Taub hergestellten Schmuck. Obgleich die Krystallform des rohen Rubins (Fig. 27*c*) vollkommen mit der der natürlichen übereinstimmt, so ist doch das Aussehen der künstlichen Rubine im Vergleiche zu den in Fig. 25 abgebildeten ein etwas anderes, indem die vorherrschende Fläche, die Basis, bei den natürlichen nicht so ausgedehnt ist.

Genfer Rubine. — Im Jahre 1885 tauchten schöne carminrothe Rubine im Handel auf, welche eine beträchtliche Grösse hatten und sowohl in Bezug auf Härte als auf Dichte sich vollkommen gleich mit den natürlichen erwiesen, auch im polarisirten Lichte sich gleich verhielten. Eine genauere Untersuchung auf spectroskopischem Wege ergab, dass sie sich nicht ganz wie die natürlichen verhalten, dagegen ganz so wie die kleinen auf künstlichem Wege hergestellten. Nach späteren Angaben sollen dieselben durch Zusammenschmelzen von kleinen Rubinen erhalten sein, obgleich darüber in die Oeffentlichkeit nichts Zuverlässiges gedrungen ist; sie sollen in Genf fabricirt werden und unter dem Namen „rubis reconstruit“ billiger als natürliche Rubine verkauft werden. Da der Rubin unschmelzbar ist und bei sehr hohen Temperaturen, wie ich mich überzeugte, grau und trübe wird, so könnten sie nur in einem Schmelzmittel

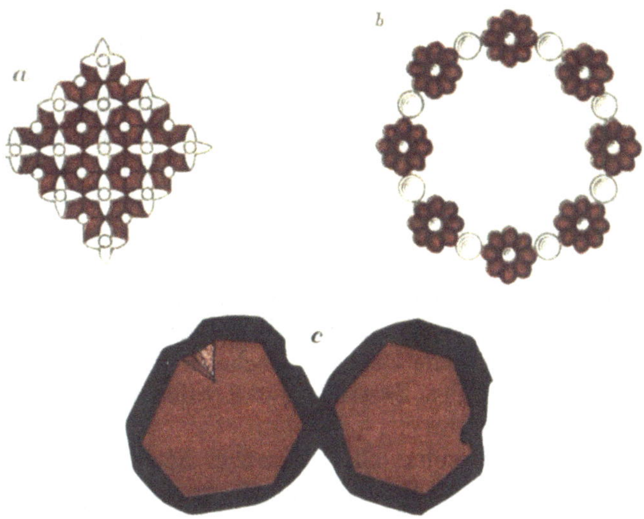

Fig. 27 *a* und *b*. Geschliffene montirte Rubine. *c* Rohe Rubine, 19 mal vergrössert.

zusammengeschmolzen sein. Jedenfalls sind es Kunstproducte. Wie sie erhalten werden, ist vorläufig unbekannt, möglicherweise sind sie durch ein kittartiges durchsichtiges Mittel von gleichen Brechungsquotienten wie Rubin zusammengeschmolzene Stücke von echtem Rubin, oder aber nach Art der Frémy'schen erzeugt.

Entstehung des Korundes in der Natur.

Obgleich kein Mineral auf so verschiedene Weisen so häufig im Laboratorium erzeugt wurde, als der Korund, welcher ausser auf dem Wege des Schmelzflusses auch auf nassem Wege erzeugt werden kann, wenn z. B. Aluminiumchlorid bei höherem Druck durch eine Lösung kohlensauren Alkalis zersetzt wird (auf welche Art Autor ihn erhielt), ferner auch auf dem Wege der Sublimation, so lässt sich doch die natürliche Bildung dieses Minerals nicht mit Sicherheit constatiren, ja man kann heute noch nicht mit Entschiedenheit behaupten, ob er auf dem Wege des Schmelzflusses oder auf dem der Lösung entstanden sei.

Das Muttergestein ist theils ein vulkanisches, wie wahrscheinlich bei den Birmarubinen und bei grossen Saphiren, die sich in Lava eingeschlossen finden, theils aber ein granitisches, wie wohl bei den Ceylon-Rubinen, bei dem gemeinen Korund, oder gar mehr ein schieferartiges wie bei dem blauen Saphir, welcher die Hauptmasse des Schmirgels bildet. Letzterer ist jedenfalls auf nassem Wege, wahrscheinlich bei hohem Drucke entstanden; die Thatsache, dass man in vielen Saphiren Einschlüsse von flüssiger Kohlensäure findet, wie dies von Sorby nachgewiesen wurde, beweist auch für diese eine Bildung aus wässeriger Lösung bei hohem Drucke, während man bei jenen Saphiren und Rubinen, welche im vulkanischen Gesteine eingeschlossen sind, eher eine Bildung aus Schmelzfluss anzunehmen geneigt sein könnte, was jedoch nicht unbedingt nothwendig wäre, da man sowohl für diese als auch für die im Granit vorkommenden die Hypothese aufstellen kann, sie seien (wie wir dies auch theilweise beim Diamant annehmen können) aus dem Erdinnern schon in fertigem Zustande durch vulkanische Gesteine mitgerissen worden.

Daher ist als Resultat aller derartiger Betrachtungen wohl der Schluss zu ziehen, dass die Bildung auf nassem Wege, wie wir sie künstlich durch Zersetzung von Aluminiumsalzen vermittelst kohlensaurem Alkali bei hohem Drucke erzielen können, die wahrscheinlichste wäre.

Vermuthlich sind alle Korundvarietäten, Gemeiner Korund, Schmirgel, Rubin, Saphir etc. auf dieselbe Weise entstanden.

Neunzehntes Kapitel.

Edler Beryll (Smaragd, Aquamarin).

Der Smaragd war im Alterthume in demselben Maasse wie der Diamant geschätzt. Er gehört auch heute noch zu den begehrtesten Edelsteinen. Die Gattung Beryll, welcher der Smaragd angehört, ist keine gerade seltene, doch sind nur die trüben, nicht durchsichtigen, missfarbigen Varietäten häufig, während die edlen durchsichtigen, schön gefärbten, selten sind. Der edle Beryll zerfällt hauptsächlich in Smaragd und Aquamarin.

In chemischer Hinsicht ist dieser Edelstein durch das Auftreten des selteneren Metalles Beryllium interessant. Er besteht aus Kieselerde, Thonerde, Beryllerde, nach der Formel $3BeO, Al_2O_3, 6SiO_2$, wobei in 100 Theilen Beryll 67 Theile Kieselsäure, 19 Theile Thonerde und 14 Theile Beryllerde enthalten sind. Dazu tritt noch ein in minimalen Mengen vorkommendes Färbemittel, denn jene Mischung ist an und für sich farblos.

Der Beryll ist nicht ganz unschmelzbar, obgleich das Schmelzen erst bei sehr hoher Temperatur gelingt.

In Säuren wird er nicht angegriffen. Flusssäure zersetzt ihn jedoch; auch in Salzsäuregas erleidet er eine geringe Zersetzung.

Smaragd.

Rohe Smaragde und sonstige Beryllvarietäten sind leicht zu erkennen, denn sie zeigen fast immer eine regelmässige Krystallform, die sehr einfach ist. Das Krystallsystem, welchem der Smaragd angehört, ist das hexagonale, welchem die sechsseitige Säule und die sechsseitige Doppelpyramide angehören. Der Typus der Krystalle ist stets ein sechsseitig säulenförmiger, es herrscht das Prisma vor, welches oben und unten durch die Basisfläche begrenzt wird (siehe S. 4 Fig. 1). Mitunter tritt auch ausser der Basis die früher genannte hexagonale Pyramide *p* auf, welche alsdann zwischen den Flächen des Prisma's *m* und der Fläche der Basis *o*, also an den horizontalen Kanten des Prismas *M* auftritt (Fig. 28).

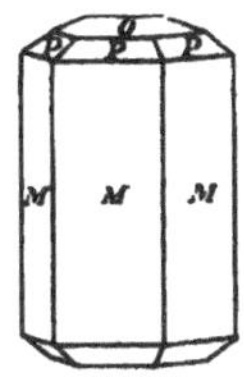

Fig. 28. Smaragd-Krystall.

In der Natur finden sich viele Krystalle mit unregelmässiger Endigung, sowie auch abgebrochene Prismen, abgerundete Geschiebe.

Der Beryll ist kein sehr harter Edelstein, was immerhin verursacht, dass er nicht so wie der edle Korund geschätzt wird, seine Härte ist nur wenig höher als die des Bergkrystalles, nämlich $7^1/_2$. Spaltbarkeit zeigt sich nach der Basis oder Endfläche, aber in nicht vollkommener Weise.

Das specifische Gewicht des Smaragdes und der edlen Beryllvarietäten überhaupt ist schwankend, insbesondere mit dem Fundorte. Uralischer Smaragd hat die Dichte von circa 2·71, solcher von Alexander County (Nord-Amerika) zeigte das specifische Gewicht von 2·701, der vom Pinzgau nur 2·63. Eine genaue Bestimmung des südamerikanischen Smaragdes ergab 2·65. Es dürften die Zahlen

2·63—2·71 die richtigen für Smaragde sein, während die in mineralogischen Werken angegebene Grenze von 2·76 sich auf gemeine Berylle bezieht und von den als Edelsteine zu bezeichnenden Varietäten nicht erreicht wird. Das niedere specifische Gewicht dieses Edelsteines kann gut zu seiner Charakteristik benutzt werden.

Der Beryll ist optisch einaxig; wenn man in der Richtung der Prismenkanten im Polarisationsapparat hindurchsieht, so wird man ein schwarzes Kreuz sehen können (Fig. 9).

Die Brechbarkeit des Berylles ist eine geringe, der Werth der Brechungsquotienten nach verschiedenen Richtungen fast gleich; auch das Zerstreuungsvermögen ist sehr gering; daher zeigt dieser Stein nur geringeren Glanz und wenig Feuer.

Farben. — Der echte Smaragd zeigt eine tiefgrüne Farbe (ohne jede Neigung ins Gelbe oder Graugrüne), welche von dem Mineral selbst ihren Namen erhalten hat; es ist ein saftiges Grasgrün mit kaum merklichem Stich ins Blaugrüne. Tafel 14 der Radde'schen Skala zeigt uns von (o—k) die Smaragdfarbe, andere Steine entsprechen mehr den Nüancen Taf. 13 (c—p). Ausser den rein grünen kann es auch lichtere Smaragde geben, welche einen kaum merklichen Stich ins Gelbgrüne zeigen, oder durch einen kräftigeren Stich ins Blaue den Uebergang zum Aquamarin vermitteln.

Die Durchsichtigkeit des Steines ist sehr abhängig von seiner Färbung, die schön tiefgrünen sind seltener gut durchsichtig. Der Smaragd zeigt Dichroismus: betrachtet man einen Smaragd mit der dichroskopischen Lupe (Fig. 14 S. 30), so sieht man zwei Bilder, das eine blaugrün, das andere gelblichgrün. Dasselbe Resultat erhält man bei der Anwendung des Nicol'schen Prisma's, wenn man durch dieses einen Smaragd betrachtet und dabei um einen Winkel von 90^0 dreht. Nur in einem Falle, wenn man nämlich den Stein in der Richtung der optischen Axe, also parallel den Prismenkanten betrachtet, würde der Dichroismus nicht sichtbar sein; man muss daher, wenn man bei einem solchen Stein, von welchem man vermuthet, dass er Smaragd sei, kein Resultat mit der dichroskopischen Lupe oder mit einem Nicol'schen Prisma erhält, ein zweites Mal, aber nach einer anderen Richtung als das erste Mal, hindurchsehen. Ist dann auch wieder kein Dichroismus zu beobachten, so kann kein Smaragd vorliegen. Zur Unterscheidung von Glasflüssen wird man diese Eigenschaft oft zu verwenden haben.

Uebrigens sieht man den Unterschied der Farben oft auch ohne dichroskopische Lupe, wenn man den Stein zuerst durch seine Tafelfläche und dann senkrecht dazu beobachtet, immer trifft dies jedoch nicht ein.

Einschlüsse im Smaragd. — Smaragde von einigermassen beträchtlicher Grösse sind nie ganz rein, sondern zumeist durch Einschlüsse von Glimmerblättchen, durch Einstreuung von Gasporen (Fahnen), durch Flüssigkeitseinschlüsse und durch Sprünge und Risse verunreinigt.

Aquamarin.

Dieser Name bezieht sich auf den mehr oder minder hellen, blaugrünen Beryll. Er unterscheidet sich in seiner chemischen Zusammensetzung, seiner Krystallform und seinem specifischen Gewichte nicht vom Smaragd. Die Prismenflächen der natürlichen Krystalle sind zumeist gestreift.

Die Farben sind sehr verschieden, bei manchen überwiegt der blaue Ton, bei anderen der grüne, auch ist die Intensität der Färbung verschieden, von fast farblosen bis zum tiefblaugrünen. Tafel 16 (k—s), Tafel 17 (u—s), Tafel 15, t und s der Radde'schen Farbenskala zeigen die Töne. Ueberwiegend ist der meergrüne Ton (Tafel 16).

Der Dichroismus ist deutlich, die zwei Töne sind bei tiefer gefärbten Steinen smalteblau und gelbgrün; man bediene sich zur Beobachtung des Nicol's oder der dichroskopischen Lupe, doch wird man bei den sehr hellen Steinen nur einen schwachen Unterschied finden.

Gelber Edelberyll. — Eine gelbgrüne Varietät des edlen Berylles ist auch der sogenannte Aquamarin-Chrysolith, welcher mit Ausnahme der Farbe dem Aquamarin und Smaragd in seinen Eigenschaften gleichkommt.

Der Fundort dieses wenig angewendeten Edelsteines ist Brasilien, wo grössere Exemplare gefunden wurden.

Der Preis beträgt nur einige Mark für das Karat.

Goldgelber Beryll kommt auch in Nord-Amerika in Litchfield County, in Amelia County und bei Avondale Quarries Delaware Co. vor; er wird gegenwärtig in Amerika sehr geschätzt.

Färbemittel der edlen Berylle. — Welches sind nun die Färbemittel des Smaragdes und Aquamarins? Auch hier könnte entweder ein dilutes Färbemittel oder eine isomorphe Mischung vorliegen; über die chemische Natur der die Farbe verursachenden Substanz sind mehrfache Hypothesen gemacht worden, über welche sich aber ein definitives Urtheil nicht geben lässt. Vielfach ist

Chrom zu vermuthen, möglicherweise könnte das Chromoxyd Cr_2O_3, welches mit der Thonerde isomorph ist, vorliegen. Die Entfärbung bei hoher Temperatur ist jedoch nicht entscheidend. Endlich wäre aber, was mit der Entfärbung in der Hitze übereinstimmen würde, die alte Hypothese der Beimengung von organischer Substanz erwähnenswerth. Jedenfalls ist das Färbemittel der grünen, blaugrünen und gelben Beryllvarietäten stets dasselbe, was auch aus einigen von mir angeführten Versuchen hervorgeht. Gelber Beryll wurde hierbei leicht durch Oxydationsmittel in der Wärme in blauen übergeführt, so dass die grünblaue Varietät eine Oxydationsstufe des gelben Färbemittels darstellen dürfte, eine Rückfärbung in reducirenden Mitteln gelang jedoch nicht mehr. Auch die hellgrünen Varietäten wurden theilweise etwas dunkler durch erstgenannten Process. Bei heller Rothgluth wurden sämmtliche Berylle farblos, bei weiterem Erhitzen wird das Mineral trübe; rascher tritt dies ein, wenn man in reducirenden Gasen die Erhitzung durchführt.

Grösse und Werth edler Beryllvarietäten. — Beryll kommt in grossen Exemplaren vor, zum Theil in ausserordentlich grossen Säulen, doch sind es zumeist die unedlen Varietäten, welche eine beträchtliche Länge erreichen; fussgrosse, trübe, schmutzig gelbe Prismen von Beryll sind keine Seltenheit.

Es kommen auch zollgrosse Smaragde vor (aus Columbien) von schöner gesättigt grüner Farbe; solche Exemplare sind aber niemals ganz rein, so dass sie als Edelsteine nur in einigen ihrer Theile verwendbar sind. Auch aus Sibirien sind sehr grosse schöne Prismen von Smaragd bekannt (bis 25 cm, welche Länge ein Smaragd im Besitze des Zaren zeigt). Als Edelsteine verwendbare Smaragde sind in grossen Stücken selten, denn keiner der grossen Steine ist in seiner ganzen Ausdehnung auch nur annähernd rein und durchsichtig, sondern zeigt trübe und fleckige Stellen. Reine Smaragde von 20 Karat (in geschliffenem Zustande) sind daher schon grosse Seltenheiten. Man kann von diesem Edelsteine nicht viel grössere geschliffene Steine herstellen, als von Diamant.

Häufiger sind grosse Aquamarine von Ava in Brasilien, namentlich von den blässeren Varietäten sind halbzollgrosse Stücke nicht gar selten.

Demnach ist auch der Werth des Aquamarins ein weit geringerer als der des Smaragdes. Letzterer ist auch heute noch immer einer unser theuersten Edelsteine.

Im Alterthume war Smaragd ungemein geschätzt und sehr theuer, so dass schon damals Imitationen durch andere minderwerthige Steine versucht wurden, und sogar Glasflüsse, welche ihm nahe kamen, dargestellt wurden. Bei der Entdeckung Süd-Amerika's fand man die reichen, jetzt aufgelassenen Funde im Manta-Thale, wodurch der Werth des Smaragdes bedeutend sank, um sich später wieder zu heben. Heute schwankt er stark je nach der Mode. Plinius stellt ihn dem Werthe nach unmittelbar unter den Diamanten, und diese Geltung scheint er thatsächlich bei Griechen und Römern gehabt zu haben. Im Gegensatze dazu galt er im Reiche der Inkas als fast werthlos. Im Jahre 1750 war in Europa ein zehnkarätiger Smaragd circa 150 Thaler werth.

Schrauf bestimmte 1869 den Werth des ersten Karates mit 60—100 fl. für Steine ersten Wassers. Heute lässt sich ein fester Preis kaum angeben, da die Schwankungen je nach der Farbe und Durchsichtigkeit, abgesehen auch von den durch die Mode hervorgebrachten, sehr grosse sind. Die Angabe Groth's, welche den Werth zwischen 50—500 Mark für das Karat bewerthet, zeigt, das eine Fixirung des Preises eben kaum möglich ist.

Die goldgelben Berylle werden in Nord-Amerika sehr theuer bezahlt.

Was den Aquamarin betrifft, so ist sein Werth theilweise ein minimaler, nur wenige Mark für das Karat betragender, die schön blaugrün gefärbten können allerdings den zehnfachen Preis erreichen.

Fundstätten.

Die wichtigsten Fundstätten liegen in Süd-Amerika, bei Ava (Birma), dann auch in Sibirien und den Vereinigten Staaten von Amerika.

Einer der wichtigsten Fundorte zur Zeit der Entdeckung Amerika's lag im Manta-Thale bei Puerto viejo (Peru), welcher sehr grosse Smaragde lieferte. Heute ist derselbe erschöpft oder verschüttet. Gegenwärtig werden die Smaragde im Tunca-Thale bei Cartago, Provinz Santa Fé (Columbia), gegraben; dies ist immer noch einer der ergiebigsten Fundorte. Eine der heute wichtigsten Gruben liegt bei Santa Fé de Bogota, die Musogrube. Trotzdem sie schon im Jahre 1555 entdeckt wurde, liefert sie noch heute grosse Mengen von Steinen. Das Muttergestein ist ein dunkler, bituminöser dichter Kalkstein, in welchem der Smaragd eingewachsen ist. Der Kalk selbst lagert auf Thonschiefer. Es kommt auch daselbst ein vollständig durchsichtiger reiner Kalkspath vor, in welchem die Smaragde eingebettet sind. Wahrscheinlich findet sich jedoch der Smaragd auf secundärer Lagerstätte im Kalk, und ist ursprünglich im Glimmerschiefer entstanden. Die Musogrube wird vermittelst Tagbaues ausgebeutet.

Im Uralgebirge finden sich im Jekaterinenburger Kreise ebenfalls Smaragdgruben, welche schon sehr grosse Steine geliefert haben; einer derselben soll 25 cm lang sein. Auch hier ist das primäre Muttergestein Glimmerschiefer.

Die russischen Smaragdgruben sollen jetzt nicht mehr im Betriebe sein, da die Qualität der Steine sich in letzter Zeit sehr verschlechterte, insbesondere Einschlüsse und Sprünge die Steine unbrauchbar machten, so dass die Gewinnung unrentabel wurde. Aquamarine finden sich in Ostsibirien bei Nertschinsk in Hohlräumen des Granits mit Topas.

Das europäische Vorkommen im Habachthale (Herzogthum Salzburg) liefert nur Steine von minderer Qualität, welche ebenfalls im Glimmerschiefer liegen; bei diesen wie bei den uralischen kommen zu häufig Einschlüsse von Glimmer vor.

Die im Alterthume verwendeten Smaragde und Aquamarine dürften wohl aus Birma in der Gegend von Ava stammen; als Begleiter treten Rubinspinell und Gold auf; auch an der chinesisch-sibirischen Grenze sollen Smaragde gefunden worden sein.

In Afrika, südlich von Cosseïr, im Zabarahgebirge finden sich ebenfalls im Glimmerschiefer Smaragde.

Endlich sind neuere Fundorte in Süd-Australien zu erwähnen. Beachtenswerth scheinen die nordamerikanischen Fundstätten zu sein.

Nord-Amerika hat jedenfalls einige wichtige Smaragdfundstätten. Sowohl eigentlicher Smaragd als auch goldgelber Beryll und Aquamarin kommen vor; ausserdem kommen viele gemeine Berylle vor, von welchen sehr grosse Krystalle gefunden wurden. So wurde bei Grafton (New Hampshire) der grösste Beryll der Welt von $6^1/_2$ Fuss Länge gewonnen.

Aquamarin findet sich in Mitchell County, Nord-Carolina, ferner in Stony Point in demselben Staate, hauptsächlich aber am Monte Antero in Colorado. Letzterer Fundort liegt 12,000 Fuss über dem Meere, man fand daselbst grössere lichtblaue Krystalle, ähnlich den brasilianischen, welche Steine von 5—10 Karat ergeben haben.

Der in Nord-Amerika besonders geschätzte Gold-Beryll findet sich hauptsächlich in Litchfield-County (Massachussets).

Aber auch eigentlicher Smaragd kommt oft in schönen grasgrünen Krystallen vor, so in Stony Point, Nord-Carolina, wo sich auch der ebenfalls grüne Lithion-Smaragd (Hiddenit), sowie auch Bergkrystall, Granat, Rutil etc. zusammenfinden. Die Krystalle stammen aus Gneiss und Glimmerschiefer. G. **Kunz** bildet einen sehr grossen prismatischen Krystall von diesem Fundorte in seinem früher genannten Werke ab. Ein weiterer wichtiger Fundort ist Haddam,

Connecticut, wo sich oft grosse, schön grüne, durchsichtige Krystalle finden. Ausserdem sind noch einige minderwerthige Fundorte zu verzeichnen. Eine Bedeutung in commercieller Hinsicht dürfte jedoch wohl nur der Fundort von Stony Point haben; eine dortige Gesellschaft, die Emerald and Hiddenit Mining Company, hat Steine im Gesammtwerthe von 15,000 Dollars erzielt.

Schöne Aquamarine kommen in der Provinz Rio im Granit vor, auch bei Antonio Pereira und Rio dos Americanas (Minas Geraes).

Künstliche Darstellung des Smaragdes.

Ebelmen hat aus Beryll unter Zusatz von etwas Chromoxyd durch Schmelzen in Borsäure schöne kleine Smaragde erhalten, aber eine wirkliche Darstellung des Berylles aus seinen Elementen ist erst dem Chemiker Hautefeuille in Paris vor einigen Jahren gelungen. Die von ihm erhaltenen Krystalle, welche der Verfasser sah, waren ziemlich durchsichtig, sehr schön tiefgrün und bestanden aus Prismen von mehreren Millimetern Dicke. Es unterliegt keinem Zweifel, dass mit den nöthigen grösseren Apparaten auch grössere Steine erzeugt werden könnten, welche sich von den natürlichen weder durch die chemische Zusammensetzung, noch durch Härte, specifisches Gewicht etc. unterscheiden lassen. Höchstens dürften sich etwa bei mikroskopischer Untersuchung in Bezug auf Einschlüsse kleine Unterschiede constatiren lassen.

Die Methode, welche Hautefeuille anwandte, bestand darin, dass er die Bestandtheile des Berylles nach den (S. 103) angegebenen Verhältnissen mengte und mit einem Ueberschuss eines Schmelzmittels, als welches sich das saure molybdänsaure Lithion am besten bewährte, zusammenschmolz. Als Färbemittel wurde Chromoxyd angewandt.

Die Darstellung echter Smaragde im Laboratorium scheint demnach ebenso wie die des Rubin's gelungen zu sein, obgleich es fraglich ist, ob grössere durchsichtige Steine erhalten werden können; unzweifelhaft wird dies wohl bei Anwendung grösserer Apparate der Fall sein, und wenn die Bedingungen, unter welchen die Bildung schleifwürdiger durchsichtiger Krystalle gefördert wird, näher bekannt sein werden.

Die natürliche Entstehung des Smaragdes wird durch sein Vorkommen im Glimmerschiefer erklärt, er bildete sich hier wohl aus Lösungen unter Mitwirkung von hohem Drucke; die künstliche Nachbildung entspricht demnach trotz der Aehnlichkeit mit dem Naturproducte wahrscheinlich nicht den natürlichen Entstehungsverhältnissen.

Imitationen des Smaragdes.

Wir haben zuerst der Glasflüsse zu erwähnen, die aus Strass unter Zusatz von Kupferoxyd und Eisenoxyd hergestellt werden. Ihre Härte beträgt circa 6, ist also geringer als die des Smaragdes, auch ist der Brechungsquotient etwas grösser bei jenen Glasflüssen, so dass sie stärker glänzen und mehr Feuer zeigen als das Naturproduct; ihr specifisches Gewicht beträgt zumeist mindestens 2·8, ist also höher. Ein sehr gutes Unterscheidungsmittel ist der Dichroismus, welcher nur bei Smaragd, Aquamarin, nicht aber bei Gläsern vorkommen kann.

Bei mikroskopischer Untersuchung zeigen die edlen Berylle zumeist Flüssigkeitseinschlüsse, welche den Gläsern fehlen; diese zeigen wieder viele Dampfporen *d*, dagegen keine kleinen Risse und Sprünge wie die Smaragde, ferner fehlen ihnen die häufigen kleinen Glimmereinschlüsse, sie sind überhaupt viel reiner. Die mikroskopische Untersuchung, insbesondere die Unterscheidung von Glas- und Flüssigkeitseinschlüssen, erfordert jedoch einige Uebung. Es mögen, da eine solche Unterscheidung auch bei Topas und Saphir von Nutzen sein kann, diese Einschlüsse abgebildet werden (Fig. 29). Leichter ist die Unterscheidung von ähnlich gefärbten Mineralien.

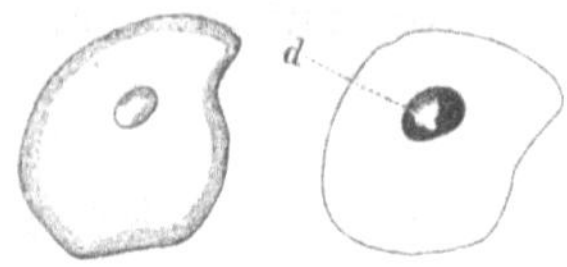

Fig. 29. *a* Flüssigkeitseinschluss. *b* Glaseinschluss mit Dampfpore *d*.

Es giebt wenig Mineralien, welche vollkommen zur Nachahmung des Smaragdes dienen könnten, da das einzige in der Farbe gleiche, der grüne Saphir, so ausserordentlich selten und theuer ist, dass eher das umgekehrte stattfinden würde. Von Turmalin unterscheidet ihn das specifische Gewicht; auch ist der Turmalin tief dunkelgrün, und alsdann so stark pleochroitisch, dass bei der Beobachtung mit dem Dichroskop das eine Bild fast schwarz ist. Hiddenit (Lithionsmaragd) lässt sich von echtem Smaragd durch das specifische Gewicht unterscheiden. Der Hiddenit und der entsprechend gefärbte Turmalin erreichen am meisten die Farbe des Smaragdes. Ferner werden als Surrogate Chrysolith, grüner Flussspath, auch hellgrün gefärbte Apatite gebraucht. Auch der Demantoid (grüner Granat), mancher Idokras, Dioptas können dazu verwandt werden. Die Farbe dieser Mineralien ist aber fast niemals das reine saftige Grün des Smaragdes.

Manche russische Topase haben eine dem Aquamarin ähnliche Farbe; zur Unterscheidung bedient man sich des im dritten Kapitel mitgetheilten Verfahrens.

Schleifform. — Gewöhnlich schleift man den Smaragd und Aquamarin als Tafel- oder Treppenstein oder auch so wie den Diamant (s. S. 83).

Zwanzigstes Kapitel.

Spinell (Rubinspinell, Balasrubin).

Man unterscheidet zwei Varietäten, welche aber thatsächlich nur durch die Farbennüancen verschieden, sonst in allen ihren Eigenschaften vollkommen identisch sind: den lichteren, weniger werthvollen Rubis balais (Balasrubin) und den gesättigt rothen Rubin-Spinell (Rubis spinelle). Sehr unpassend ist es, dem eigentlichen Namen Spinell den des Rubins vorzusetzen, wie dies im Handel üblich ist, da ja der Spinell mit dem Rubin höchstens die Färbung gemein hat, sonst aber grundverschieden ist und dadurch Täuschungen entstehen. Am werthvollsten und schönsten sind die Rubin-Spinelle, ausser diesem und dem Balais unterscheidet man noch den Rubicell von mehr orange und gelbrother Farbe, den Almandin-Spinell, mehr violettroth, an Granat erinnernd.

Ferner hat man noch zu unterscheiden den Essigspinell von essigrother Farbe, den blauen Spinell (welcher jedoch nur halbedel ist), und den schwarzen Spinell oder Pleonast, welcher ebenfalls nur äusserst selten verwendet wird, da er nicht durchsichtig ist. Ausserdem giebt es noch andere unedle Varietäten; diese und der Pleonast unterscheiden sich von den durchsichtigen edlen Spinellen durch hohen Eisengehalt, weshalb sie auch von den Mineralogen als Eisenspinell bezeichnet werden.

Als Edelsteine kommen also nur in Betracht: der Spinellrubin, der Balasrubin, der Rubicell, der Almandinspinell, der Essigspinell, hauptsächlich aber nur die beiden ersteren.

Natürliche Formen. — Rohe Spinelle sind theilweise krystallisirt, theilweise kommen sie in abgerundeten, undeutlichen Krystallen oder Körnern vor. Die Krystalle gehören dem tesseralen oder regulären Systeme an. Bei dem Edelspinell ist das Octaëder die herrschende Form; diese Form ist bereits auf S. 63 Fig. 18 bei Beschreibung der Diamanten erwähnt worden, doch hat das Spinell-Octaëder keine abgerundeten Kanten wie das Diamantoctaëder. Die Kanten sind mitunter auch durch eine weitere Krystallform, das zwölfflächige Rhombendodekaëder (siehe Fig. 16 S. 55), welches jedoch nur klein auftritt, abgestumpft. Häufig sind bei Spinell auch sogenannte Zwillinge: Durchwachsung und Vereinigung zweier Octaëder, welche nach einer ihrer Flächen zusammengewachsen sind; solche Zwillinge sind sehr leicht erkennbar.

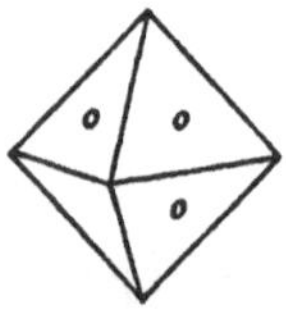

Fig. 30. Spinelloctaëder.

Fig. 31. Spinellzwilling.

Fig. 30 zeigt die gewöhnliche Krystallform des Spinelles, Fig. 31 den so häufig vorkommenden Zwilling.

Deutliche Spaltbarkeit fehlt dem Spinell; die Härte ist 8, gleich der des Topases. Das specifische Gewicht ist 3·54—3·58, in der concentrirten Jodmethylenlösung (S. 11) schwimmt der Spinell gerade noch oder er sinkt sehr langsam unter, in verdünnten Lösungen fällt er sofort. Sein specifisches Gewicht ist dasselbe wie das der Diamanten und des Topases, mit welchem jedoch eine Verwechslung selten zu besorgen ist.

Das Mineral zeigt keine Doppelbrechung und keinen Dichroismus, der Glanz ist der des Glases. Sein Brechungsverhältniss ist circa 1·71, also ein ziemlich niedriger Werth.

Farben und Farbstoff. — Es gibt Spinelle von allen Farben; die edlen Varietäten jedoch, also die vollkommen klaren und durchsichtigen, die ja allein hier in Betracht kommen, zeigen rothe Töne, die theils mit denen des Rubins übereinstimmen, also purpur-, carmin-, cochenillrothe, theils mehr rosen-, ponceaurothe. Die Farbe des Rubinspinelles ist hochroth, Radde'sche Skala Taf. 25 k—n.[1]

Die Farbe des Balasrubins ist carmin- bis rosenroth, oft etwas violett, Taf. 27 p—t, 26, o—s, seltener 25, p—s der Radde'schen Farbenskala. Die Farbe des Almandinspinelles ist auf Taf. 27 g—i ersichtlich; der Rubicell erinnert sehr an Hyazinth und hat daher mehr orangefarbenen Stich.

Welches ist nun der Farbstoff der edlen Spinelle? Möglicherweise ist er für Rubinspinell und für Balasspinell verschieden, obgleich bei dem continuirlichen Uebergange der Farben beider Varietäten dies nicht sehr wahrscheinlich ist. Für die letztere Varietät dürfte vielleicht Eisen das färbende Princip sein, denn die Annahme von Chrom ist unwahrscheinlich, indem sich dieses Mineral bei hoher Temperatur nicht grün färbt, sondern amethystfarben und überhaupt blasser wird, auch bei Behandlung mit Natronlauge heller wird,

[1] sowie auch andere bei Rubin bereits angegebene carminrothe Töne.

also sich ganz verschieden von Rubin verhält. Auch bei Versuchen mit Rubinspinell wurde ein Erblassen und keine Grünfärbung wahrgenommen, so dass die Annahme von Eisen sehr wahrscheinlich ist; ja ich konnte sogar durch Behandlung mit Natronlauge Eisen extrahiren und nachweisen. Es würde daher nur die Frage auftreten, ob neben dem Eisen auch überdies Chrom vorhanden ist.

Der chemischen Zusammensetzung nach ist der Spinell zusammengesetzt aus einem Gewichtstheil Magnesia und einem Theil Thonerde nach der Formel MgO, Al_2O_3. Es kommt aber stets etwas Eisen vor, welches der färbende Bestandtheil zu sein scheint.

Spinell ist in Säure unangreifbar, von concentrirter Natronlauge wird er etwas angegriffen.

Halbedle Spinelle. — Hierher gehört der dunkelgrüne bis schwarzgrüne Pleonast, welcher sich vom Spinell durch hohen Gehalt an Eisen, das auch seine Färbung hervorbringt, auszeichnet. Er ist viel häufiger als rother, edler Spinell; das specifische Gewicht ist höher, nämlich: 3·6—3·8; schleifbare Stücke liefert besonders Ceylon, aber er erscheint auch auf der Iserwiese in Böhmen und als Begleiter des Pyropes bei Meronitz.

Schwarzer Spinell dient als Trauerschmuck. Blauer Spinell findet sich in Schweden, Södermanland, dann an verschiedenen Orten Nord-Amerika's. Es gibt auch farblose Spinelle (Vesuv).

Fundstätten des edlen Spinelles.

Hauptsächlich die edelsteinreichen Seifen von Ceylon sind die wichtigsten Fundstellen für Spinell; sie liegen bei Candy, Saffragam und Matura. Mit dem Spinell kommen Hyacinth, Granat, Saphir, Quarz, Amethyst, Turmalin und andere Mineralien vor. Die Spinelle sollen aus Gneiss stammen.

Weitere Fundorte, und zwar ebenfalls in Sanden, finden sich bei Cananor, Provinz Mysore (Indien) und in Pegu (Birma). Näheres über die Lagerstätten scheint nicht bekannt zu sein. Ferner kommt der Rubinspinell am Flusse Ovens, Provinz Victoria, und am Perlflusse, Neu-Südwales (Australien) vor.

In Nord-Amerika sind zwar einzelne Steine gefunden worden, aber nie in grösserer Menge, auch waren keine besonders bedeutenden Steine darunter.

Der Essigspinell stammt aus Brasilien.

In Europa wurden bei Meronitz in Böhmen, dem bekannten Fundorte der böhmischen Granaten oder Pyropen, auch rosenrothe Spinelle gefunden, ebenso bei Ohlapian in Siebenbürgen.

Interessant ist das Vorkommen von Spinell in vulkanischen Massen am Laacher See und am Vesuv.

Die halbedlen und unedlen Varietäten kommen an vielen Punkten vor, so der blaue in Södermanland und bei Franklin (Nord-Amerika), der schwarze auf der Iserwiese in Böhmen, am Vesuv, auf Ceylon und zu Amity im Staate New York.

Künstliche Darstellung des Spinelles.

Schon Ebelmen hat durch Zusammenschmelzen von Magnesia und Thonerde den Spinell künstlich dargestellt, wobei als Färbemittel Chrom benutzt wurde. Die Krystallform, Farbe, Härte etc. waren mit der des echten Spinells identisch.

Eine künstliche Darstellung des Spinells zu praktischen Zwecken ist nicht ausgeführt worden, da sie in Folge des niederen Preises dieses Edelsteines nicht rentabel wäre.

Natürliche Bildung des Spinelles.

Ein Theil der Spinelle ist aus Schmelzfluss und zwar hauptsächlich durch Einwirkung von Lava auf Kalkstein (sogenannte Contactbildung) entstanden. Die edlen Spinelle aus Ceylon dürften jedoch vielleicht auf ähnliche Art wie Saphir und Korund entstanden sein, also aus Lösungen bei hohem Druck. Immerhin ist die vulkanische Entstehung wahrscheinlicher.

Werth und Schleifform des Spinelles.

Der Werth des schönen Rubinspinelles von ähnlicher Farbe wie Rubin kommt dem Werthe des echten Rubin's sehr nahe, und kann ein Karat 100—150 Mark kosten. Solche Steine werden in Brillantform (S. 83) geschliffen. Weniger werthvoll sind die Rosa-Spinelle, die Balasrubine, welche häufig als Tafelsteine geschliffen werden und mit 50 Mark circa für das Karat bezahlt werden.

Doch wechselt auch hier der Werth mit der Schönheit der Farbe, der Reinheit des Steines. Die Grösse beeinflusst den Werth nicht so wie bei Diamant und Rubin, denn grössere Balasrubine sind nicht gar so selten.

Die übrigen edlen Spinellvarietäten haben nur geringen Werth, insbesondere Rubicell und Essig-Spinell.

In früheren Zeiten war der Werth der Spinellrubine ein weit höherer, insbesondere der Steine von über 4 Karat.

Imitationen des Spinelles und Unterscheidung von anderen Edelsteinen.

Die verschiedenen Spinellvarietäten können theilweise durch minderwerthige Steine ersetzt werden, theilweise dienen sie selbst als Surrogate für kostbarere. In letzterer Hinsicht ist besonders die Unterscheidung von echtem Rubin wichtig. Es dienen dazu die Unterschiede im specifischen Gewicht, das Fehlen des Dichroismus und der Doppelbrechung beim Spinell und seine geringere Härte.

Farbloser Spinell kann mit Diamant verwechselt werden, es fehlt ihm jedoch das starke Feuer und der Glanz dieses Edelsteines.

Balasrubin ist in der Farbe oft dem Rosa-Topas sehr ähnlich. Almandinspinell kann mit wirklichem Spinell, Rubicell mit Hyacinth und Hessonit (Granat) verwechselt werden.

Die Unterscheidung siehe im dritten Theil dieses Werkes.

Von Glasflüssen unterscheidet ihn die grössere Härte; optische Merkmale können hier jedoch wegen des isotropen Verhaltens nicht angewandt werden, auch das specifische Gewicht kann mit Bleigläsern nachgeahmt werden. Man wird sich daher hauptsächlich an die grosse Härte halten müssen.

Einundzwanzigstes Kapitel.

Chrysoberyll (Cymophan, Alexandrit).

Dieses Mineral ist wegen seiner Seltenheit sehr geschätzt und wird insbesondere in Russland mit Preisen bezahlt, welche dessen Anreihung an die geschätztesten Edelsteine rechtfertigen. Man hat jedoch zwei verschiedene Varietäten zu unterscheiden, den gelbgrünen, auch fälschlich Chrysolith genannten brasilianischen Chrysoberyll, und den russischen Alexandrit. Ersterer ist weit weniger gesucht als der letztere.

Seiner chemischen Zusammensetzung nach besteht dieser Edelstein aus je einem Molekul von Thonerde und Beryllerde nach der Formel BeO, Al_2O_3 (in 100 Theilen 80·20 Procent Thonerde, 19·80 Procent Berylliumoxyd), jedoch enthält er kleine Mengen Eisenoxydul, Eisenoxyd, Chromoxyd und Spuren von Titanoxyd, welche die Färbung verursachen, denn eisen- und chromfreier Chrysoberyll ist farblos.

Der Chrysoberyll ist gegen Säuren sehr widerstandsfähig.

Krystallform und physikalische Eigenschaften des Chrysoberylles.

Die Krystallform ist die rhombische. Der Typus ist aber bei den zwei Varietäten, dem Chrysolith-Chrysoberyll und dem Alexandrit sehr verschieden. Erstere zeigen prismatischen Habitus, die Krystallform erinnert etwas an die des Chrysolith's. Gewöhnlich kommen eine Reihe von Prismen vor, wobei die Prismenflächen längs ihrer Kante (parallel der verticalen Axe) stark gestreift sind. Meistens finden wir indessen den Chrysoberyll in mehr abgerundeten Krystallen.

Ganz anders ist der Habitus der sogenannten Alexandrite. Diese zeigen einen hexagonalen Durchschnitt und erinnern an eine flache hexagonale Pyramide. Sie gehören jedoch nicht dem hexagonalen Systeme an, sondern sind rhombische Krystalle, von welchen drei Individuen zu einem Drillinge zusammentreten.

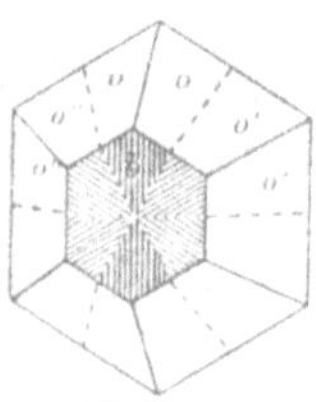

Fig. 32. Alexandrit.

Fig. 32 zeigt eine solche Verwachsung und Durchdringung dreier Individuen o, o' und o''.

Die Härte des Chrysoberylls ist grösser als die des Topases: $8^1/_2$, er ist also nach Rubin der härteste Edelstein, also überhaupt der dritthärteste. Das specifische Gewicht schwankt mit dem Eisengehalte, daher auch mit der Farbe; sehr helle Steine sind etwas leichter, die Grenzwerthe sind 3·68 und 3·78. In jedem Falle sinkt er auch in der schwersten Methylenjodidlösung unter.

Die Farben sind sehr verschieden. Der eigentliche Chrysoberyll (Cymophan) ist goldgelb mit Stich ins olivengrüne, und erinnert sehr an Chrysolith. Andere sind mehr blassgelb. In der Radde'schen Skala sind auf Tafel 9, i—p, und auf Tafel 10, k—s die Töne ersichtlich.

Ganz anders verhält sich der etwas weniger durchsichtige Alexandrit, der das reine Grün (ähnlich mangangrün) zeigt. Radde's Tafel 12, h—n, 13, k—n zeigen die Töne. Doch sieht man namentlich bei Kerzen- oder Lampenlicht einen zweiten rothen Farbenton, auf welchen ich noch zurückkomme.

Der Chrysoberyll gehört zu den zweiaxigen Mineralien. In der richtigen Stellung kann man die Fig. 11 S. 23 abgebildete Figur sehen, diese Stellung wird erreicht, wenn eine Fläche senkrecht zur sogenannten Mittellinie vorliegt; falls die grosse Facette des treppenartig geschliffenen Steines dieser Fläche entspricht, wird man das Interferenzbild sehen, falls nicht, müsste man versuchen, ob eine der anderen angeschliffenen Facetten die richtige Stellung gibt, aber in diesem Falle wird wegen der Dicke des Steines die Beobachtung schwierig und nur mit dem Seite 25 beschriebenen Drehapparat möglich sein. Man wird jedoch, da, wie aus dem dritten Abschnitt ersichtlich, andere Charaktere in genügender Zahl zur Unterscheidung des Chrysoberylles vorliegen, selten in die Lage kommen, diese Untersuchung durchzuführen, welche immerhin praktische Uebung erfordert.

Die tiefgrünen Chrysoberylle oder die Alexandrite sind durch einen ausserordentlichen Dichroismus ausgezeichnet, welcher sich schon ohne weitere Beobachtung zu erkennen gibt, da namentlich bei Lampen- und Gaslicht eine rothe Farbe neben der grünen auftritt. Mit der dichroskopischen Lupe erhält man zwei Bilder, welche, je nach der Richtung, in welcher man durchblickt, roth und grün — roth und gelblich — grün und gelblich sind. Mit dem Nicol'schen Prisma kann man durch Drehen die beiden Bilder nach einander sehen.

Diese Eigenschaft lässt den tiefgrünen russischen Chrysoberyll sehr leicht erkennen. Bei dem gelben Chrysoberyll tritt die rothe Färbung nicht auf. Derselbe zeigt jedoch ebenfalls Pleochroismus; die mit der dichroskopischen Lupe oder dem Nicol erhaltenen Farbentöne sind spargelgrün, goldgelb bis fast farblos, mit leichtem Stich ins gelbliche.

Viele Cymophane aus Brasilien zeigen auch, namentlich auf runder rauher Oberfläche, einen wogenden bläulichen Lichtschein, welcher durch Einschlüsse erzeugt wird. Man schleift, um ihn zur Geltung zu bringen, solche Steine in cabochon und erhält dann eine Erscheinung, wie sie das Katzenauge zeigt, aber viel schöner; es ist ein silberweisser bis blauweisser Faden, der beim Drehen seine Stelle verändert. Diese Steine werden im Handel opalisirende Chrysolithe (Chrysolithe chatoyante) genannt.

Der Brechungsquotient des Chrysoberylles beträgt 1·747—1·75. Der Glanz ist Glasglanz.

Fundstätten des Chrysoberylles.

Der eigentliche Chrysoberyll, der im Handel auch oft irrthümlich Chrysolith genannt wird, welcher also durch hell gelbgrüne nnd olivengrüne Nüancen charakterisirt wird, kommt auf Ceylon, in Pegu und in Brasilien auf secundärer Lagerstätte vor. In Oesterreich kommen goldgelbe Krystalle, aber nur von geringer Grösse, bei Marschendorf in Mähren vor; sie finden sich in einem gneissartigen Gesteine, und dürften demnach auf dem Wege der Lösung bei hohem Druck entstanden sein. Die Hauptfundstätte des Cymophans oder Chrysolith-Chrysoberylles ist jedoch Brasilien, wo er auch weit höher geschätzt wird als in Europa. Der Werth der Steine ist je nach der Nachfrage ein sehr wechselnder, jedenfalls aber höchstens der des Spinellbalais; die Steine sind zumeist mehr gelbgrün, ihr Fundort ist der Rio das Americanas. Am meisten sind Steine mit Lichtschein geschätzt, dann diejenigen, welche mehr goldgelb sind, während die blassen wenig beachtet werden.

Die brasilianischen Chrysoberylle erreichen oft eine beträchtliche Grösse; ein in Rio de Janeiro befindlicher soll 16 Pfund wiegen.

Im Gneiss von Haddam in Connecticut hat man tafelförmige und prismatische Chrysoberylle gefunden. Sie kommen mit Turmalin, Beryll und Granat zusammen vor, die Steine sind jedoch nicht schön, ebensowenig wie die von Orange Summit.

In Borneo kommt der Chrysoberyll mit Diamant, Gold, Topas, Smaragd und Rutil im Flusssande vor.

Der russische Chrysoberyll oder Alexandrit findet sich auf den Smaragdgruben an der Takowaia im Ural in Glimmerschiefer, hat also eine ähnliche Bildung gehabt wie der erstgenannte. Wegen seiner grossen Seltenheit und seiner Beliebtheit in Russland ist der Stein sehr theuer; der Preis schwankt zwischen 100—200 Mark für das Karat.

Die künstliche Darstellung aus Lösung dieses Minerals ist nicht versucht worden und dürfte auch schwer zu erreichen sein; dass er sich aber auf diesem Wege und zwar unter hohem Drucke gebildet habe, beweist ausser seinem Vorkommen in Schiefern die Auffindung zahlreicher Einschlüsse einer expansiven Flüssigkeit im brasilianischen Chrysoberyll, welche dem Physiker Brewster gelang.

Unterscheidung des Chrysoberylles.

Bei den russischen Steinen wird man in Folge der so deutlich neben einander auftretenden grünen und rothen Töne selten im Zweifel sein, ob Chrysoberyll oder ein anderer grüner Stein vorliegt.

Dagegen kann der brasilianische Chrysoberyll mit Chrysolith, auch mit gelbem Saphir, eventuell mit gelbem Beryll verwechselt werden, in welchem Falle die Methoden des dritten Kapitels anzuwenden sind; auch grünliche Bergkrystalle und Flussspath dienen in anderen Fällen als Surrogate (vergl. unten).

Von Glasflüssen unterscheidet ihn die Härte, welche, wie wir gesehen haben, sehr bedeutend ist, ferner der Dichroismus und die Doppelbrechung.

Zweiundzwanzigstes Kapitel.

Euklas.

Wohl der seltenste Edelstein, der nur an wenigen Fundorten und nur in sehr wenigen Exemplaren vorkommt, ist der Euklas. Er besteht aus Beryllerde, Thonerde, Kieselsäure und etwas Wasser nach der Formel $H_2Be_2Al_2Si_2O_{10}$. Seine Krystalle gehören dem bei Edelsteinen seltenen monoklinen Systeme an, sie haben prismatischen Habitus und sind stark längsgestreift; bei vollständiger Ausbildung zeigen sie an den Enden zwei scharfe Pyramidenflächen (Fig. 33).

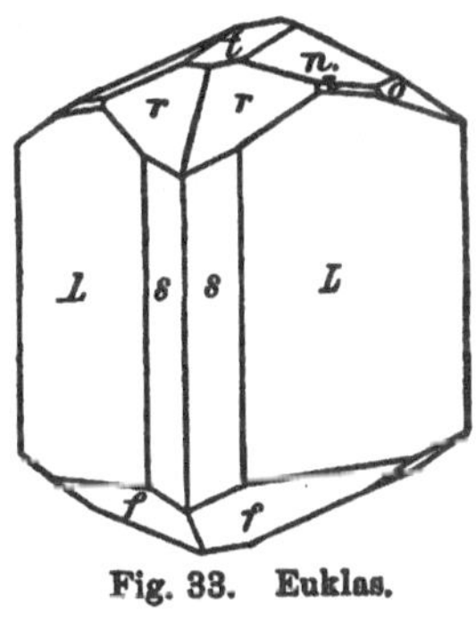

Fig. 33. Euklas.

Der Euklas hat eine bei Edelsteinen wenig willkommene Eigenschaft, eine sehr vollkommene Spaltbarkeit nach einer Fläche, welche zwischen den Prismenflächen liegt und parallele vertikale Kanten mit jenen bildet, dem Klinopinakoid. Man muss sich daher hüten, einen Euklas fallen zu lassen, da er leicht zerbrechen oder wenigstens Sprünge bekommen kann.

Die Härte dieses Minerales ist $7^1/_2$; seine Dichte 2·99—3·1. Es zeigt Glasglanz.

Die Farbe ist ein zartes, helles Blaugrün, etwa ähnlich wie Aquamarin; er ist von vollkommen reinem Wasser. Durch das specifische Gewicht lässt sich der Euklas von dem leichteren Aquamarin unterscheiden, auch ist er optisch zweiaxig und zeigt also das Interferenzbild Fig. 11 oder Fig. 12.

Die Steine sind äusserst selten, und da ein mittlerer roher Krystall von Boa-vista in Brasilien, der ergiebigsten Fundstätte, schon mit 1000 Francs bezahlt wird, so hat er einen Liebhaberpreis und wird nur von Edelsteinsammlern gesucht.

Es ist demnach nur die Seltenheit, weniger die Schönheit, welche diesen Edelstein auszeichnet und begehrt macht.

Der Hauptfundort des Euklases ist die Topaswäscherei von Boavista, wo er mit diesem Mineral und Bergkrystall in Hohlräumen eines Chloritschiefers gefunden wird. Ferner findet er sich in den Goldseifen des Flusses Sanarka im südlichen Ural, und ganz ausnahmsweise wurde er in einem Schiefer vom Glocknergebiete gefunden; hier war er jedoch farblos.

Dreiundzwanzigstes Kapitel.

Zirkon (Hyacinth, Jargon).

Man unterscheidet den lichten oder farblosen Jargon und den edlen Zirkon mit rother oder rothgelber Farbe, welcher den Namen Hyacinth führt. Nächstdem finden sich noch undurchsichtige, trübe, bräunliche Varietäten, welche unedle oder kurzweg Zirkone genannt werden.

Die Farben des Hyacinthes sind hellroth, orangegelb und honiggelb mit Stich ins Braunrothe. Taf. 1 e, g, k, l der Radde'schen Skala zeigt die charakteristischen Farben. Sehr nahe in der Farbe kommt ihm der weiter unten beschriebene Hessonit-Granat. Die Farbe des Hyacinthes ist eine so eigenthümliche und charakteristische, dass man derselben den Namen Hyacinthfarbe gegeben hat.

Die dunkleren Hyacinthe erinnern etwas an Rubin, die lichteren sind mehr honiggelb mit Stich ins bräunliche und röthliche.

Viele Zirkone sind auch von Natur aus farblos, oder sie werden es durch starkes Glühen. Hierbei soll das specifische Gewicht grösser werden und zwar um circa 0·1.

Ueber den Farbstoff selbst lässt sich leider wieder keine sichere Angabe machen, man vermuthet Uran-, Kupfer- oder Eisenoxyde.

Sandberger vermuthet Kupfer in den rothen Zirkonen. Dagegen ist nach G. Spezzia das Eisenoxyd das färbende Princip; dieser machte auch die interessante Beobachtung, dass man, je nachdem man die rothen Zirkone in der oxydierenden Gasflamme oder in der reducirenden erhitzt, die Färbung intensiver gestalten oder dieselbe entfernen kann. Durch sehr starkes Glühen eines echten Hyacinthes ging nach einem Versuche des Autors die Hyacinthfarbe in dunkelbraun über, was auf Eisenoxyd schliessen lässt.

Der Zirkon gehört in chemischer Hinsicht zu den Oxyden, er besteht aus gleichen Theilen Kieselsäure und Zirkonerde, daher seine Formel $SiO_2 + ZrO_2$ ist. Sein Krystallsystem ist das tetragonale; er kommt in prismatischen Krystallen vor, die ein Prisma von vier senkrecht auf einander stehenden Flächen *s* bilden, an dessen Ende je vier Pyramidenflächen *P* auftreten, wobei die Stellung letzterer zu den ersteren so ist, dass die Kanten nicht horizontal verlaufen (bei senkrechter Stellung des Prisma's), sondern auf- und absteigen. Sehr häufig sind abgerundete Kanten, denn da der Zirkon zumeist in Geschieben vorkommt, welche lange dem Einflusse des fliessenden Wassers ausgesetzt sind, so werden die Krystalle trotz ihrer Härte an den Kanten abgerundet, wie denn auch Hyacinthe vorkommen, die vollkommen rundlich sind.

Die nicht edlen Zirkonvarietäten kommen auch in complicirteren Krystallcombinationen vor, wobei wieder das erwähnte Prisma, aber mit mehreren Pyramiden auftritt. Für die eigentlichen Hyacinthe ist aber die früher erwähnte Form, wie sie Fig. 34 zeigt, die charakteristische.

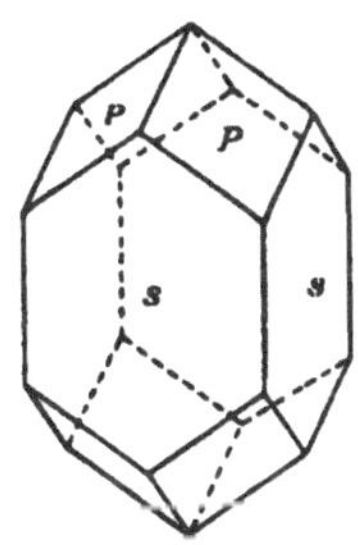

Fig. 34. Krystallform des edlen Hyacinthes.

Die Härte dieses Minerals ist $7^1/_2$; Spaltbarkeit ist nicht zu bemerken, daher nur muschelige Bruchflächen wahrnehmbar sind.

Der Hyacinth theilt mit dem Diamanten die Eigenschaft der starken Brechung, er ist daher stark glänzend und kann mit letzterem Mineral verwechselt werden.[1] Die beträchtliche Verschiedenheit seiner Brechungsquotienten in verschiedenen Richtungen (zwischen 1·92 und 1·97) kann nicht gut zur Unterscheidung benutzt werden.

Auch die Einaxigkeit, welche durch Beobachtung des Interferenzbildes mit dem schwarzen Kreuz zur Unterscheidung führen müsste, lässt sich nicht zur Charakteristik des Zirkones benutzen, da wegen der starken Brechung bei einem facettirten Stein vielfache Reflexe entstehen, so dass die Wahrnehmung nur sehr geübten Beobachtern

[1] falls seine Farbe sehr hell ist, oder wenn er künstlich farblos gemacht wird.

gelingt. Die Doppelbrechung wäre allerdings hierzu zu verwerthen, jedoch kann man bei geschliffenen Steinen ebensowenig wie bei Diamant die Unterscheidung durchführen; daher führen alle diese Mittel nur ausnahmsweise und bei einem sehr geübten Beobachter zum Ziele.

Dagegen haben wir im specifischen Gewicht ein leichtes und einfaches Mittel zur Unterscheidung. Das specifische Gewicht des Hyacinthes ist nämlich das grösste aller Edelsteine = 4·6—4·7; er ist demnach der schwerste aller Edelsteine und muss daher in der concentrirtesten unserer schweren Flüssigkeiten, in welcher Diamant gerade noch schwimmt oder sehr langsam sinkt, sofort fallen.

Sehr häufig wird man die Unterscheidung von Granat durchzuführen haben. Denn ein grosser Theil der Hyacinthe des Handels ist Granat.

Die Fundorte des Hyacinthes sind namentlich Ceylon, wo er in Geschieben mit Spinell und Saphir vorkommt, über welche bereits früher berichtet wurde. Hauptfundorte sind Matura (sogenannter Matura-Diamant) und Saffragam. — Auch bei Madras kommt er vor, ebenso bei Pegu. In Italien findet er sich in den Sanden an der Küste des Tyrrhener Meeres von Neapel bei Civita Vecchia, dann in vulkanischen Sanden des Mesorin bei Autun. In Brasilien findet man ihn als Begleiter der Diamanten, auch in der Provinz Victoria in Australien am Flusse Ovens.

Die Fundorte des gemeinen Zirkons sind überaus häufig und können hier nicht aufgezählt werden; in dieser Modification kommt er insbesondere im Ural und in den Vereinigten Staaten vor, wo dagegen edle Varietäten fehlen.

Natürliche und künstliche Bildung des Zirkones.

Das Vorkommen dieses Minerals in vulkanischen Gesteinen, in Granit, Syenit, Basalt spricht für eruptive Bildung, wenn auch nicht bei sehr hoher Temperatur, sondern wahrscheinlich bei ermässigter, wie man sie künstlich in Schmelzen bei Gegenwart von Schmelzmitteln erzeugt.

Eine künstliche Darstellung von Hyacinth, welche irgendwie praktisch verwendbar wäre, ist bisher nicht gelungen.

Werth des Hyacinthes.

Der Hyacinth scheint früher weit mehr geschätzt gewesen zu sein als jetzt, denn nur grosse Steine haben einen höheren Werth, etwa 40—50 Mark für das Karat, in geschliffenem Zustande und wenn sie eine schöne Farbe besitzen; kleinere erreichen kaum den Preis von 10 Mark für das Karat.

Die Schleifform ist die des Tafel- oder Treppenschnittes, seltener die der Rosette oder gar die des Brillanten, letzterer geschieht aber bei den farblosen Hyacinthen, welche den Diamanten imitiren sollen.

Imitationen des Hyacinthes.

Wie der Zirkon einerseits, wenn er farblos gemacht wird, zur Imitirung des Diamanten angewendet wird, so wird er andererseits selbst durch minderwerthiges Material imitirt. Goldgelber Topas, welcher durch Glühen einen rothen Stich bekommen hat, dann insbesondere die Hessonit genannte Varietät des Granates, dessen Farbe täuschend ähnlich ist, sowie auch mancher Idokras, Sphen dienen hierzu, und da Hyacinth verhältnissmässig selten ist, so wird der Ersatz namentlich durch Hessonit sehr häufig angewendet, sodass manche behaupten, dass im europäischen Edelsteinhandel überhaupt echter Hyacinth fast gar nicht vorkäme. Das hohe specifische Gewicht kann hier am besten zur Charakterisirung des Hyacinthes benutzt werden (siehe dritter Abschnitt).

Vierundzwanzigstes Kapitel.

Phenakit.

In Russland und auch in Nord-Amerika wird dieser seltener nach Europa kommende Stein geschätzt. In Folge seiner grossen Brechbarkeit und des starken Feuers gleicht er dem Diamanten und kann als Ersatz für ihn gebraucht werden. Man wendet daher auch bei ihm den Brillantschliff an, wobei sein starker Glanz und sein Feuer zur Geltung gelangen.

Roh kommt er in kurzen hexagonalen Prismen, oben durch die drei Flächen des Rhomboëders begrenzt, wobei oft die Kanten abgerundet sind, vor (Fig. 35).

Der Phenakit zeigt nur eine kaum merkliche Spaltbarkeit nach der Rhomboëderfläche.

Die Härte ist $7^{3}/_{4}$. Specifisches Gewicht 2·96—2·99. Er gehört zu den doppelbrechenden, einaxigen Mineralien.

Der Phenakit ist zumeist farblos und wasserhell, seltener mit einem Stich in's Gelbliche. Er gleicht daher dem Diamanten, ist aber weniger stark brechend, indem der Brechungsquotient 1·671—1·696 beträgt, weshalb er nicht ganz so glänzend und feurig ist. Leicht ist er von diesem Mineral, sowie auch von Quarz durch das specifische Gewicht vermittelst der schweren Flüssigkeiten zu unterscheiden.

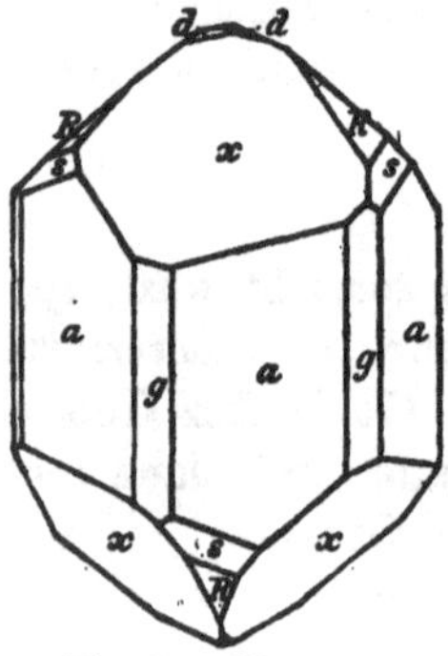

Fig. 35. Phenakit.

Ausser in Amerika findet sich der Phenakit hauptsächlich im Glimmerschiefer an der Takowaia im Ural mit Smaragd, im Ilmengebirge in Sibirien und dann auch in Framont in Frankreich.

Seine Bildung muss aus Lösungen stattgefunden haben, wie die des Smaragdes, welchen er am Ural begleitet.

Da der Phenakit vielfach als Ersatz für Diamant dient, so hat man mitunter die Unterscheidung dieser beiden Edelsteine durchzuführen. Dieser Fall wird im dritten Theil ausführlicher behandelt werden.

In Bezug auf seine chemische Zusammensetzung ist der Phenakit ein Berylliumsilikat, steht also hierin dem Smaragd nahe. Er enthält 55 Theile Kieselsäure auf 45 Theile Beryllerde nach der Formel: Be_2SiO_4.

Er ist nahezu unschmelzbar, von Säuren wird er nicht angegriffen.

Der Uraler Phenakit wird in Nischni-Nowgorod gehandelt und von hier nach dem Südosten, Persien u. s. w. ausgeführt.

Der amerikanische Phenakit findet sich insbesondere am Monte Antero mit Aquamarin zusammen (siehe Smaragd) und wird zu guten Preisen in Amerika verkauft.

Auch in Framont (Frankreich) wurden Krystalle gefunden, die aber zu unrein sind, um zu Edelsteinen verarbeitet zu werden.

Fünfundzwanzigstes Kapitel.

Topas.

Der Topas ist ein sehr häufiger Edelstein, welcher daher auch seinem Werthe nach beträchtlich gegenüber den seither behandelten zurücksteht. Seiner chemischen Zusammensetzung nach gehört dieses Mineral zu den Silikaten; er besteht vorwiegend aus kieselsaurer Thonerde mit circa 17 Procent Fluor, nach der Formel $5(Al_2SiO_5) + Al_2SiF_{10}$.

Von Säuren wird er nicht angegriffen, beim Erhitzen mit Schwefelsäure wird er unter Entwickelung von Flusssäure zerstört. — Dämpfe von Säuren greifen ihn bei hoher Temperatur ebenfalls an.

Der Topas ist zwar ein unschmelzbares Mineral, er wird jedoch, wenn man ihn zur Weissgluth erhitzt, zersetzt, trübe und milchig, in reducirenden Gasen tritt dies rascher ein.

Krystallform. — Das Krystallsystem des Topases ist das rhombische (s. S. 5 Fig. 2), der Typus ein säulenförmiger durch Vorherrschen der Prismen, welch' letztere Längsstreifung zeigen. Je nachdem an den Enden des Prisma's Pyramidenflächen wie *o* (Fig. 2) oder die Basis oder Domenflächen auftreten, ändert sich der Typus etwas, so dass man verschiedene Topastypen zu unterscheiden hat, welche auch zumeist andere Farben haben und von verschiedenen Fundorten stammen; man unterscheidet hauptsächlich brasilianischen, uralischen und sächsischen Topas.

Die intensiv-gelben brasilianischen Topase zeigen oben Pyramidenflächen, der sächsische zeigt oben die horizontale Basis, während die sibirischen Steine einen besonderen leicht kenntlichen Typus zeigen.

Bei allen Topasen kommen zumeist zwei Prismen *M* und *l* vor (Fig. 36—38 S. 126), so dass acht verticale Prismenflächen auftreten. Bei den brasilianischen Topasen, welche die einfachsten sind, treten hinzu noch je 4 Pyramidenflächen *u*, oben und unten.

Fig. 36 zeigt den Typus der in Brasilien vorkommenden Krystalle von weingelber Farbe, während Fig. 37 den russischen Typus repräsentirt; hier treten ausser den Prismenflächen auch noch die sogenannten Domenflächen *J* auf, während die Pyramidenflächen *u* zumeist sehr klein sind. Bei den sächsischen blassgelben Topasen treten wieder Domenflächen *n* und mehrere Pyramidenflächen *o*, *s* und *x*, dann aber auch die horizontale Basis *P* auf (S. 5).

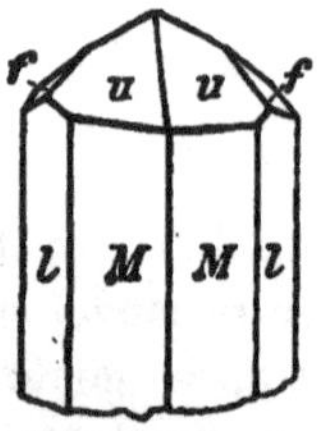

Fig. 36. Brasilianischer Topas.

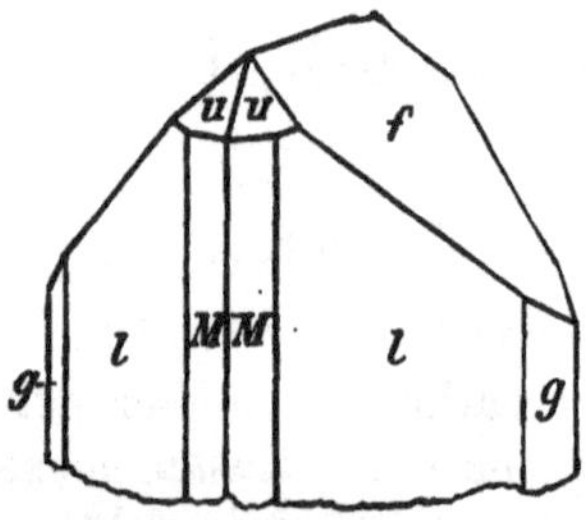

Fig. 37. Sibirischer Topas.

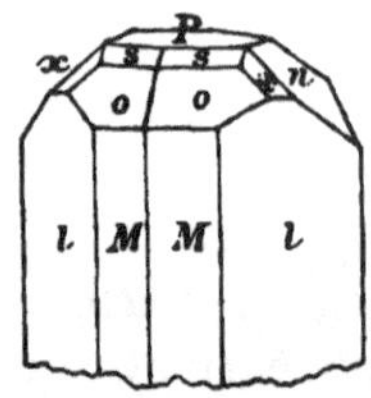

Fig. 38. Sächsischer Topas.

Viele Topase zeigen nur an dem einen Ende gute Ausbildung der Krystalle, am anderen sind sie entweder ganz unregelmässig begrenzt oder durch die Spaltfläche der Basis begrenzt.

Manche, insbesondere russische Topase, kommen mit theilweise abgerundeten Kanten oder auch in runden Geschieben vor.

Spaltbarkeit zeigen die Topase nach der horizontalen Basisfläche und zwar in sehr vollkommener Weise; man hat daher den Topas vor Verletzungen (Stoss, Fall) zu bewahren, da er leicht zerbrechen oder zum mindesten Spaltrisse im Inneren erhalten kann. Beim Schleifen nimmt man häufig diese Fläche als grössere Tafelfläche, wenn man den Topas als Tafel- oder Treppenstein schleift, was zumeist der Fall ist, da man nur besonders schöne Steine, wie rosafarbene oder solche, welche mit Saphir, Aquamarin zu verwechseln sind, als Brillantsteine schleift.

Das specifische Gewicht schwankt bei diesem Mineral äusserst wenig zwischen 3·52—3·58; es steht dem des Diamanten nach. Die Härte wird durch die achte Nummer der Skala gegeben. Der Glanz ist Glasglanz. Als rhombisches Mineral muss der Topas zu den doppeltbrechenden zweiaxigen gehören (S. 23). Wenn, was häufig der Fall ist, die Spaltfläche die grössere Facette bildet, sieht man im Polarisationsapparat ein Interferenzbild, bei welchem jedoch in diesem speciellen Falle die in Fig. 11 abgebildeten Hyperbelarme schwer sichtbar sind, so dass das Bild nicht sehr charakteristisch ist; doch genügt es, um das Mineral von ähnlichen, wie Phenakit und Quarz und Aquamarin, zu unterscheiden, obgleich man diese Unterscheidung leichter nach S. 10 durch das Eintauchen in schweren Flüssigkeiten vornimmt. Der Topas schwimmt gerade noch in der schwersten derselben, während die übrigen Steine nach oben steigen; in der nächst leichten

Flüssigkeit (3·3) sinkt er aber sofort unter, was bei den übrigen genannten Mineralien nicht der Fall ist.

Sein mittlerer Brechungsquotient ist ziemlich klein (circa 1·61), sein Zerstreuungsvermögen gering, er ist daher wenig glänzend und zeigt weniger Farbenspiel und Feuer, so dass man ihn z. B. von gelblichem Diamant sehr leicht unterscheiden kann.

Die Farben sind nach den Fundorten verschieden. Die brasilianischen Topase zeigen ein schönes goldgelb, honiggelb bis weingelb, oft etwas in's röthliche, orange oder rosa übergehend; hier und da kommt safrangelb vor, selten ist braungelb. Taf. 7, t und u der Radde'schen Skala zeigt diese Farben; ferner treten auf: Taf. 6, t und u, sowie 5, s und t. Man kann Rosa-Töne künstlich hervorrufen, wenn man stark gefärbte gelbe Topase unter Luftabschluss (in Kohle eingehüllt oder im Kohlensäure- oder Kohlenoxyd-Strom) vorsichtig glüht.[1] In Leuchtgas geglüht wurden sie nach den Versuchen des Autors mehr pfirsichblüthenfarben, wogegen die gelben brasilianischen Steine, in Luft oder gar im Sauerstoff geglüht, theilweise heller werden, theilweise auch violette Färbung annehmen.

Der Dichroismus ist gering bei den brasilianischen Topasen, nur mit der Haidinger'schen Lupe (Fig. 14) sieht man zwei verschiedene Bilder, das eine gold- bis honiggelb, das andere blassgelblich. Besser tritt der Dichroismus bei den gebrannten Steinen auf; die beiden Bilder: weingelb, violett, heben sich deutlich ab.

Endlich ist zu bemerken, dass es in Brasilien sehr schöne wasserhelle, farblose brasilianische Topase giebt, welche unter dem Namen Goutte d'eau bekannt sind.

Die sibirischen Topase zeigen im Gegensatz zu den brasilianischen helle grünliche, blaugrüne Farben, ähnlich wie wir sie beim Aquamarin kennen lernten (siehe die früheren Angaben S. 104). Auch hier ist der Dichroismus schwach, man sieht mit der dichroskopischen Lupe ein blaugrünes und ein fast farbloses Bild.

Es kommen auch gelblichgrüne russische Topase vor, sowie auch rosa gefärbte; ob rein rosenrothe Krystalle in Brasilien vorkommen, ist nicht ganz sicher; Viele behaupten, dass alle rosenrothen brasilianischen Krystalle gebrannt sind, doch sind gelbe Krystalle mit Stich in's Rosenrothe sicher auch in Brasilien gefunden worden. Endlich giebt es farblose sibirische Topase.

Die sächsischen Steine sind jedenfalls diejenigen, welche die unbedeutendste Farbe haben; sie sind blassgelb bis weingelb, manch-

[1] Wohl zuerst im vorigen Jahrhundert von Quist angeführt.

mal mit einem Stich in's Graue, die Farbe erinnert mitunter an die der Capdiamanten.

Was den Farbstoff selbst anbelangt, so dürfte vielleicht kein Metalloxyd vorliegen; dies um so mehr, als die Färbung überhaupt bei Weissgluth schwindet und oxydirende und reducirende Gase keinen merklichen Unterschied hervorbringen. Manche Topase vom Ural von zarter blaugrüner Aquamarinfarbe verlieren, wenn sie längere Zeit dem Sonnenlichte ausgesetzt sind, ihre Farbe und werden lichtgelb, was ebenfalls auf organische Substanz deutet.

Eine Bestätigung dieser Ansicht findet sich in dem Vorkommen von flüssigen Kohlenwasserstoffen, welche als Einschlüsse constatirt wurden. Diese Einschlüsse scheinen nicht sehr selten zu sein; man hielt sie ursprünglich für Einschlüsse von flüssiger Kohlensäure, was von Ehrhardt und Stelzner richtig gestellt wurde.

Elektrisches Verhalten. — Der Topas wird durch Reiben sehr leicht elektrisch und zieht schon nach geringem Reiben Papierschnitzel u. s. w. an. Es kann dies zu seiner Erkennung benutzt werden, insbesondere um ihn von Chrysolith oder gelbem Bergkrystall und von Glasflüssen zu unterscheiden.

Der Topas zeigt auch die Eigenschaft der Pyroelektricität; erhitzt man ihn und lässt ihn abkühlen, so zeigt er an den beiden Enden seiner den Prismenkanten parallel liegenden Axen verschiedene Elektricität.

Fundstätten des Topases. — Der Topas ist kein seltenes Mineral, er findet sich an verschiedenen Orten in Sachsen und Böhmen, zumeist im Granit, oft mit Zinnstein, Quarz, Flussspath vergesellschaftet, im Ilmengebirge bei Miask, bei Mursinka, bei Nertschinsk, Ceylon, Damaraland, Minas Geraës, Durango (Mexiko, hier im Trachyt), Pikes Peak, Colorado.

Doch sind sehr viele jener Topase wegen zu geringer Durchsichtigkeit oder zu lichter Farbe nicht zur Verwendung als Edelsteine geeignet. Hauptsächlich folgende Fundorte liefern edle Varietäten:

Brasilien. Die Umgebungen von Ouro preto und Boa-vista, wo sie in Talkschiefern mit Euklas, Bergkrystall, Rutil vorkommen; dies sind die zumeist weingelb gefärbten brasilianischen Topase.

Die wasserhellen Topáse (Goutte d'eau) stammen von Rio Belmonte (Minas novas) und kommen im Flusssand vor.

Die berühmtesten Topasgruben finden sich bei Villa ricea in Gängen, welche in der Schieferformation vorkommen, auch hier mit schönem Bergkrystall vergesellschaftet. Sie kommen an der Oberfläche in einem zersetzten Grus vor, aus welchem sie während der Regenzeit leicht ausgesucht werden können.

Rosenrothe Krystalle sollen von Boavista und Capo do Lana stammen.

Die sibirischen wasserhellen Topase stammen aus dem Ilmengebirge; die Hauptfundorte schöner grünlicher, meergrüner und auch gelblicher Krystalle sind im Orenburger Bezirk in den Goldseifen der Sanarka, dann bei Mursinka, wo sie mit Rauchtopas zusammen vorkommen, gelegen. Am Aduntschilon bei Nertschinsk kommen im Granit schöne bläuliche Krystalle mit Aquamarin vergesellschaftet vor. Bei Kameno im Orenburger Bezirk finden sich auch rosenrothe Krystalle.

Von sächsischen Topasen sind die weingelben von Schneckenstein bekannt. Weiter findet sich Topas in der Gegend von Saffragam und Matura auf Ceylon, wo er sich in losen Krystallen findet, welche häufig safrangelb sind; ferner kommen sehr schöne, mit den brasilianischen vergleichbare Topase in Neu-Süd-Wales vor, bei Bathurst solche von grünlicher Farbe.

Aus Nord-Amerika stammen lichtgelbe bis zimmtbraune Steine, welche im Staate Colorado bei Cheyenne Mountain gewonnen werden.

Imitationen des Topases. — Der Topas wird häufig, wie bereits früher erwähnt, als Surrogat für ähnlich gefärbte theure Steine benutzt, insbesondere für Diamant, Aquamarin, dagegen wird er selbst, in Folge seines billigen Preises, kaum durch minderwerthige Steine ersetzt, höchstens durch Citrin, von welchem er durch sein höheres specifisches Gewicht zu unterscheiden ist. Hier und da wird man auch Gelegenheit haben, eine Unterscheidung des Rosa-Topases von Rubellit, ja sogar von Rosa-Spinell durchzuführen, wobei nach den im dritten Kapitel mitgetheilten Methoden vorgegangen wird.

Durch Glasflüsse kann man Topas leicht imitiren, wobei als Färbemittel Uranoxyd angewandt wird. Da der Topas, wie früher erwähnt, die Elektricität durch Reiben gewinnt, so kann man Glasflüsse dadurch von echten Steinen unterscheiden, ferner auch durch die Härte, welche den achten Grad erreicht, während die Glasflüsse nur den sechsten zeigen. Auch durch das Vorkommen von Flüssigkeitseinschlüssen (siehe Fig. 29a S. 110) im Topas, im Gegensatz zu dem Vorkommen von Gasporen in Glasflüssen lässt sich bei genauer mikroskopischer Untersuchung die Unterscheidung durchführen, und ebenso durch die Doppelbrechung und Beobachtung von Interferenzerscheinungen (Fig. 11) im Polarisationsapparat; Glasflüsse können solche Erscheinungen nicht zeigen.

Schliff, Werth und Grösse der Topase. — Die gefärbten Topase erhalten den Treppen- oder Tafelschnitt, die wasserhellen den Brillantschliff, die weniger schön gefärbten, z. B. die sächsischen, erhalten eine Goldfolie als Unterlage.

Der Topas hatte in früheren Jahrhunderten, insbesondere im Mittelalter, einen hohen Werth, während das jetzt nur für besonders schön gefärbte, wie die rosenrothen gilt. Vor 30 Jahren wurde der Preis für gelbe Steine mit 12 Mark für das Karat, für rosenrothe und wasserhelle mit 30 Mark angegeben. Heute dürfte der Preis auf ein Drittel dieser Beträge gesunken sein; die gewöhnlichen gelben rohen Topase werden im Grosshandel zu 2—50 Franken für das Kilo verkauft.

Der Topas kommt bisweilen in sehr grossen Individuen vor, es sind Stücke von nahezu 5 Zoll Länge bekannt, namentlich von Mursinka im Ural. Der angebliche grosse Diamant Braganza des portugiesischen Staatsschatzes von 1680 Karat soll ein wasserheller brasilianischer Topas sein.

Verschiedene Benennungen im Handel. — Die Bezeichnungen der verschieden gefärbten Topase sind im Handel sehr verschieden, und da auch in diesem Falle die Unsitte existirt, unter den Namen theuerer und edlerer Steine den Topas zu maskiren, so wird eine grosse Confusion erzeugt. Man wird daher oft in die Lage kommen, eine genauere Prüfung vornehmen zu müssen. Die verbreitetsten Namen sind:

Topasvarietäten:	Handelsname:
Farbloser wasserheller brasilianischer T.	Goutte d'eau, pingos d'agoa.
Meergrüner sibirischer T.	Aquamarin.
Rosenrother brasilianischer[1] und sibirischer T.	Brasilianischer Rubin.
Bläulicher Topas (sibirischer).	Brasilianischer Saphir.
Goldgelber T. (Brasilien).	Topas.
Safrangelber T. (aus Indien und Brasilien).	Indischer Topas.
Sächsischer weingelber T.	Sächsischer Chrysolith.

Entstehung des Topases. — Das Muttergestein des Topases

[1] zumeist wohl gebrannter.

ist wohl stets ein granitisches. Er findet sich in den Hohlrämen des Gesteines und dürfte, was auch aus vorgefundenen Einschlüssen von Flüssigkeit hervorgeht, auf wässerigem Wege unter hohem Drucke entstanden sein. Bemerkenswerth ist das Auffinden von Kohlenwasserstoffen als Einschlüssen in Topasen.

Eine künstliche Darstellung des Topases ist bisher nicht gelungen, die diesbezüglichen Angaben Daubrée's u. A. sind unwahrscheinlich. Versuche, welche vom Verfasser dieses Werkes ausgeführt wurden, führten zu keinem Resultate.

Sechsundzwanzigstes Kapitel.

Edler Opal.

Der Werth des Opales ist ein sehr schwankender, so dass, wenn man die Edelsteine nach ihrem Werthe ordnet, des Opals Einreihung sehr schwer ist. Nach heutiger Anschauung wäre er vor den Topas zu setzen, in früheren Zeiten würde er sogar unmittelbar nach Spinell zu nennen gewesen sein.

Farben und Farbenspiel des Opals. — Die schöne Farbenerscheinung, welche dem Opal seinen Namen gegeben, ist Ursache, dass dieses Mineral einen in verschiedener Zeit allerdings verschiedenen, aber immerhin grossen Werth hatte. Der Opal, an und für sich ein sehr verbreitetes Mineral, ist in Folge seiner Aggregatstructur und seiner mikroskopischen Beimengungen trübe, höchstens durchscheinend. Nur die eine Varietät, die durch ihr Farbenspiel frühzeitig die Aufmerksamkeit erregte und welche als edler Opal bekannt ist, hat ansehnlichen Werth. Wahrscheinlich durch zahllose feine Risse und Hohlräumchen entsteht die Erscheinung, welche wir Opalisiren nennen (s. S. 34).

Der Opal hat zumeist keine bunte Färbung, er ist an und für sich mit wenigen Ausnahmen milchweiss; sein Farbenspiel rührt von der eigenthümlichen Erscheinung, dem Opalisiren, her. Es giebt aber auch solche edle Opale, welche eine lichte Farbennüance zeigen, und dann besonders schön sind, so die zart rosenrothen; weniger erwünscht ist dagegen eine blaugraue oder gelbliche Färbung. Dagegen zeigen sich im auffallenden Lichte die schönsten Regenbogenfarben, die eben durch die Lichtreflexion entstehen. Es erscheinen apfelgrün, rosafarbe, carminroth, morgenroth, auch Goldfarbe. Manche Opale zeigen eine überwiegende Farbe neben den anderen, z. B. roth oder auch grün, andere wieder ein zartes schönes blaugrün, andere zeigen roth und grün gleichmässig vertheilt.

Varietäten des Opals. — Der Goldopal ist ein Opal von goldgelber Grundfarbe.

Der Feueropal ist ein Opal mit feuerrother Grundfarbe, der jedoch, da er das Farbenspiel nicht besonders schön zeigt, keinen grossen Werth hat.

Halbopal oder unedler Opal ist ein sehr häufiges Mineral. Er zeigt zumeist eine grauliche Färbung, es fehlt ihm das Feuer, das Farbenspiel des Edelopals; doch giebt es Uebergänge dieses Halbopals zum Edelopal, indem ersterer an gewissen Stellen schwaches Opalisiren zeigt; insbesondere manche blaugraue Halbopale zeigen dies und werden dann als mindere Schmucksteine verwerthet.

Der Opal ist ein amorphes Mineral, welches in der Natur in traubigen oder ganz unregelmässigen Massen vorkommt. Er besteht aus wasserhaltiger Kieselsäure und bildet sich durch Auslaugung von Silikatgesteinen, insbesondere der sogenannten Trachyte. Die kohlensauren Alkalien, welche namentlich in warmen Quellen intensiver wirken, entziehen diesen Gesteinen die Kieselsäure, welche sie bei Gegenwart von Kohlensäure wieder zum Absatze bringen.

Der Opal ist von verhältnissmässig geringer Härte: $6^1/_2$; wegen seiner lamellaren Structur und der Gegenwart zahlreicher Sprünge ist er sehr zerbrechlich. Da der Opal allmählich Wasser verliert, so wird er mit der Zeit trübe; man tränkt ihn deshalb mit Oel, wobei man aber sehr vorsichtig sein muss, um eine spätere Bräunung durch das zersetzte Oel zu vermeiden. Nicht mit Oel getränkte Opale sollen weit zerbrechlicher sein. Der populäre Aberglaube, der Opal sei ein Unglücksstein, rührt offenbar von dessen höchst ungünstigen Eigenschaften, der Zerbrechlichkeit und der Zersetzbarkeit, her.

Fundstätten des Opals. — Es sind nur wenige Fundorte des Opales bekannt, von denen der seit altersher bekannte in Ungarn der weitaus wichtigste ist. Die Opalgruben, welche bergmännisch in Stollen abgebaut werden, liegen bei Dubnik südlich der Karpathenkette in einem ausschliesslich vulkanischen Gebirge, welches sich von Eperies nach Süden bis zum Vulkankegel, an dessen Fusse Tokaj liegt, erstreckt. In dem Tokaj-Eperieser Gebirge herrschen die sogenannten Andesite vor, welche ziemlich reich an Kieselsäure sind. Diese Gesteine wurden durch heisse Quellen, die meist alkalihaltig waren und wahrscheinlich unmittelbar nach den Vulkan-

Eruptionen auftauchten (noch jetzt giebt die geysirartige heisse Sprungquelle von Harkany bei Rank Beweis für die frühere vulkanische Thätigkeit), ausgelaugt; dadurch wurde die Kieselsäure zum Absatze gebracht. Möglicherweise wurde jedoch schon aus den tieferen Schichten von jenen Quellen gelöste Kieselsäure mitgebracht. An vielen Stellen jenes Gebirges findet sich Opal, aber es ist durchgängig immer nur gemeiner oder Halbopal; nur bei Dubnik ist durch uns unbekannte Verhältnisse jene merkwürdige Varietät, der Edelopal, entstanden. Derselbe findet sich in Klüften und Hohlräumen des zersetzten Andesites, oft mit Schwefelkies. Selbstverständlich ist ein grosser Theil der vorkommenden nur Halbopal, von dem viele Uebergänge in Edelopal zu beobachten sind. Oft ist der Opal in kleinen Partien im Muttergestein, dem Andesit, vertheilt, so dass dasselbe geschliffen einen hübschen Anblick bietet und als „Opalmutter“ verkauft wird.

Die Opalgruben Ungarn's werden regelrecht durch Stollenbau ausgebeutet; der Ertrag ist ein sehr bedeutender und lohnt den Betrieb. Die Gruben werden vom Staate verpachtet. Da der Edelopal nur in unregelmässigen Nestern vorkommt, wird in den Stollen eine Gesteinspartie gesprengt, dann werden die Bruchstücke untersucht und die verschiedenen Varietäten ausgesucht und gesichtet; der Ertrag ist sehr ungleich, da die Vertheilung des Opales im Gestein sehr unregelmässig ist. Das Gestein ist sehr hart.

Der eigentliche Fundort ist Dubnik, am Fusse der Simonka, zwischen dem Dorfe Cserveniča und Eperies, in dichtem Waldgebirge gelegen. Die Production an Opal hat sich mit der Verbesserung des Bergbaues, insbesondere in den letzten Jahren, bedeutend gehoben.

Auch in Nord-Amerika ist Opal gefunden worden, hauptsächlich Feueropal in Washington Co.; die Fundorte sind jedoch bedeutungslos. Viel wichtiger ist der „mexikanische“ Opal, aus Guatemala in der Provinz Honduras, der aber keineswegs so schön ist wie der ungarische. Feueropal kommt auch bei Zunapan in Mexiko vor.

Von weiteren, aber wenig wichtigen Fundstätten sind die Faroër-Inseln zu nennen. Ein dem ungarischen Opal jedoch nicht gleichkommender Stein wird am Mount Remarquable in Süd-Australien gefunden.

Der ungarische Opal wird im Handel oft als „orientalischer“ bezeichnet.

Der Werth des Opales, welcher in alten Zeiten ein sehr hoher war, ist stark gesunken; nur sehr grosse Steine, wie der des Wiener Hofmuseums und der k. k. Schatzkammer in Wien haben einen immensen Werth. Ersterer ist $4^3/_4$ Zoll lang. Im letzten Jahrzehnt waren die Preise 15—50 Mark für das Karat.

Da der Opal in seiner Art ein Unicum ist, so kann er durch kein anderes Mineral ersetzt werden; Imitationen sind daher kaum möglich, der Ersatz durch ähnliche Glasflüsse ist sehr leicht zu erkennen. Man hat jedoch die Qualität der Opale dadurch zu verbessern gesucht, dass man mindere Opale oder Halbopale auf Perlmutterblättchen klebt, wodurch sonst werthlose Steine gut verkauft werden können.

Geschliffen wird der Opal stets rundlich, „mugelig"; der äussere Umriss ist der ovale.

Siebenundzwanzigstes Kapitel.

Granat.

Der Begriff Granat, welcher in der Mineralogie eine ganze Familie umfasst, ist auch in der Edelsteinkunde ein sehr weiter. Der Mineralog unterscheidet eine grosse Anzahl von Granatarten, welche durch ihre chemische Zusammensetzung, ihre Farbe, Dichte etc. verschieden sind. Immerhin haben alle Granate einen gewissen gemeinschaftlichen Charakter, indem sie aus einer Anzahl isomorpher[1] Silikate, welche chemisch analog sind, und die die Eigenschaft besitzen, sich in verschiedenen Verhältnissen zu mischen, bestehen.

Die verschiedene Farbe der einzelnen Glieder der Granatfamilie hängt zum grössten Theil von dieser verschiedenen Zusammensetzung ab und mit letzterer wechselt auch das specifische Gewicht.

Das Krystallsystem ist allen Granatmineralien gemeinschaftlich, es ist dies das reguläre, doch wechselt auch hier der Krystalltypus, indem ein Theil der Granate vorwiegend das Rhombendodekaëder, das sogenannte Granatoëder (S. 55 Fig. 16), die anderen

[1] Isomorphe Verbindungen sind solche, welche bei sehr nahestehender Krystallform auch chemische Analogien zeigen.

dagegen den Vierundzwanzigflächner, das Ikositetraëder, zeigen (Fig. 39).

Manchmal kommen auch Combinationen verschiedener Formen vor, worunter jene des Rhombendodekaëders mit dem Ikositetraëder

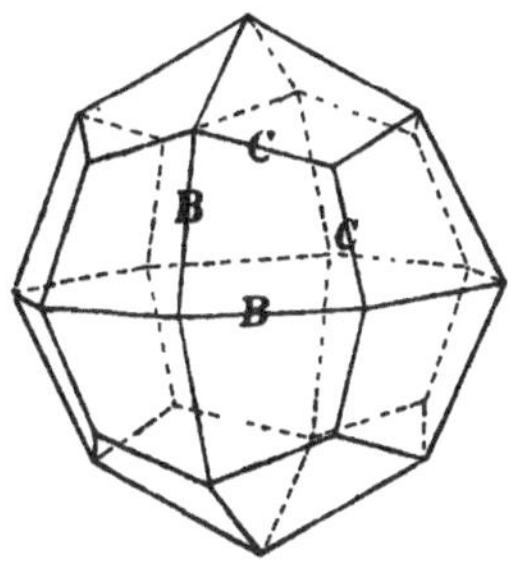

Fig. 39. Granatikositetraëder.

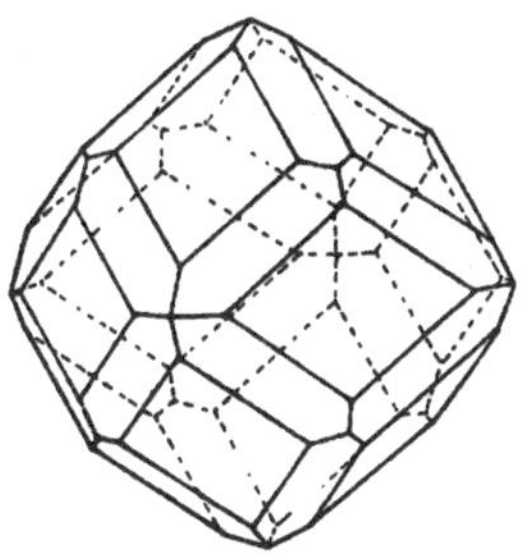

Fig. 40. Combination des Rhombendodekaëders mit dem Ikositetraëder.

besonders häufig ist. An den Kanten des Dodekaëders tritt dann immer eine Fläche des Ikositetraëders auf (Fig. 40).

Alle Granate sind in Folge des regulären Krystallsystemes einfach brechend.[1] Der Brechungsquotient der Krystalle ist ein grosser, er beträgt im Mittel circa 1·75—1·77 (bei Pyrop ist er noch grösser und beträgt 1·81) und ist für verschiedene Lichtarten (von verschiedener Farbe) etwas verschieden, sodass sein Dispersionsvermögen merkbar ist. Er zeigt daher starken Glanz, aber, da die Unterschiede der Brechungsquotienten bei verschiedenen Farben doch keine sehr grossen sind, kein beträchtliches Feuer und Farbenspiel.

Als reguläres Mineral kann der Granat keinen Dichroismus zeigen, was zur Unterscheidung von ähnlich gefärbten Edelsteinen, insbesondere von Rubin, oft wichtig ist, dagegen die Unterscheidung von den Glasflüssen auf optischem Wege unmöglich macht.

Die chemische Formel der einzelnen Granatarten ist sehr verschieden; alle Silikate, welche sie bilden, sind nach der Formel

$$A_3B_2Si_3O_{12}$$

zusammengesetzt, wobei B entweder Aluminium, Eisen oder Chrom ist, während A durch verschiedene Metalle repräsentirt werden kann,

[1] Die Anomalien einzelner Krystalle in dieser Hinsicht interessiren hier weniger, da sie zur Charakteristik und Unterscheidung belanglos sind. Dieselben sind aber in physikalischer Hinsicht von grossem Interesse. Sie wurden von C. Klein im Neuen Jahrbuch f. Mineralogie 1885 ausführlich behandelt.

insbesondere durch Calcium, Magnesium, Eisen, seltener durch Chrom und Mangan. Man unterscheidet daher hauptsächlich: 1. Eisen-Thongranat, worin B Aluminium ist; dann 2. Kalk-Thongranat, worin die Oxyde des Calciums und Aluminiums als Kalkerde und Thonerde vorkommen; ferner 3. Mischungen des Eisen-Thongranates mit Kalk-Thongranat und 4. solche von Eisen-Thongranat mit Magnesia-Thongranat und Chrom-Thongranat; 5. der Kalkeisengranat; 6. der hier nicht in Betracht kommende Mangan-Thongranat. Wichtig für uns sind Eisenthon-, Kalkthongranat und die unter 3 und 4 genannten.

Da die einzelnen chemisch verschiedenen Granate auch durch ihre Farbe, Durchsichtigkeit, specifisches Gewicht, ja auch durch ihren Krystalltypus sich unterscheiden, so hat man ihnen verschiedene Namen gegeben, die wichtigsten Varietäten sind der Almandin, edler und gemeiner Granat, zu 1 gehörig, der Grossular, Hessonit, welche hauptsächlich Kalkthongranate sind, der Melanit (Kalkeisengranat), zu welchem auch der Demantoid gehört, dann der Pyrop und der Uwarowit (Chromgranate).

Der Granat ist schmelzbar. Die Schmelztemperatur ist bei den verschiedenen Granaten verschieden. Alle Granate sind in Säuren unlöslich, nach dem Schmelzen jedoch werden sie löslich; es hängt dies mit der Eigenschaft der Granate zusammen, bei der Schmelzung eine Umsetzung zu erleiden, indem sich andere Mineralien bilden, insbesondere Olivin und Anorthit, wie der Verfasser dieses gezeigt hat.[1] Daher sind geschmolzene Granate leicht in Säuren zersetzbar und verändern auch das specifische Gewicht.

Der Granat kann, wie jene Versuche beweisen, nicht bei hoher Temperatur entstehen. Er lässt sich jedoch unter Zusatz eines den Schmelzpunkt herabsetzenden Schmelzmittels, wie Manganchlorür, Chlormagnesium, Chlorcalcium, bei Rothgluth aus seinen Bestandtheilen: Kieselsäure, Thonerde, Eisenoxyd, Kalkerde und Magnesia, herstellen, wie der französische Forscher Gorgeu[2] und der Verfasser gezeigt haben. Die früheren Angaben über Herstellung von Granat bei hoher Temperatur beruhen auf irrthümlichen Beobachtungen.

In der Natur haben sich viele Granate derart gebildet, doch zeigt das überaus häufige Vorkommen in Schiefer- und Kalkgesteinen, dass sich Granat auch auf dem Wege der Lösung bei hohem Druck

---

[1] S. Allgemeine chemische Mineralogie. Leipzig 1891.

[2] S. Ebenda. S. 146.

bilden kann, wenngleich auch manche Granate, z. B. die schwarzen Melanitgranate, sowie auch der mit Olivin entstandene Pyrop sich aus Schmelzfluss, wie oben berichtet, ausgeschieden haben dürften.

Eine praktische Verwerthung hat die künstliche Darstellung des Granates, obgleich sie sehr gut gelingt, nicht gefunden, da das natürliche Material so überaus häufig und wenig werthvoll ist, und es auch, um sehr grosse Steine herzustellen, kostspieliger Vorrichtungen bedürfen würde.

Der Granat zeigt keine deutliche Spaltbarkeit, sein Bruch ist muschelig.

Sein specifisches Gewicht ist je nach seiner chemischen Zusammensetzung schwankend und zwar zwischen 3·6—4.25.

Ebenso wie in mineralogischer Hinsicht sind auch vom Standpunkte der Edelsteinkunde sehr verschiedene Granatarten zu unterscheiden, deren Werth ein sehr wechselnder ist. Wir haben als Edelsteine folgende Granate zu betrachten:

Hessonit (Kaneelstein), Almandin (Edler Granat, syrischer Granat, orientalischer Granat), Pyrop (böhmischer Granat), Caprubin, Demantoid (grüner Granat).

Hessonit.

Der Kaneelstein oder Hessonit, Zimmtstein, kommt meist in Rhombendodekaëdern vor. Seine Farbe ist hyacinthroth mit Stich in's Honiggelbe und erinnert ganz an den Zirkon-Hyacinth, mit dem er häufig verwechselt wird, und mit welchem er auch im Handel verwechselt wird, obgleich eine einfache Untersuchung auf das specifische Gewicht vor Verwechselung bewahren kann, denn der Kaneelstein hat nur das specifische Gewicht von 3·6, während echter Hyacinth eine Dichte von über 4·11 hat. Auch die Abwesenheit der Doppelbrechung und des Dichroismus sind von Belang.

Der chemischen Zusammensetzung nach ist der Hessonit ein Kalkthongranat mit sehr wenig Eisenoxydul; Magnesia ist nur in Spuren vorhanden; die chemische Formel ist, abgesehen von den circa drei Procent Eisenoxydul, welche die Farbe bedingen, $Ca_3Al_2Si_3O_{12}$. Fundort des Hessonites ist hauptsächlich Ceylon und zwar Matura, wo grössere Blöcke in den Geröllen mit anderen Edelsteinen sich finden. Unwichtig sind die Fundorte Dissentis (Graubünden) und Ala (Piemont).

Almandin.

Der Almandin ist ein häufiges Mineral. Aber nur wenn er durchsichtig ist, hat er auf den Namen edler Granat Anspruch und solcher ist unter den Almandinen keineswegs häufig. Die Glimmerschiefer der Alpen beispielsweise enthalten zahlreiche krystallisirte Almandine, welche jedoch zumeist undurchsichtig und daher zu Schmucksteinen nicht verwendbar sind; sie werden daher auch gemeine Granate genannt, obgleich sie chemisch mit den edlen Varietäten übereinstimmen. Die Farben des edlen Almandines sind: blutroth (ähnlich dem Rubin), carmin- bis colombinroth; sie haben stets einen merklichen Stich in's braunrothe oder violette, so dass sie selten mit Rubin zu verwechseln sind. Bei Kerzenlicht zeigen solche rubinähnliche Almandine mehr orangefarbenen Stich.

Das specifische Gewicht des Almandins schwankt zwischen 4·08—4·25, ist also ein sehr hohes, was zur Charakteristik dieses Granates zu benutzen ist; nur bei der Unterscheidung von Rubin, welcher ein nahezu gleiches specifisches Gewicht hat, würde dieses Mittel nicht anwendbar sein, ausser wenn man bei der Bestimmung über 4·1 finden würde, in welchem Falle Granat und nicht Rubin vorliegen würde.

Fundstätten des Almandin's. — Die schönsten Almandine sind die syrischen, welche aus der nunmehr zerstörten Stadt Sirian in Pegu stammen sollen. Der Name Almandin soll von Alabandin, von dem Namen der Stadt Alabanda in Kleinasien, von wo sie importirt wurden, abgeleitet werden.

Ein sehr wichtiger Fundort ist der edelsteinreiche District von Matura auf Ceylon, welcher schon früher als Fundort von Saphir und Spinell genannt wurde.

Aus Brasilien kommen ebenfalls schöne Almandine; sie kommen bei Rio de Janeiro im Gneiss, dann auf der Diamantlagerstätte von Salobro, Provinz Bahia,[1] vor und haben oft eine schöne rothe Farbe, in's reine Rosenroth hinneigend, dem Balasrubin ähnlich.

Auch in Uruguay kommen schöne edle Granate vor. Aus Böhmen (bei Kollin, Auhror, Petschau, Radborg im Serpentin liegend) stammen die sogenannten Kolliner Granaten. In den Alpen giebt es viele Fundorte, welche aber sehr ungleiches Material liefern. Im St. Gotthard-Gebiet, im Rheinwaldthal, insbesondere auch im

[1] Gorceix, Bull. de la soc. minéralogique. Paris 1884.

Zillerthal (Tyroler Granaten), dann im Tauerngebirge, bei Millstatt, Radenthein und anderen Punkten kommen im Gebiete des Gneisses, Glimmer- und Hornblendeschiefers vielfach edle Steine vor, welche jetzt hauptsächlich nach Böhmen verschickt, dort geschliffen und als böhmische Granate resp. als Pyrope verkauft werden.

Der Werth des Almandins ist je nach der Farbe und Durchsichtigkeit sehr verschieden; manche rubinartige erzielen hohe Preise, wenn sie eben dem Rubin sehr ähnlich sind, während die von echter Granatfarbe, mit braunrothen, orangefarbenem Stich um einige Mark für das Kilo verkauft werden.

Pyrop.

Der Pyrop wird von seinem massenhaften Vorkommen in Böhmen auch böhmischer Granat genannt. Er kommt selten in Krystallen, meist in abgerundeten Körnern vor; an ihm wurde eine für Granate sonst sehr seltene Form beobachtet, welche für ihn charakteristisch ist, nämlich der Würfel (siehe S. 4), doch kommen derartige Krystalle nur ganz ausnahmsweise vor, sodass man nicht in die Lage kommt, dies als Unterscheidungsmittel des Pyrop's von anderen Granatarten zu benutzen.

Die Farben sind oft dieselben wie die des Almandin's, meist aber mehr dunkelhyazinthroth und braunroth und weniger schön blut- oder carminroth, sodass er auch nicht leicht mit Rubin verwechselt werden kann.

Der färbende, mit den übrigen Bestandtheilen chemisch verbundene Bestandtheil ist hauptsächlich Chromoxyd und Eisenoxyd. Der Pyrop enthält überdies Kieselsäure, Thonerde, Magnesia und Kalkerde. Die chemische Formel ist ungefähr:

$$(Mg, Ca, Fe)_3 (Al, Cr)_2 Si_3O_{12}.$$

Er ist auch in Säuren und Alkalien unlöslich. Chlorwasserstoffgas greift ihn bei höherer Temperatur etwas an. Bei lichter Weissgluth schmilzt dieser Granat und ist alsdann in Säuren löslich.

Erhitzt man Pyrop im Sauerstoffstrome, wie ich dies ausführte, so wird er erheblich leichter und die blutrothe Farbe nimmt eine braungelbe bis orangegelbe oder hyacinthrothe Färbung an. Dies deutet darauf hin, dass Eisen als Färbemittel jedenfalls eine Rolle spielt.

Das specifische Gewicht des Pyrop's ist weit niedriger als das des Almandin's, nämlich nur 3·7—3·82, was zur Unterscheidung beider benutzt werden kann.

Der Hauptfundort des Pyrop's ist Meronitz und Umgebung bei Bilin in Böhmen, wo er sich auf secundärer Lagerstätte im Diluvium in einem Conglomerat von Mergel, Opal, Serpentin und anderen Gesteinbruchstücken findet. Das ursprüngliche Muttergestein, in welchem bisweilen noch einzelne Pyrope zu beobachten sind, ist ein von Opal durchfüllter, zu Serpentin umgewandelter Olivin, welcher auf pyrogenem Wege entstanden sein dürfte (siehe C. Doelter, Das Muttergestein der böhmischen Pyropen. Wien 1873, Jahrb. der k. k. geolog. Reichsanstalt, Mineralogische Mittheilungen).

Weitere Fundorte von Pyrop liegen bei Santa Fé in Neu-Mexiko in West-Arizona und in der Provinz Minas Geraës (Brasilien).

Der Werth der Pyrope ist kein bedeutender, nur sehr grosse Steine können davon eine Ausnahme machen, wie der hühnereigrosse der k. k. Schatzkammer in Wien. Früher waren die Pyrope weit mehr geschätzt, denn Boëtius bewerthet in seiner Historia Gemmarum einen taubeneigrossen Pyrop mit 45,000 Thaler. Heute werden Steine mit 10 Karat zu mässigen Preisen gehandelt. Kleinere rohe Steine werden mit einigen Mark für das Kilo bezahlt.

Caprubin.

Die werthvollste Granatvarietät ist heute wohl der „Caprubin". Vor Allem muss bemerkt werden, dass dieser Edelstein mit Rubin oder auch mit Rubinspinell in keinem Zusammenhange steht und sehr bedauerlicher Weise den Namen Rubin führt, da dies nur Anlass zu Täuschungen geben kann. Offenbar waren die ersten Finder und Händler darauf bedacht, durch diesen Namen den Werth ihrer Steine zu erhöhen, da sie wahrscheinlich, wenn sie ihre Waare unter dem richtigen Namen Capgranat verkauft hätten, wohl nicht jenen Erfolg erzielt hätten.

Der Caprubin findet sich auf den Diamantfeldern Süd-Afrikas, insbesondere in der River diggings des Vaalflusses; in den Diamantgruben ist er mehr eckig, sodass eine Krystallform nicht zu beobachten ist, während er in den Geröllagern des Vaalflusses abgerundet erscheint. Der „blaue Grund" und die Tuffmassen (aus Olivindiabas, Pikrit etc. gebildet, s. auch S. 80), aus welchen der Capdiamant stammt, enthalten neben vielen anderen, schon früher erwähnten Mineralien zwei verschieden gefärbte Granatvarietäten.

Die eine davon hat Hyacinth- bis Vermeilfarbe und erinnert an Hessonit, ihr specifisches Gewicht ist 3·83, also das des Hessonits oder Pyropes, dieselbe hat nur geringe Bedeutung. Die andere, der eigentliche Caprubin, dessen Farbe oft mit der des Rubins von Birma mit blaurother Färbung übereinstimmt, andere Male aber mehr blutroth mit Stich in's Blaue ist, hat das specifische Gewicht von durchschnittlich 4·16, also das des Almandin's. Die Farbe des Caprubins ist von der der Pyropen dadurch verschieden, dass sie lichter, mehr prononcirt roth ist und auch keinen braunen Stich zeigt; Taf. 29, e—k der Radde'schen Farbenskala giebt die Farbennüancen des Caprubin's. Dass der Caprubin dem Almandin anzureihen ist, ist indessen nicht sicher, denn eine Analyse Cohen's ergab eine chemische Zusammensetzung, welche dem der Pyrope entspricht.[1] Vom Standpunkt der Edelsteinkunde muss aber der Caprubin eher zu Almandin gestellt werden, da seine Farbe und sein specifisches Gewicht ihn diesem anreihen.

Die Caprubine sind die werthvollsten unter den Granaten, denn namentlich grössere Steine davon werden zu 100—150 Mark für das Karat bezahlt, wenn ihre Farbe der des Rubins vollkommen entspricht. Die Unterscheidung beider Steine ist oft recht schwierig.

In Arizona wurden dem Caprubin nahe kommende Steine gefunden.

Demantoid.

Demantoid wird ein tiefgrüner bis gelblichgrüner Kalk-Eisengranat genannt, welcher oft dem Smaragd sich in der Farbe nähert, durch das specifische Gewicht 3·83 aber sich von Smaragd oder Beryll, welcher ja viel leichter ist, unterscheidet.

Der Demantoid stammt vom Ural, wo er auf den dortigen Goldseifen bei Nischni Tagilsk und Sissersk gefunden wird. Er wird nur in Russland gebraucht, da sein Vorkommen ein spärliches ist; manche Steine sollen dort gute Preise erzielen.

Die Krystallform des Demantoidgranates ist das Rhombendodekaëder. Die Farbe ist tiefgrün, doch etwas mehr grasgrün als die des Smaragdes. Seine Härte ist die der übrigen Granate.

Die Schleifform der Granaten ist sehr verschieden. Caprubine werden oft als Brillanten, Rauten, Tafel- oder Treppensteine bearbeitet, dasselbe gilt für schöne rubinfarbige Almandine, welche besonders mit Brillantschliff versehen werden.

Der Pyrop wird zumeist mugelig oder auch ganz kugelförmig geschliffen, theilweise auch wie die übrigen Granaten.

[1] da der Caprubin Chrom in grösseren Mengen enthält.

Bezeichnung der Granatvarietäten im Handel.

Mineralogischer Name	Farbe	Handelsname
Almandin	carmin- bis violettroth, blutroth	Edler Granat, Kolliner Granat, orientalischer, syrischer Granat
"	roth mit Stich in's orange	Vermeil-Granat
"	rubinroth, blutroth	Caprubin
Pyrop	dunkel blutroth mit braunrothem oder hyazinthrothem Stich	Böhmischer Granat
Hessonit	hyazinthroth	Hyazinth, Kaneelstein
Demantoid	tiefgrün	Demantoid

Imitationen der Granate.

Der Granat, insbesondere der Almandin, wird durch Glasflüsse imitirt, die oft recht schwer zu erkennen sind, da die Härte des Granates nicht viel höher als die des Glases ist, und weil Granat einfachbrechend ist. Man muss daher auf die Glaseinschlüsse resp. die Gasporen (S. 110) achten, welche nur in Glasflüssen vorkommen, während die Granaten oft andere Einschlüsse und unregelmässige mikroskopische Sprünge zeigen; auch zeigen die Imitationen mehr reinen Glasglanz. Da der Werth der meisten Granate ein sehr geringer ist, so werden überhaupt feinere Imitationen nicht häufig vorkommen, sodass man selten in die Lage kommen wird, eine derartige Unterscheidung durchführen zu müssen.

Achtundzwanzigstes Kapitel.

Turmalin.

Turmalin besteht wie Granat aus einer grossen Zahl selbstständiger ähnlicher Mineralien; wir nennen die Vereinigung dieser, sich untereinander in chemischer und krystallographischer und auch in den übrigen Eigenschaften nahe stehenden Glieder die Turmalingruppe. Wie bei den Granatmineralien, so ist auch hier die

Farbe der einzelnen Turmaline in Uebereinstimmung mit der chemischen Zusammensetzung verschieden.

Wir kennen rothe, grüne, blaue, braune und schwarze Turmaline.

Der chemischen Zusammensetzung nach unterscheiden sich die rothen Turmaline dadurch, dass sie kein Eisen enthalten, dagegen Lithion und Spuren von Manganoxydul. Die grünen enthalten Mangan- und Eisenoxydul in beträchtlicheren Mengen und diese bedingen auch die Färbung, namentlich bei den schön grünen, sogenannten „brasilianischen Smaragden“ dürfte letzterer Bestandtheil die Färbung bedingen. Die blaue Färbung ist wahrscheinlich durch eine Manganverbindung hervorgebracht. Die braunen und schwarzen Turmaline enthalten viel Eisenoxyd.

Die chemische Zusammensetzung der Turmaline, welche kieselsaure Salze oder Silikate sind, ist eine sehr complicirte, denn ausser jenen Bestandtheilen enthalten sie hauptsächlich Kieselsäure, Thonerde, Magnesia, Kalk, Alkalien und Wasser und ein bei Edelsteinen sonst seltenes Element Bor.[1] Eine chemische Formel für die Turmaline aufzustellen, ist noch nicht gelungen.

Für uns kommen von den so zahlreichen verschiedenen Turmalinen nur diejenigen in Betracht, welche hellere Farben zeigen und daher auch durchsichtig erscheinen. Es sind dies der rothe Rubellit, der blaue Indigolith und die lichtgrünen Turmaline, die sogenannten brasilianischen Smaragde.

Da die chemische Zusammensetzung der Turmaline schwankt, so gilt dies auch für ihr specifisches Gewicht, die Härte dagegen ist bei allen circa 7 und $7^1/_4$. Spaltbarkeit ist nicht wahrnehmbar, dagegen zeigt der Turmalin muscheligen Bruch.

Die Krystallform der Turmaline entspricht dem hexagonalen System und zwar derjenigen Abtheilung der Halbflächner (s. S. 6), welche das Rhomboëder, Skalenoëder und die übrigen von diesen ableitbaren Formen zeigen. Die hier in Betracht kommenden Varietäten zeigen prismatischen Typus. Die Flächen des Prisma's sind vertical gestreift und ist der Querschnitt ein dreieckiger, was durch die hemimorphe Ausbildung des Prisma's bedingt wird; dies ist ein ungemein charakteristisches Merkmal für Turmalin.

Der Turmalin zeigt nämlich in seiner krystallographischen Ausbildung eine ungewöhnliche Erscheinung, welche man als Hemimorphismus bezeichnet hat und welche sich darin äussert, dass die

[1] sowie auch etwas Fluor.

beiden Enden einer Krystallaxe ungleich ausgebildet sind. So treten an den zwei Enden oder Polen der Hauptaxe (S. 5) nicht, wie bei anderen hexagonalen Krystallen, die gleichen Flächen auf, sondern z. B. an dem einen Ende zwei Rhomboëder (im Ganzen 6 Flächen), an dem entgegengesetzten aber nur ein Rhomboëder (3 Flächen) oder ein Rhomboëder und die Basis (4 Flächen) auf. Diese Eigenschaft lässt einen Turmalin, bei welchem die beiden Pole gut ausgebildet sind, sofort erkennen.

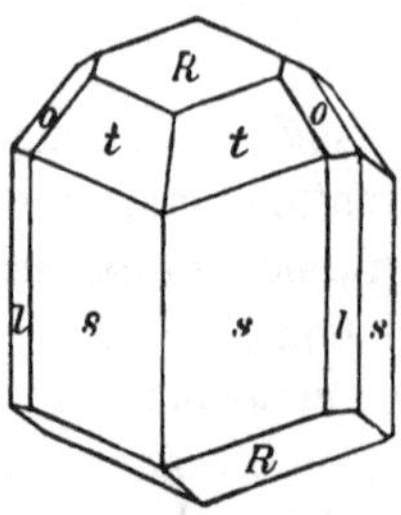

Fig. 41. Krystallform des Turmalin's.

Die früher erwähnte Eigenschaft, ein Prisma mit nur 3 Flächen zu zeigen, ist ebenfalls eine Folge des Hemimorphismus, und da bei Turmalin daraus eine dreieckige Form des Durchschnittes entspringt, so lässt sich dies gut zur Erkennung dieses Edelsteines verwerthen, denn man hat überhaupt seltener Gelegenheit, Krystalle, welche an beiden Enden ausgebildet sind, zu beobachten, weil die Krystalle zumeist aufgewachsen sind. Ueberhaupt sind die Krystalle zumeist an beiden Enden undeutlich ausgebildet, vielfach auch hat man zerbrochene Krystalle vor sich.

Physikalische Eigenschaften. — Das specifische Gewicht schwankt bei Turmalinen, welche als Edelsteine Verwendung haben, zwischen 2·99—3·16. Die Härte ist $7^1/_4$.

Eine wichtige Eigenschaft, welche auch bei geschliffenen Steinen zu seiner Charakteristik dient, ist die Eigenschaft, durch Reiben leicht elektrisch zu werden und diese Elektricität durch lange Zeit zu bewahren.

Der Glanz des Turmalin's ist der glasige. Kein Mineral zeigt so grosse Differenzen in der Absorption der beiden durch die Doppelbrechung entstehenden Strahlen, daher der Dichroismus, insbesondere bei den grünen, ein ausserordentlich starker und als Kennzeichen leicht verwerthbar ist. Die Doppelbrechung ist sehr stark und bei Beobachtung eines Interferenzbildes (Fig. 9 oder Fig. 10) sieht man die Ringe nahe beieinander.

Der Brechungsquotient ist je nach der Richtung verschieden; in der Richtung der optischen Axe schwankt er bei den einzelnen Varietäten zwischen 1·63 und 1·64, in der Richtung senkrecht dazu hat man circa 1·62.

Der Turmalin dürfte in der Natur seinem Vorkommen nach wohl aus wässeriger Lösung entstanden sein. Es ist bisher nicht gelungen, ihn künstlich darzustellen; es hätte jedenfalls auch nur theoretischen Werth, da eine praktische Anwendung bei dem geringen Preise des Turmalin's ausgeschlossen ist.

Die Turmaline werden selten mit Brillantschliff versehen, sondern zumeist als Tafel- oder Treppensteine geschliffen.

Der Werth der Turmaline ist nur dann ein hoher, wenn sie mit werthvollen Edelsteinen, wie Rubinbalais, Rosa-Topas, Smaragd, verwechselt werden können.

Varietäten des Turmalins.

Folgende Varietäten des Turmalins kommen für uns als Edelsteine in Betracht:

Farbe	Handelsname
Rosa bis carminroth:	Siberit, Rubellit, sibirischer Rubin,
Dunkelblau, indigo:	Brasilianischer Saphir,
Grasgrün, pistaziengrün:	Brasilianischer Smaragd,
Olivengrün, gelbgrün:	Turmalin, Ceylonischer Chrysolith,
Farbloser:	Achroit.

Der Mineralog unterscheidet insbesondere rothen Turmalin (Rubellit), blauen (Indigolith), grünen Turmalin, Achroit und schwarzen und braunen unedlen Turmalin (Schörl).

Rubellit.

Der Rosa-Turmalin oder Rubellit ist ein mehr oder minder rosenroth bis carminroth gefärbter Edelstein; hier und da tritt ein Stich in's Violette auf, in welchem Falle eine Aehnlichkeit mit Rubinfarbe vorliegt. Viele Rubellite ähneln in der Farbe dem Spinell, selten dem Rubinspinell, häufig dem Balais; andere mehr rosenrothe erinnern an Rosa-Topas.

Das specifische Gewicht des Rubellits beträgt 3—3·16 für die dunkelrothen, 2·99—3·087 für die hellen Steine.

Die rothen Turmaline sind deutlich dichroitisch, man benutze hierzu die dichroskopische Lupe oder den Nicol. Die Farben sind: purpur- bis rosenroth, blassviolett.

Der Farbstoff der rothen Turmaline dürfte das Manganoxydul sein. Beim Glühen werden sie grünlich, jedenfalls kann eine ausserordentlich geringe Menge die Färbung veranlassen; der Farbstoff ist kein diluter, sondern chemisch isomorph beigemengt.

Bei starkem Erhitzen wird Turmalin zersetzt und undurchsichtig und bei noch weiterem Erhitzen schmilzt er.

Unterscheidung des Rubellits.

Bei dem billigen Preis dieses Steines werden Glasimitationen wohl nur bei grossen und schön gefärbten Exemplaren zu vermuthen sein, die durch den fehlenden Dichroismus von echten Natursteinen leicht zu unterscheiden sind, eventuell durch das elektrische Verhalten, da der Turmalin starke Reibungs- und Pyro-Elektricität zeigt.

Von Rubin unterscheidet sich der Rubellit durch das niedere specifische Gewicht, von Spinell ebenfalls dadurch und den mangelnden Dichroismus des letzteren, dasselbe gilt für Rosa-Topas.

Hauptfundort des rothen Turmalins ist Sibirien, weshalb man ihn auch Siberit und sibirischen Rubin nennt. Die Fundorte liegen im Revier von Jekaterinenburg, es sind insbesondere die Orte Mursinka, Saropulka, Schaitonka. Die rothen Turmaline kommen daselbst im Granit vor und werden dort auch ausgebeutet; sie werden in Russland verarbeitet. Manche davon, welche dem Rubin ähnlich gefärbt sind, werden theuer bezahlt, doch zeigen sich bei grösseren Exemplaren Risse, welche den Werth sehr beeinträchtigen. Hellrosa gefärbte Turmaline finden sich, ebenfalls im Granit, auf der Insel Elba, ferner in Nord-Amerika, in Maine.

Auch auf Ceylon finden sich rothe Turmaline, ebenso bei Ava (Birma).

Dies sind diejenigen Turmalinfundorte, welche Edelsteine liefern; zahlreiche andere Fundorte von Rosa-Turmalin, wie Schüttenhofen bei Pilsen, bei Liebenstein, Penig, Utö (Schweden) kommen wohl nicht in Betracht, da sie zu unbedeutendes Material liefern.

Indigolith.

Der blaue Turmalin ist wohl weit seltener als der grüne und rothe. Die Farbe ist oft blassblau, mit der der blasseren Saphire übereinstimmend; auch smalteblaue, grünblaue kommen vor. Specifisches Gewicht 3·1—3·12. Dichroismus deutlich bei den nicht allzu hellen. Fundorte sind: Utö (Schweden), das Jekaterinenburger Revier (Sibirien), bei Mursinka, wo schwarzblaue bis violblaue Krystalle vorkommen, dann Villa ricca (Brasilien), wo die saphirähnlichen vorkommen, sogenannte „brasilianische Saphire“. Der blaue Turmalin spielt als Edelstein keine grosse Rolle.

Unterscheidung des blauen Turmalins.

Zu unterscheiden ist dieser Edelstein von echtem Saphir, von Cyanit, Cordierit, was oft eine genaue Untersuchung erfordert, welche im dritten Abschnitt vorgenommen werden soll. Zur Unterscheidung von Glasflüssen dient die Eigenschaft der Elektricität, welche Glasflüsse nicht besitzen.

Grüner Turmalin.

Diese Varietät ist die häufigste und besitzt den geringsten Werth.

Die Durchsichtigkeit ist in Folge der zumeist starken Färbung eine geringere als bei den übrigen Turmalinvarietäten. Die Farben schwanken von chromgrün zu ölgrün und bläulichgrün; Taf. 11, d—n der Radde'schen Skala zeigt einige Nüancen, ebenso Taf. 12, d—m.

Sehr kräftig und auch für den ganz ungeübten Beobachter schwer zu übersehen ist der Dichroismus des grünen Turmalin's; kein zweites Mineral übertrifft den Turmalin hierin, und auf dieser kräftigen Absorption beruht auch die Verwendung dieses Minerals als Polarisationsapparat zur Turmalinzange.

In den verschiedenen Richtungen sieht man daher sehr verschiedene Farben, welche zwischen blassgrün mit Stich in's Gelbbraune und dunklem saftigen Grün mit Stich in's Blaugrüne schwanken. Mit der dichroskopischen Lupe sind die beiden Bilder, welche man erhält, grünlichblau bis blassgrün das eine, gelbbraun bis braunviolett das zweite; dieselben Erscheinungen zeigen sich bei der Beobachtung mit dem Nicol'schen Prisma (S. 14). Da der Farbenunterschied bei geschliffenen Steinen jedoch sehr deutlich ist, so benöthigt man wohl gar kein Instrument.

Der Farbstoff des grünen Turmalin's ist theilweise Eisenoxydul, doch enthält mancher Chrom. Gelinde an der Luft geglüht werden manche Steine graugrün bis blassgrün, in reducirenden Gasen werden sie heller.

Hauptfundorte von zu Edelstein brauchbaren Exemplaren sind Ceylon und die Provinz Minas Geraës in Brasilien. Die Farben der Turmaline von diesen zwei Fundorten sind etwas verschieden, indem die einen mehr gelbgrün bis olivengrün sind, ähnlich dem Chrysolith, daher auch diese Edelsteine als Chrysolithe von Ceylon im Handel bezeichnet werden, während die anderen, mehr tiefgrünen, pistaziengrünen auch als brasilianische Smaragde bezeichnet werden.

Das specifische Gewicht der grünen Turmaline schwankt zwischen 3·1—3·17.

Unterscheidung. — Zu unterscheiden wird man den grünen Turmalin haben von dem minderwerthigen Epidot, Vesuvian, von dem werthvollen Smaragd, was ziemlich leicht gelingt. Von Glasflüssen wäre er durch den Dichroismus sehr leicht zu unterscheiden. Auch sein elektrisches Verhalten kann zu seiner Charakteristik benutzt werden.

Neunundzwanzigstes Kapitel.

Türkis.

Dieser Edelstein besitzt einen verhältnissmässig hohen Werth, so dass schöne und grössere Stücke weit werthvoller sind als die zuletzt behandelten Edelsteine; allerdings ist dieser Werth ein sehr schwankender. Diese Beliebtheit hat der Türkis wohl nur seiner Schönheit zu danken, denn zu einem Edelsteine ersten Ranges fehlt ihm und dem Opal eine sehr wichtige Eigenschaft, die hohe Härte, die bei Türkis nur den sechsten Grad erreicht; überdies ist er undurchsichtig.

Zum Mineralreiche und als echter Türkis ist nur der sogenannte Türkis vom alten Steine zu rechnen, während der sogenannte Zahntürkis, oder vom neuen Steine, gar kein Mineral ist. Ersterer hat daher im Handel auch den Namen Mineraltürkis. Der Türkis ist wasserhaltige phosphorsaure Thonerde nach der Formel:

$$Al_2(OH)_3\,PO_4 + H_2O.$$

Die Härte ist 6, das specifische Gewicht 2·65—2·79. Das Mineral ist amorph (oder wenigstens scheinbar amorph, indem es möglicherweise aus feinen kryptokrystallinischen Partikeln besteht). Er ist undurchsichtig und schwach glänzend.

Die Farben sind vorwiegend himmelblau (azurblau), andere haben einen Stich in's Grünspanfarbene, manche sind sogar spangrün. Taf. 19, s, v, u, Taf. 17, q, v und Taf. 16 q der Radde'schen Skala geben die einzelnen Nüancen. Die Farbe rührt von einer Beimengung einer Kupferverbindung, wohl Kupferphosphat, her; das Färbemittel scheint nicht chemisch isomorph beigemengt, sondern mechanisch dilut zerstreut. Die Farbe des Türkises hat die Eigenschaft zu verblassen, auch wandelt sich die blaue Farbe mehr in grün um. Man kann die ursprüngliche Farbe, auf einige Zeit wenigstens, durch Behandeln mit Ammoniak wieder herstellen.

Es kommen recht grosse Türkise vor, sogar mehrere Zoll lange; geschliffen wird Türkis gewöhnlich wie Opal, der Werth des Türkises ist nicht unbedeutend, namentlich bei grösseren Steinen.

Versuche über das Färbemittel des Türkises.

Erhitzt man den Türkis, so zerknistert er und wird schwarz, später braun, indem sich das Kupferphosphat zersetzt und Kupferoxyd abscheidet.

Als ich unter sehr gelindem Erwärmen einen blaugrünen persischen Türkis mit feuchtem Ammoniakgas behandelte, wurde derselbe vollkommen spangrün. Durch Sauerstoff konnte der Stein die blaue Farbe nicht mehr zurückerhalten.

Grünlicher Türkis erhält im Kohlenoxydstrom eine etwas mehr blaue Färbung. Sauerstoff hatte auf einen grünen Stein keine merkliche Wirkung. Schwefelwasserstoff in kleinen Mengen wirkt auf blauen Türkis nachtheilig, indem sich eine Grünfärbung einstellt; die Gegenwart von Schwefelwasserstoff scheint auch die Ursache des Grünwerdens der Steine zu sein.

Grüne Steine werden oft künstlich durch Berlinerblau gefärbt. Mit Alkohol und Ammoniak behandelt, werden sie wieder grün.

Bildung des Türkises in der Natur.

Der Türkis dürfte wohl wie der Opal aus einer wässerigen Lösung sich gebildet haben und zwar bei normaler Temperatur oder wenigstens aus wenig warmen Lösungen. Er scheint wie der Opal an das Vorkommen von trachytischen, porphyrartigen Gesteinen gebunden und durch Auslaugung dieser entstanden zu sein; die Lösungen waren eisenhaltig, daher das Vorkommen von braunen oft nur mikroskopischen Flecken.

Fundorte des Türkises.

Die Hauptfundstätten sind Persien, das Megarathal am Sinai und Neu-Mexiko. In Europa ist das Vorkommen von Jordansmühl am Zobten (Schlesien), welches jedoch technisch unbedeutend ist und von Oelsnitz in Sachsen bekannt.

Persien war seit jeher als Fundstätte von Türkisen bekannt. Früher galt allgemein Mesched als der Fundort und Tavernier und viele späteren Autoren gaben einen Berg Firusku als die eigentliche Fundstelle an. Dies hat sich jedoch als unrichtig herausgestellt, die sogenannten Mescheder Türkise stammen nicht aus Mesched, sondern westlich davon, von Nischapur, wo der Edelstein in kleinen Gängen einer Trachytbreccie vorkommt.

Aller persischer Türkis kommt jedoch nicht von hier, der Fundort des sogenannten persischen Türkises, welcher ohne Fundortsangabe als „persischer Türkis" in den Handel gelangt, ist unbekannt; man hielt diese schön himmelblauen Türkise durch längere Zeit für Kunstproducte, doch ist dies nach der Untersuchung Bücking's nicht der Fall.

Im Gebiete des Sinaigebirges im Megarathale liegt der Fundort Mosesbrunnen, auch hier wieder in Klüften eines Eruptivgesteines, wahrscheinlich Porphyrs auftretend.

Ein schon seit mehreren Jahrhunderten wichtiger Fundort ist die in Neu-Mexiko bei Los cerillos gelegene, sehr ergiebige Türkisgrube. Bereits unter den Inka's wurde dort Türkis gewonnen und sehr geschätzt, insbesondere wurden die Türkise zu allerhand Götzenbildern, Amuletten, Schnüren verarbeitet. Der Werth des Türkises war bei den Bewohnern des alten Mexiko's ein sehr hoher und unter den von Montezuma dem Fernando Cortez überreichten Geschenken hielten sie die überbrachten Türkise für die werthvollsten. Durch fortgesetzten unvorsichtigen Abbau des Steinbruches stürzte der Berg im Jahre 1680 theilweise ein[1] und die Ausbeutung wurde erst vor circa 10 Jahren wieder aufgenommen und hat eine grosse Zahl von Steinen geliefert.

Von 1883—1886 wurden daselbst für 3000 Dollars Steine gewonnen, darunter einzelne im Werth von 200 Dollars.

Leider ist die Farbe keine so schöne wie die der orientalischen Türkise, da sie ausgesprochen grünlich ist; einzelne schön blaue Steine von jenem Fundorte erwiesen sich als gefärbte. Das Muttergestein dieser Türkise ist auch hier wie in Persien Porphyr, welcher in kleinen Gängen, die den Sandstein durchsetzen, vorkommt.

Andere Türkis-Fundorte Nord-Amerika's sind Humboldt in Nevada, Türkis-Mountain in Arizona, doch scheinen sie von geringer Bedeutung.

Sehr ähnlich dem persischen Türkis und mit ihm nach Bücking in der mikroskopischen Textur sehr übereinstimmend ist der Türkis von Nevada (Silver Peak).

Imitationen des Türkis.

Der echte Türkis wird durch den Zahn- oder Beintürkis nachgeahmt.

Zahntürkis. — Es ist dies ein Körper organischen Ursprunges, welcher nichts anderes als ein blau gefärbter Zahn von Mastodon

[1] Darüber berichtete bereits Saverio Claverigo; die Mexikaner nannten den Stein Chalchihuitl.

oder Dinotherium ist. Derselbe ist fast so hart wie Mineral-Türkis, und die Farbe ist sehr ähnlich. Man findet ihn im Departement du Gers bei Simorse, dann in Sibirien. Er wird auch occidentalischer Türkis oder Türkis vom neuen Stein genannnt. Chemisch ist seine Substanz natürlich eine ganz andere als die des echten Türkises.

Unterscheidung des echten Türkis vom Zahntürkis. — Durch seine verschiedene chemische Zusammensetzung, auch durch seine Structur und durch das elektrische Verhalten und die Veränderlichkeit der Farbe lassen sich beide leicht unterscheiden nach einem im dritten Theile gegebenen Verfahren.

Imitation durch Lazulith oder Blaustein. — Eine weitere Imitation, die aber wohl selten ist, ist die durch das Mineral Lazulith, welches chemisch dem Türkis nahe steht und ebenfalls aus phosphorsaurer Thonerde besteht (mit Magnesia und Eisenoxydul). Dieses Mineral krystallisirt in monoklinen Pyramiden.

Seine Farbe ist ebenfalls licht himmelblau und der mancher Türkise ähnlich, sodass ohne nähere Untersuchung eine Verwechslung möglich ist. Die Härte dieses Minerales ist 5—6, sein specifisches Gewicht 3·1. Durch sein niedrigeres specifisches Gewicht lässt sich der echte Türkis vom Lazulith leicht unterscheiden, und zwar am besten, wenn man ihn in eine schwere Flüssigkeit von etwas über 3·1 eintaucht, in welcher der Lazulith sinkt, während Türkis schwimmt.

Endlich giebt es plumpe Imitationen aus Glasflüssen, die sich schon bei genauerer Betrachtung unterscheiden lassen.

Darstellung von echtem Türkis.

Man kann ein Product, welches dem echten Türkis an Härte, Dichte, Farbe und Structur vollkommen ähnlich ist, dadurch herstellen, dass man phosphorsaure Thonerde mit Kupferphosphat gefärbt darstellt und den Niederschlag stark comprimirt. Auch aus Schmelzfluss lässt sich ein dem Türkis ähnliches und chemisch identes Product darstellen.

Solche Türkise können kaum als Imitationen bezeichnet werden, da sie ja von den echten Steinen sich durch nichts unterscheiden; da sie aber sehr billig hergestellt werden können, so ist es begreiflich, dass sie gegenüber dem echten Türkis, wenn sie als solcher verkauft werden, nicht als gleichwerthig betrachtet werden können.

Man hat beim Auftauchen künstlicher Türkise in den 70er Jahren darnach getrachtet, sei es durch mikroskopische Untersuchung, sei es durch chemisches Verhalten in der Hitze, die Unterschiede herauszufinden. J. Pohl in Wien gab als Mittel zur Unterscheidung folgende Procedur an, welche jedoch das Opfern eines kleinen Bruchstückes verlangt:

Im bedeckten Platintiegel zum Rothglühen erhitzt, wird echter Türkis mit einem eigenthümlichen Geräusch, welches dem Verknistern des Kochsalzes ähnlich ist, zerfallen und zwar zu einem braunschwarzen erdigen Pulver.

Im Laboratorium dargestellter Türkis zeigt kein Verknistern, sondern schmilzt zu einem festen harten Körper, der im Innern blau bis blaugrün bleibt.

Auch unter dem Mikroskop lässt sich die Unterscheidung nach Bücking durchführen, der echte zeigt nämlich Einschlüsse von Brauneisen. Da jedoch auch manche echte Türkise vorkommen, welche jenes charakteristische Merkmal nicht enthalten, so ist ein untrügliches Mittel zur Unterscheidung nicht vorhanden.

Die künstlichen Türkise sollen theils als persische Türkise, theils als ägyptische und assyrische, vom Mosesbrunnen herstammend, circuliren. Andererseits hat man aus allzu grossem Misstrauen auch echte persische Türkise, deren Fundort unbekannt war, für Imitationen gehalten, was Bücking[1] durch genaue mikroskopische und chemische Untersuchung widerlegt hat.

Dreissigstes Kapitel.

Chrysolith (Olivin, Peridot).

Dieser Edelstein gehört zu der Klasse der Silikate, er besteht aus kieselsaurer Magnesia mit etwas Eisenoxydul, welch' letzteres die charakteristische grüne Färbung bedingt. Die chemische Formel des eisenfreien Chrysolith's, welcher aber farblos ist, ist Mg_2SiO_4, doch kommen für uns nur die gefärbten in Betracht, die also etwas Eisenoxydulsilikat Fe_2SiO_4 chemisch beigemengt enthalten.

Dieser Edelstein ist durch grüne, gelbgrüne bis goldgelbe Färbungen ausgezeichnet (Taf. 10, u—t und Taf. 11, l—o der Radde-schen Skala).

[1] Zeitschrift für Krystallographie 1878.

[2] Der Name Chrysolith, den schon Plinius anwendete, dürfte jedoch im Alterthume sich auf Topas bezogen haben.

Der Glanz ist glasig. Der Brechungsquotient schwankt nach der Richtung zwischen 1·66 und 1·69, ist also niemals sehr gross. Der Chrysolith zeigt deutliche Spaltbarkeit nach der Querfläche.

Das Krystallsystem dieses Minerals ist das rhombische (S. 5). Die Krystalle, welche übrigens selten schön ausgebildet sind, haben prismatischen Habitus und sind sehr flächenreich. Mitunter ist durch Vorherrschen einer Pinakoidfläche der Typus mehr tafelförmig. Die Prismen weisen eine verticale Streifung auf. Fig. 42 zeigt einen Olivinkrystall mit den Prismen *n*, *s*, *r*, der Querfläche *M*, der Längsfläche *T*, der Basis *P* und einer Anzahl von Pyramiden- und Domenflächen.

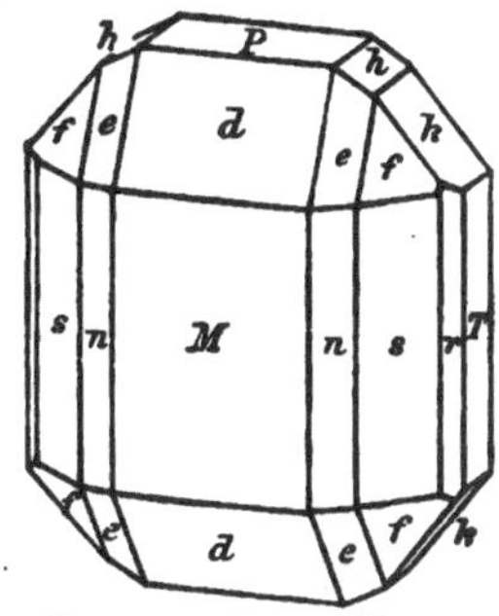

Fig. 42. Krystallform des Chrysolith's.

Die Härte des Chrysolithes ist nicht sehr hoch, $6^3/_4$—7, das specifische Gewicht 3·35 bis 3·39. Das Mineral ist doppelbrechend zweiaxig, die Krystalle zeigen häufig das Interferenzbild Fig. 11 S. 24.

Der Dichroismus ist kaum merklich. Der W e r t h dieses Edelsteines, welchem man den Tafelstein- oder Rosettenschnitt giebt, ist kein bedeutender, 4—7 M. für das Karat, selbst ein grosser Stein des k. und k. naturhistorischen Hofmuseums zu Wien, welcher 53 Karat wiegt, wurde nur auf 160 fl. geschätzt.

Fundstellen des Chrysoliths.

Die edlen Olivine finden sich in Flusssanden im Schutt, also auf secundärer Lagerstätte in Ober-Aegypten, angeblich zwischen dem Nil und dem Rothen Meere bei Esneh, dann auf Ceylon, in Pegu, Brasilien.

Ueber ihr Vorkommen und Muttergestein ist merkwürdigerweise fast gar nichts bekannt, jedenfalls dürften sie aus basaltischen Gesteinen wie der gemeine Olivin, welcher bekanntlich ein häufiger Bestandtheil vulkanischer Gesteine ist, stammen und auch eine ähnliche Entstehung haben; die Olivine vom Vesuv und anderen Orten, welche in vulkanischen Gesteinen sich finden, haben keine Anwendung als Edelsteine.

Der gemeine Olivin entsteht in Basalten und ist überaus häufig; ob auch der edle Olivin auf diese Weise sich gebildet, ist nicht ganz sicher.

Künstlich kann man den Olivin leicht durch Zusammenschmelzen von Kieselsäure mit einem Ueberschusse von Chlormagnesium darstellen.

Der Chrysolith ist sehr schwer schmelzbar. Säuren greifen ihn leicht an. In reducirenden Gasen erhitzt, wird seine Farbe mehr grünlich, dagegen in oxydirenden mehr gelbbraun, wie dies dem Verhalten der Eisenoxyde entspricht.

Unterscheidung des Chrysolithes.

Der Chrysolith wird durch Glasflüsse und durch den sogenannten Moldawit oder Pseudochrysolith nachgeahmt. Letzterer, ebenfalls ein Glas, enthält sehr viele Dampfporen; er hat ein niedrigeres specifisches Gewicht als der Olivin. Am besten unterscheidet man Chrysolith von Glas durch die Härte.

Der Chrysolith dient zur Nachahmung von Smaragdvarietäten, und von Chrysoberyll (über die Unterscheidung siehe Näheres im dritten Theil).

Einunddreissigstes Kapitel.

Hiddenit (Lithiumsmaragd).

Dieser speciell amerikanische Edelstein ist eine schön gefärbte Varietät des Minerals Spodumen, welches der Familie der Augite angehört. Er ist in chemischer Hinsicht den Silikaten oder kieselsauren Salzen zuzurechnen, und ist durch hohen Lithiumgehalt ausgezeichnet. Er enthält die Bestandtheile Kieselsäure, Thonerde und Lithiumoxyd nach der Formel: $Li_2O, Al_2O_3, 4SiO_2$ oder $Li_2Al_2Si_4O_{12}$, wozu als färbender Gemengtheil Eisenoxydul tritt.

Das Mineral hat eine sehr schöne, mitunter nahezu dem Smaragd gleichkommende Farbe, daher der Name Lithiumsmaragd, obgleich es mit Smaragd sonst keine Verwandtschaft hat. Die Farbe ist indess nicht so intensiv wie die des Smaragdes, sondern zumeist blässer, auch ist sie häufig mehr olivengrün und gelbgrün. Von Smaragd unterscheidet es sich am besten durch das specifische Gewicht, welches stets höher ist: 3·18, seine Härte: $6^1/_2$—7, die geringer ist als die des Smaragdes, und durch die optischen Eigenschaften.

Die Farben zeigt Taf. 12, k—o der Radde'schen Skala oder Taf. 13, k—p für die mehr smaragdgrünen. Diese Farbenangaben beziehen sich hauptsächlich auf den nordamerikanischen Stein, dessen Hauptfundort Stony Point (Alexander County) ist. Es sind daselbst einzelne Säulen bis zu 68 mm Länge vorgekommen. Dieselben sind theilweise so schön wie Smaragde und wurden zu hohen Preisen verkauft (40—100 Dollar für das Karat).

Die Krystallform dieses Edelsteines ist die monokline, der Typus ein prismatischer durch Vorwiegen des Prisma's, nach welchem er auch spaltbar ist.

Neben dem nordamerikanischen Spodumen ist eine zweite Varietät dieses Minerales an einem brasilianischen Fundorte gefunden worden, von wo sie schon seit längerer Zeit unter dem Namen Chrysoberyll verkauft wird. Man wird daher häufig den Spodumen von Chrysoberyll sowie auch von Chrysolith zu unterscheiden haben. Der brasilianische Stein hat nie die mehr smaragdgrüne Farbe des Hiddenites, sondern eine gelbe und gelbgrüne Färbung, der der beiden letztgenannten Edelsteine ähnlich.

Geschliffen wird der Lithiumsmaragd wie Smaragd. Der nordamerikanische wird wohl ausschliesslich in Nord-Amerika verkauft; von 1886—1888 wurden nach G. Kunz noch für 4500 Dollars rohe Steine verkauft, in den vorhergehenden Jahren jedoch weit mehr, während jetzt die Fundstätte erschöpft sein soll.

Zusammen mit dem Hiddenit fand man zu Stony Point Beryll, Quarz, Rutil, Granat.

Der brasilianische Lithiumsmaragd wird als Chrysoberyll nach Europa gebracht. Auf die Unterscheidung von Smaragd, Chrysolith und Chrysoberyll wird noch zurückzukommen sein.

Zweiunddreissigstes Kapitel.

Minderwerthige Edelsteine der Silikatgruppe.

Um öfteren Wiederholungen bei der Beschreibung dieser Edelsteine, welche gewisse gemeinsame Charaktere besitzen, vorzubeugen, betrachten wir die weiteren durchsichtigen Edelsteine, welche zu den Silikaten gehören, zusammen. Es sind Steine, die, wenn sie durch Durchsichtigkeit und schöne Farbe ausgezeichnet sind, immerhin einen gewissen Werth repräsentiren, da manche unter ihnen von den früher betrachteten werthvollen Edelsteinen oft recht schwer zu unterscheiden sind, während sie, wenn ihnen jene Eigenschaften fehlen, fast werthlos sind, dies um so mehr, als sie keine seltenen Steine sind.

Das Ordnen der einzelnen Steine nach dem Werthe ist hier nicht mehr gut durchführbar, weil einige Steine, welche sonst mit den übrigen vielfache Aehnlichkeit besitzen, nur als Halbedelsteine bezeichnet werden können, wie z. B. Sphen, Staurolith. Trotzdem ist häufig ihr Werth, wenn die Farbe mit einem der werthvolleren Edelsteine, wie Saphir z. B. übereinstimmt, immerhin recht beträchtlich. Wo dies nicht der Fall ist, ist der Werth zumeist ein äusserst geringfügiger.

Der Farbe nach haben wir folgende Steine zu unterscheiden:

Blaue Steine: Cyanit, Cordierit.

Braune oder röthliche Steine: Andalusit, Axinit, Staurolith.

Grüne Steine: Vesuvian, Dioptas, Diopsid, Andalusit, Axinit.

Gelbe und gelbgrüne Steine: Sphen, Vesuvian, Epidot.

Cordierit (Dichroit oder Luchssaphir).

Manche Luchssaphire sind minderen Saphiren recht ähnlich; diese kommen auch häufig im Handel vor.

Das Krystallsystem des Cordierits (nach dem französischen Mineralogen Cordier benannt) ist das rhombische; die vorherrschende Form ist das rhombische Prisma und der Typus der Krystalle der kurze säulenförmige, wobei die Krystalle oft von der Basis oben und unten begrenzt werden.

Der chemischen Zusammensetzung nach besteht dieser Stein aus kieselsaurer Thonerde und Magnesia nach der Formel: $Mg_3Al_8Si_8O_{28}$ oder: $3MgO, 3Al_2O_3, 8SiO_2$. Dazu tritt Eisenoxyd als angeblich färbender Gemengtheil.

Die Farbe ist eine rein blaue, zumeist mehr licht himmelblaue bis berlinerblaue, ähnlich wie bei den blasseren Saphiren, sodass eine Unterscheidung der beiden Mineralien nach der Farbe allein nicht möglich ist.

Der Cordierit ist aber so stark dichroitisch (woher auch sein Name Dichroit herrührt), dass er schon ohne dichroskopische Lupe in verschiedenen Richtungen betrachtet mehrere Farbennüancen zeigt, nämlich: 1) bläulichweiss, 2) dunkel Berlinerblau, 3) weingelb oder weissgelb, oft sogar hell bräunlichgelb. Mit der dichroskopischen Lupe oder auch mit dem Nicol'schen Prisma betrachtet, sieht man, wenn man nach irgend einer Richtung hindurchsieht, stets zwei jener Farben, die sehr von einander abstechen. An diesem Dichroismus kann man das Mineral vom Saphir unterscheiden, auch von Turmalin, der andere Färbungen zeigt und überdies in der Richtung der optischen Axe keine verschiedenen Bilder zeigt.

Das specifische Gewicht ist 2·60—2·65, die Härte $7^1/_4$, Spaltbarkeit gering, Bruch muschelig; der Stein zeigt Glasglanz, auf Bruchflächen mehr Fettglanz.

Der Cordierit kommt meist im Granit und Gneiss vor, kann sich aber auch aus Schmelzfluss bilden, wie seine künstliche Bildung aus demselben und sein allerdings spärliches Vorkommen in echt vulkanischen Gesteinen zeigt.

Fundorte der durchsichtigen Cordierite sind: Bodenmais im Bayerischen Walde, dann Orijärvi in Finnland, sowie die an Edelsteinen so reichen Geschiebe von Ceylon, wo speciell die Luchs- oder Wassersaphire vorkommen.

Auch in Nordamerika bei Haddam kommen grosse Krystalle vor, die von tiefblauer Farbe waren und zu Edelsteinen verschliffen werden konnten.

Der Cordierit wird hauptsächlich zur Imitation von Saphir gebraucht; die Unterscheidung geschieht sehr leicht durch das specifische Gewicht. Auch von Turmalin wird man ihn zu unterscheiden haben, worüber im dritten Theil berichtet werden wird.

Sein Werth ist nur dann ein nennenswerther, wenn er mit Saphir in der Farbe übereinstimmt. Geschliffen wird er als Tafel- und Treppenstein, in dem eben genannten Falle auch mit Brillantschliff.

Cyanit (Sapparé).

Dieses Mineral wie das nächstfolgende, der Andalusit, bestehen aus kieselsaurer Thonerde nach der Formel Al_2SiO_5, also aus Al_2O_3 und SiO_2. Das Krystallsystem ist hier das bei Edelsteinen so seltene trikline. Die Farbe ist mitunter ein sehr schönes Kornblumen- oder Berlinerblau, daher auch dieser Edelstein als Surrogat für Saphir benutzt wird.

Da der Cyanit sehr deutlich spaltbar ist, so zeigt er meist Risse und bekommt leicht Sprünge, weshalb seine Anwendung eine sehr beschränkte ist. Er ist nur schwach dichroitisch (Unterschied von Dichroit), optisch zweiaxig und von geringer Härte, welche letztere nach verschiedenen Richtungen starke Unterschiede zeigt, da das Minimum 5, das Maximum 7 ist.

Das specifische Gewicht ist 3·66—3·69; durch Reiben wird er stark elektrisch.

Andalusit.

Dieses Mineral hat dieselbe chemische Zusammensetzung und dieselben chemischen Eigenschaften wie Cyanit[1], aber eine andere Krystallform, nämlich die rhombische; seine Krystalle zeigen nahezu rechtwinkelige Prismen.

Der gewöhnliche Andalusit, ein recht häufiges Mineral, ist zumeist trübe und selten schön gefärbt und durchsichtig; in letzterem Falle zeigt er ölgrüne bis hyacinthrothe, braun- bis fleischrothe Töne, da er sehr stark dichroitisch ist und nach verschiedenen Richtungen, verschiedene Farben zeigt, welche auch ohne Dichroskop oder Nicol sichtbar sind. Die brasilianischen Steine, welche fast die einzigen sind, welche in den Handel kommen, da alle anderen mehr oder minder trübe sind, zeigen vorwiegend grünen Ton. Die Farbe ist aber immer mehr öl- bis olivengrün, sodass man diesen Andalusit mit dem russischen Chrysoberyll, der ja auch den rothen Ton neben dem grünen zeigt, nicht leicht verwechseln kann.

Der Andalusit zeigt Glasglanz. Seine Härte ist $7^1/_4$, seine Dichte 3·17—3·2. Zu unterscheiden wird man ihn von Turmalin zu haben. Sowohl der Cyanit als auch der Andalusit sind zwei sehr feuerbeständige Mineralien; Säuren greifen sie nicht an. Obwohl beide Mineralien in den Schiefern des St. Gotthard's und im Zillerthale sehr häufig vorkommen, finden sich schön gefärbte schliffwürdige Exemplare daselbst doch nur selten. Hauptfundort beider ist Brasilien. Schöne blaue und blaugrüne Cyanite finden sich nach Gorceix am Rio Pardo (Provinz Bahia), dann auch am Jequitinhonhafluss. Auch in Nordamerika fehlt er nicht.

Aus Indien oder Tibet kommen von unbekanntem Fundorte Cyanite, welche als Saphire verkauft werden.

Die Fundorte des Andalusites sind zahlreich, aber die Steine aus dem Lisenzthal (Tirol) und anderen europäischen Fundorten sind nicht zu Edelsteinen verwendbar, sodass eigentlich nur der Rio das Americanas in der Provinz Minas novas (Brasilien), in Betracht kommt. Auch bei Westford in Massachussets und Mankowa im Ural kommen im Glimmerschiefer rosenrothe Krystalle vor.

Der Werth der Andalusite, welche als Tafel- oder Treppensteine verschliffen werden, ist ein geringer.

---

[1] Man sagt daher, dass die Verbindung Al_2SiO_5 dimorph ist.

Man wird den Andalusit von Chrysoberyll und Turmalin zu unterscheiden haben.

Chiastolith.

Eine Varietät des Andalusites ist der Chiastolith; es ist ein nicht durchsichtiger Andalusit, welcher Einschlüsse von kohliger Substanz enthält, die kreuzförmig angeordnet ist, so dass die geschliffenen Steine im Querschnitt eine Kreuzfigur zeigen. Specifisches Gewicht: 3.

Im Handel ist dieser Stein, der wohl nur locale Bedeutung hat, wenig verbreitet; er ist von sehr geringem Werthe. Hauptfundort ist die Bretagne.

Staurolith.

Dieses Mineral wird selten zu Schmucksteinen verwendet, möge aber doch der Vollständigkeit halber erwähnt werden. Es krystallisirt im rhombischen Systeme und zwar sind zumeist zwei Krystalle kreuzförmig durchwachsen, daher der Name Kreuzstein, welcher diesem Mineral beigelegt wird. Härte $7^1/_4$—$7^1/_2$; Dichte 3·6.

Nur selten sind die dunkel rothbraunen Krystalle durchsichtig genug, um als Edelsteine Verwendung zu finden. Der Staurolith kommt in Schiefern und Gneissen des Monte Campione (Gotthard), bei Quimper (Bretagne), bei Sanarka (Orenburger District) und bei Salobro (Provinz Bahia), an letzteren beiden Orten durchsichtig vor, sodass die von dort stammenden rothbraunen Steine als Edelsteine Verwendung finden; manche ähneln gewissen dunkeln Topasen und werden daher als solche verkauft. Eine Unterscheidung beider ist recht schwer.

Axinit.

Der Axinit krystallisirt in schiefen, flachen Krystallen, welche dem triklinen System angehören. Die durchsichtigen Exemplare, welche sich in den Alpen der Dauphiné finden, sind nelkenbraun, oft mit Stich in's Pfirsichblüthenrothe oder aber in's Rauchgraue. Er zeigt ausgezeichneten Trichroismus, welcher mit dem Dichroskop sichtbar wird und namentlich drei verschiedene Töne in verschiedenen Richtungen zeigt: olivengrün, violblau, zimmtbraun. Durch seinen Dichroismus lässt er sich von Rauchtopas unterscheiden, mit dem er in geschliffenem Zustande verwechselt werden kann. Härte 7; Dichte 3—3·3. Glasglanz. Doppeltbrechend, zweiaxig. Durch Reiben und Erwärmen wird er elektrisch.

Er gehört zu den Thonerde-Silikaten, enthält jedoch auch Eisen, Kalkerde, Mangan, Magnesia und Bor. Die Färbung dürfte durch Mangan bedingt sein. An der Luft erhitzt, wird der violette Axinit bräunlich, bei sehr starkem Erhitzen farblos.

Sphen.

Der Sphen oder Titanit wird nur selten zu Schmuckgegenständen verwendet; doch sind manche Exemplare dem Topas, andere dem Chrysolith, Chrysoberyll und Vesuvian sehr ähnlich, sodass sie wohl unter diesem Namen eingeschmuggelt werden. Man unterscheidet goldgelben und gelbgrünen Sphen. Die Farbe des ersteren ist theilweise die des schönen brasilianischen Topases oder auch des Goldberylles. Die zweite Varietät, welche mit Chrysoberyll und Chrysolith Aehnlichkeit besitzt, hat eine olivengrüne bis spargelgrüne Färbung.

Das specifische Gewicht ist 3·45. Die Härte beträgt $5^1/_2$.

Der chemischen Zusammensetzung nach ist der Titanit kieselsaurer und titansaurer Kalk nach der Formel: $CaSiO_3 + CaTiO_3$.

Der Farbstoff dürfte einer Titan- und Eisenverbindung zuzuschreiben sein; derselbe ist äusserst feuerbeständig und verschwindet auch bei starker Hitze nicht.

Schöne Sphene kommen im Pfitschthal in Tirol vor, ferner in Nord-Amerika bei Bridgewater (Pennsylvanien), wo sie recht geschätzt werden. Manche goldgelbe werden dem Cymophan und Chrysolith untergeschoben.

Der Preis ist ein sehr geringer, man hat sich daher vor Verwechslungen mit den früher erwähnten werthvolleren Steinen in Acht zu nehmen.

Vesuvian.

Der Vesuvian oder Idokras krystallisirt im tetragonalen System, mit prismatischem Habitus, durch Vorherrschen des quadratischen Prisma's (Fig. 43*m*) entstanden. Ueberdies treten die Prismen *a*, *f*, die Basis *c* und Pyramidenflächen *p* und *o* auf.

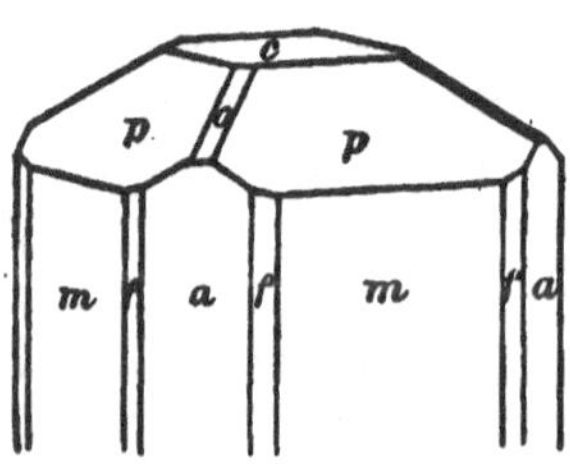

Fig. 43. Krystallform des Vesuvians.

Dieses Mineral, welches in seinen durchsichtigen, schön gefärbten Varietäten, besonders in Italien als Edelstein geschätzt wird, hat eine sehr complicirte chemische Zusammensetzung und besteht aus Kieselsäure, Thonerde nebst Kalkerde, daneben kommen Magnesia, Eisenoxyd und Wasser vor. Die Färbung dürfte durch Eisenoxyd bei den braunen, durch Eisenoxydul bei den grünen bedingt werden; die hier und da vorkommenden rothbraunen Krystalle enthalten Manganoxyd. Geschätzt werden die hyazinthähnlichen, oft in's Honiggelbe übergehenden, durchsichtigen Krystalle vom Vesuv, dann die tief grasgrün, smaragdgrün bis olivengrün gefärbten vom Alathal in Piemont.

Der Vesuvian bildet sich am Vesuv durch Einwirkung von vulkanischen Massen auf Kalkstein; im Alathal kommt er im Serpentin vor. Der Vesuvian dürfte sich immerhin bei höherer Temperatur gebildet haben, wenngleich nicht bei zu hoher, denn in der Weissgluth wird er beim Schmelzen in andere Mineralien umgewandelt, ähnlich wie Granat (siehe S. 136).

Die Härte des Vesuvians ist $6^3/_4$, das specifische Gewicht 3·35—3·45. Der Dichroismus ist merklich; die mit dem Dichroskop zu beobachtenden Töne sind grasgrün, grüngelb bei den Steinen von grünlicher Färbung.

Künstlich ist der Vesuvian noch nicht dargestellt worden, die gegentheiligen Ansichten sind irrthümliche.

Der Werth des Vesuvians ist ein geringer und spielt derselbe als Handelsartikel keine grosse Rolle. Häufig wird er als Chrysolith (grün) verkauft, während die braunen Varietäten als Hyacinthe circuliren. Die Unterscheidung von letzterem durch das specifische Gewicht ist sehr leicht; die Verwechselung mit Chrysolith ist nicht sehr folgenschwer, da ja beide Steine nur einen geringen Preis erreichen. In Italien werden sowohl die grünen Krystalle von Ala als die schön braunen vom Vesuv verschliffen und als Vesuviane verkauft.

Auch im Ural bei Slatoust kommen Steine von pistaziengrüner Farbe vor. Ferner finden sich in Nord-Amerika schöne Vesuviane, insbesondere bei Hope, Pennsylvania.

Epidot.

Aehnliche Farben wie Vesuvian, insbesondere schön pistazien- bis olivengrün, zeigt der Epidot, der ebenfalls zu den Silikaten gehört. Er ist eines der am stärksten dichroitischen Mineralien, was man ohne Apparate leicht beobachten kann; die Farbennüancen schwanken zwischen gelb, braun und grün.

Dieser sehr starke Trichroismus lässt den Epidot von ähnlichen Steinen leicht unterscheiden.

Härte $6^1/_2$. Specifisches Gewicht 3·34—3·45. Das Krystallsystem ist das monokline, der Typus ein säulenförmiger, durch Vorherrschen der Domen; die Krystalle sind der Längsrichtung nach gestreift.

Seiner chemischen Zusammensetzung nach enthält er ausser

Kieselsäure insbesondere Kalkerde, Thonerde, Eisenoxyd (welches die Färbung bedingt, wohl auch etwas Manganoxydul), sowie Wasser.

Hauptfundorte durchsichtiger Krystalle, die zum Schleifen brauchbar sind, sind das Sulzbachthal im Pinzgau, Minas Geraës in Brasilien, Rabun County (Nord-Amerika).

Als Edelstein spielt dieses Mineral nur eine sehr untergeordnete Rolle.

Diopsid.

Dieses Mineral, in Säulen vorkommend, ist von lauchgrüner bis hellgrüner Farbe, und wird in Piemont und im Alathal bei Lanzo gefunden, an demselben Fundorte wie der grüne Vesuvian. Seine Farbe ist zu hell, so dass es wenig Werth hat, überdies besitzt es nur eine Härte von 5·5. Es wird in Italien verarbeitet. Im Zillerthal kamen früher tiefgrüne bis lauchgrüne Prismen vor, die werthvoller waren, aber selten traf man reinere Steine. In St. Lawrence County, Nord-Amerika, kommen schöne ölgrüne Steine bis zu 15 Karat vor.[1]

Das specifische Gewicht ist 3·1—3·2. Der Diopsid ist optisch zweiaxig, nicht dichroitisch. Von Säuren wird er nicht angegriffen. Bei hoher Temperatur ist er schmelzbar. Er gehört dem mineralogischen Geschlechte der Augite an und besteht aus Kieselsäure, Kalkerde und Magnesia, mit kleiner Beimengung von Eisenoxydul, welches die grüne Färbung bedingt; die Formel ist $CaMgSi_2O_6$.

Smaragdgrüner chromhaltiger Diopsid kommt als Begleiter der Capdiamanten vor (sog. Chromdiopsid), auch in Nord-Amerika in Eliott County.

Von dem ihm so ähnlichen Vesuvian ist der Diopsid durch die mehr helllauchgrüne Farbe verschieden; ersterer ist mehr grasgrün mit deutlichem Stich in's Gelbliche. Falls eine Interferenzfigur im Polarisationsapparat zu sehen ist, wird bei Vesuvian die in Fig. 9 oder Fig. 10 abgebildete, bei Diopsid die von Fig. 11 sichtbar werden. Wenn eine Härteprüfung zulässig ist, so lassen sich beide leicht unterscheiden, da Vesuvian bedeutend härter als Diopsid ist und Orthoklas (Nr. 6 der Mohs'schen Skala) ritzt, was beim Diopsid nicht der Fall ist.

Dioptas.

Dieses Mineral wird in Persien, der Bucharei und Russland als Schmuckstein verwendet. Dioptas zeigt eine tiefe, schöne, smaragdgrüne Farbe. Seine Härte ist gering: 5; er ist wenig durchsichtig bis

[1] Kunz, Precious Stones of N. Amerika. S. 151.

durchscheinend, zeigt einen sehr schwachen Dichroismus, starke Doppelbrechung und ist einaxig. Erhitzt wird er schwarz. In Ammoniak gekocht wird er angegriffen und giebt eine blaue Lösung. Säuren zersetzen den Dioptas. Seiner chemischen Zusammensetzung nach ist er kieselsaures, wasserhaltiges Kupferoxyd. Formel: H_2CuSiO_4. Dichte: 3·3. Krystallform: sechsseitiges Prisma mit Rhomboëder. Der Hauptfundort ist die Kirgisensteppe, wo er im Kalkstein des Berges Altyn-Tübe gefunden wird, auch in den Goldseifen des Jenisseigebietes wird er gefunden; sehr schöne Steine sind auch zwischen Brazzaville und Philippeville (französisches Congogebiet) gefunden worden.

Man unterscheidet den Dioptas leicht von Smaragd und ähnlichen Steinen durch seine geringe Durchsichtigkeit und sein höheres specifisches Gewicht. Er hat wohl nur wegen seiner Seltenheit und Farbe einen grossen Liebhaberwerth, denn die geringe Härte und geringe Durchsichtigkeit stehen einem höheren Werthe entgegen.

Der Dioptas wurde im Jahre 1868 von Becquerel durch Einwirkung von Kupfernitrat auf Kaliumsilikat künstlich dargestellt.

Halbedelsteine.

Die Sonderung in Edelsteine und Halbedelsteine oder in Edelsteine und Schmucksteine, wie sie früher allgemein aufrecht erhalten wurde, ist selbstverständlich nicht streng durchzuführen möglich. Manche Steine der Gruppe der Halbedelsteine, z. B. schöne Amethyste, können unter Umständen weit werthvoller sein, als einzelne der im letzten Kapitel genannten Edelsteine. Im Allgemeinen gehören jedoch zu den Halbedelsteinen besonders solche Steine, welche in grossen Mengen vorkommen und nicht nur als Edelsteine sondern auch in der Kunstindustrie verwendet werden.

Dreiunddreissigstes Kapitel.

Quarz.

Eine an Edelstein- resp. Schmuckstein-Arten überaus reiche Mineralgattung ist der Quarz, die reine krystallirte Kieselerde SiO_2. Es sind theils durchsichtige Krystalle: Bergkrystall, Amethyst,

Rauchtopas, Morion, Citrin, Avanturinquarz, theils derbe durchscheinende Massen: Rosenquarz, Prasem, Katzenauge u. s. w.

Hierzu kommen die krystallinischen Varietäten: Chalcedon, Onyx, Achat, Heliotrop, Sarder, Jaspis u. s. w.

Die Unterschiede der einzelnen krystallisirten und derben Quarzvarietäten beruhen zumeist nur auf Farbenunterschieden und Einschlüssen, die der krystallinischen ebenfalls auf Färbungen und structurellen Differenzen.

Um die zahlreichen Quarzvarietäten, die trotz ihres mineralogischen Zusammenhanges gar keine äusserliche Aehnlichkeit besitzen, zu classificiren, kann man sie folgendermaassen eintheilen:

1. krystallisirte Quarze,
2. farbige derbe Quarze,
3. krystallinische Quarzvarietäten.

1. Krystallisirte Quarze.

Diese kann man wieder unterscheiden in durchsichtige und in undurchsichtige oder durch Einschlüsse stark getrübte Quarze; ein wesentlicher Unterschied ist jedoch nicht vorhanden. Wir unterscheiden hauptsächlich folgende Varietäten:

Bergkrystall, Amethyst, Citrin, Morion, dann die durch Einschlüsse von Rutil, Amianth ausgezeichneten, sowie durch Risse irisirenden Quarze.

Mineralogischer Name:	Farbe:	Handelsname:
Krystallisirter Quarz,	farblos, wasserhell,	Bergkrystall, Rheinkiesel, böhmischer, occidentalischer, marmaroser Diamant, Paphos Diamant, Arkansas Diamant,
Amethyst,	violett, lila,	Amethyst,
Citrin,	safrangelb,	falscher indischer Topas,
"	orange, bräunlich,	spanischer Topas,
Rauchquarz,	schwärzlichbraun, rauchgrau, nelkenbraun,	Rauchtopas, Alençondiamant,
Morion,	kohl- bis braunschwarz,	
Quarz mit nadelförmigen Einschlüssen,		Haarsteine, Venushaare, Flèche d'amour,
Quarz mit Rissen und Sprüngen,	irisirend,	Quarz irrisé, Regenbogenquarz.

A. Bergkrystall.

Krystallform des krystallisirten Quarzes. — Der Quarz krystallisirt im hexagonalem System und zeigt ein vorwiegendes hexagonales Prisma *r* (S. 3) mit zwei Rhomboëdern *P*, *z*, er ist demnach oben und unten von je sechs Flächen begrenzt (Fig. 44). Zumeist sind von diesem drei, einem Rhomboëder angehörige Flächen stärker entwickelt als die drei übrigen. Dies ist namentlich bei der Amethyst-Varietät der Fall, bei welcher oft die Flächen des zweiten Rhomboëder's ungemein klein sind (Fig. 45). Es treten jedoch bei vielen Bergkrystallen, Rauchtopasen u. s. w. noch andere Flächen auf, die zumeist nur sehr klein, aber krystallographisch sehr interessant sind.

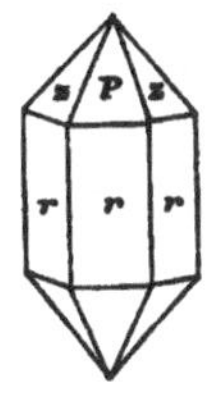

Fig. 44. Krystallform des Quarzes.

Die Prismenflächen des Quarzes sind durch eine horizontale Streifung, senkrecht zu den Prismenkanten, gekennzeichnet.

Die Härte ist 7, die Dichte 2·6. Der Quarz ist nicht pleochroitisch, auch gefärbte Quarze sind es kaum merklich.

Eine wichtige optische Eigenschaft, welche oft dazu dienen kann, verarbeitete Gegenstände aus Bergkrystall von Glasobjecten u. s. w. zu unterscheiden, ist die Circularpolarisation des Quarzes, eine Eigenschaft, welche kein anderer Edelstein besitzt. Praktisch lässt sich die Circularpolarisation bei geschliffenen Steinen zumeist im Polarisationsapparat durchführen. Der Unterschied zwischen dem Interferenzbild des Quarzes und dem der gewöhnlichen einaxigen Krystalle ist der, dass das schwarze Kreuz nur am Rande des Bildes auftritt, in der Mitte aber im Gegensatze zu den anderen Krystallen (s. Fig. 9 u. 10) niemals dunkel wird. Betrachtet man einen Quarz zwischen zwei gekreuzten Nicols im Polarisationsapparate (nachdem man die Linsen *S* und *S'* Fig. 9 S. 22 entfernt hat), so wird man immer bunte Interferenzfarben sehen.

Der Quarz hat nur Glasglanz und ist daher vom Diamanten, den er oft imitiren soll, leicht an dem Fehlen der eigenthümlichen an Metallglanz erinnernden Beimengung, welche den Glanz des Diamantes charakterisirt, zu erkennen. Er hat nur kleine Brechungsquotienten, im Durchschnitt 1·55, also ein viel geringeres Brechungsvermögen als Diamant. Auch sein Dispersionsvermögen (s. S. 70) ist weit schwächer.

Der Quarz zeigt keine Spaltbarkeit, sondern einen muscheligen Bruch; auf den Bruchflächen zeigt sich Fettglanz, auf Krystallflächen sowie auf Schliffflächen ist der Glanz ein glasiger.

Der Quarz ist nur von Flusssäure angreifbar, andere Säuren greifen ihn nicht an, was jedoch durch concentrirte alkalische Laugen geschieht. Er ist nur im Knallgasgebläse schmelzbar.

Die Bildung des Quarzes ist hauptsächlich auf dem Wege des Absatzes aus Lösungen vor sich gegangen; dies zeigt sein Vorkommen in den Hohlräumen von Granit, Gneiss, Schiefer, Kalkstein, sowie auch das Experiment.

Der Quarz ist aus Lösungen künstlich dargestellt worden, indem man kieselsaures Alkali zersetzte, oder indem man amorphe Kieselsäure umkrystallisirte. Es gelingt dies erst bei ungefähr 300° und unter Anwendung eines höheren Druckes. Die erhaltenen Krystalle waren stets sehr klein; eine praktische Anwendung hat diese künstliche Darstellung daher nicht gefunden.

Ihrer Bildung nach sind die Bergkrystalle dementsprechend auf Hohlräumen und Klüften kieselsäurereicher Gesteine, insbesondere Granit, Gneiss und Glimmerschiefer, entstanden. In diesen Felsarten finden sich oft grosse Höhlen, sogenannte Krystallkeller, in welchen mitunter massenhafte grosse Bergkrystalle und andere Quarzvarietäten, namentlich Rauchtopas, Morion, Citrin u. s. w., gefunden werden.

Unter Bergkrystall speciell versteht man den wasserhellen, klaren, durchsichtigen Krystallquarz, welcher stets in Gesteinen aufsetzend sich bildet. Manche Bergkrystalle sind durch Einschlüsse von Poren, Rissen, oft auch durch grössere Flüssigkeitseinschlüsse unrein; sogenannte Fahnen sind häufig. Man findet auch mikroskopische Flüssigkeitseinschlüsse, die mitunter aus flüssiger Kohlensäure bestehen, was auf einen hohen Druck bei ihrer Bildung hindeutet (S. 46), sowie Einschlüsse anderer Mineralien, zumeist nadelförmig ausgebildet.

Fundorte des Bergkrystalles. — Die Lagerstätten der Bergkrystalle sind theils primäre und die Krystalle sitzen dann in Hohlräumen und Spalten, z. B. in den sogenannten Krystallkellern, theis sind es secundäre Lagerstätten, wie in Brasilien, Uruguay, wo die Steine in abgerundeten Geschieben vorkommen.

Schöne wasserhelle Bergkrystalle finden sich in den krystallinischen Schiefern der West-Alpen, wo der berühmte Krystallkeller am Zinkenstock im Berner Oberland allein seit 1735 1000 Centner erbrachte. Die Fundorte liegen meist hoch im Gebirge und die Krystallsucher, in der Schweiz Strahler genannt, können die Steine oft nur mit Lebensgefahr in's Thal bringen. Der St. Gotthard, das Vieschthal, das Rheinthal bei Graubündten, Bourg d'Oisans in der Dauphiné sind wichtige Fundstätten für den Bergkrystall. Auch im Zillerthal und im Habachthal (Salzburg) werden viele gefunden.

Schöne diamantähnliche Bergkrystalle finden sich in Hohlräumen des Carraramarmor, dann bei Bocsko, Marmaroser Comitat, in Ungarn (Marmaroser Diamanten).

In Asien ist Ceylon als Fundort bekannt; die Quarze entstammen den Hohlräumen des Gneisses von Candian. Auch Java und Borneo liefern welche. Der Bergkrystall der Alten dürfte vermuthlich aus Ceylon stammen.

Ein ungemein wichtiger Fundort ist auch die Insel Madagaskar, wo auch wohl die grössten Steine gefunden wurden. Es kommen dort Blöcke von 8 Meter Umfang vor. Der dortige Quarz ist überaus rein.

In Amerika werden neuerdings die von Hot-Springs (Arkansas) stammenden Quarze vielfach unter dem Namen Arkansas-Diamanten gehandelt. Brasilien und Uruguay liefern viele Quarze, allerdings mehr gefärbte.

Der Werth des Bergkrystalles ist selbstverständlich ein sehr geringer und die Schleifkosten sind oft grösser als der Materialwerth.

Geschliffen wird der Bergkrystall, ebenso wie die Varietäten Citrin, Rauchtopas, Amethyst, entweder als Brillant, Rosette, oder als Tafel- und Treppenstein; auch eigene seltenere Schleifformen kommen vor. Dass der Bergkrystall schon seit den ältesten Zeiten zu Krügen, Bechern, Vasen u. s. w. verarbeitet wurde, sowie auch zu gravirten Gefässen, Gemmen u. s. w., ist hinlänglich bekannt.

Imitationen des Bergkrystalles. — Während der Bergkrystall selbst zur Nachahmung des Diamanten gebraucht wird, werden andererseits Gläser, namentlich bleihaltige, zu seiner Verfälschung angewandt. Letztere sind fast stets schwerer als Quarz; die optischen Eigenschaften, insbesondere die durch die Circularpolarisation hervorgerufenen Erscheinungen, lassen häufig eine Unterscheidung zu, abgesehen davon, dass Quarz härter als alle Gläser ist. Die Unterscheidung vom Diamanten selbst ist schon am Glanze möglich, da dem Bergkrystall der metallartige Glanz fehlt. In der Praxis wird man mitunter in die Lage kommen, bei verarbeiteten Quarzen, namentlich alten gravirten, eine Bestimmung zur Unterscheidung von Glas vorzunehmen. Man verwende die grössere Härte, sowie die optischen Eigenschaften, durch Untersuchung im Polarisationsapparat, sei es mit den Linsen *S* und *S'* (Fig. 8 S. 22) oder auch ohne diese.

B. Amethyst.

Die violblaue Abart des Quarzes, der Amethyst, wird besonders geschätzt. Die Nüancen, welche der Amethyst zeigt, schwanken vom

Pflaumenblau bis zum Perlgrau. Sehr oft ist die Farbe unregelmässig vertheilt, andere Male ist die Färbung nach Sectoren verschieden, was mit einer Zwillingsbildung zusammenhängt.

Der Farbstoff der Amethyste, der nur mechanisch, nicht chemisch beigemengt sein dürfte, ist nicht mit Sicherheit festgestellt. Manche vermuthen Mangan, andere die sogenannte Eisensäure (eine hypothetische Verbindung des Eisens mit Sauerstoff), andere wieder organische Substanz. Am wahrscheinlichsten erscheint mir eine Eisenverbindung, da ich einige Male nach Erhitzen von Amethyst, wobei dieser farblos wird, rothe eisenoxyd-ähnliche Partikelchen, als Rückstände beobachten konnte. Eine Entscheidung, ob Eisen, Mangan oder organische Substanz das Färbemittel ist, lässt sich aus den Versuchen noch nicht geben.

Erhitzt man den Amethyst mässig, so wird er gelb, bei 250° circa wird er nach meinen Versuchen ungemein rasch farblos. Im Sauerstoffstrom erhitzt wurde er bei meinen Versuchen nicht gelblich, sondern rasch farblos, in einigen Fällen wurden die oben erwähnten rothen Partikelchen beobachtet. Man benutzt diese Farbenveränderungen, um aus Amethyst Citrin oder reinen Bergkrystall herzustellen.

Der Amethyst unterscheidet sich auch von den übrigen krystallisirten Quarzen dadurch, dass gewöhnlich das eine der Rhomboëder *P*, *z* nur sehr klein ist oder ganz fehlt (Fig. 45), so dass an den Enden der Hauptaxe nur je drei Flächen auftreten.

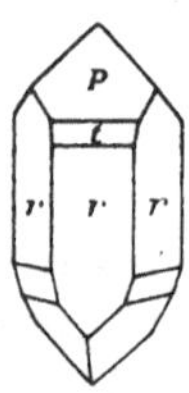

Fig. 45. Krystallform des Amethyst.

Beim Amethyst kommen complicirte Zwillingsbildungen vor, indem zwei Krystalle sich vollständig durchdringen, was an der verschiedenen Färbung zu bemerken ist[1]. Der Amethyst bildet sich häufig in Hohlräumen von vulkanischen Gesteinen, sogenannten Mandelsteinen, die im Melaphyr, Andesit u. s. w. auftreten und voll von Amethystkrystallen sind. Solche finden sich bei Oberstein, Schemnitz, dann in Hohlräumen des Gneisses im Zillerthal (Rothenkopf). Das häufige Vorkommen von Amethyst und anderen Quarzvarietäten (siehe unten) bei Oberstein war wohl Anlass zu der grossartigen Industrie, welche in Oberstein blüht. Dieser Ort ist heute wohl der wichtigste für die In-

[1] Solche Quarze bestehen dann oft aus optisch verschiedenen (sogenannten rechts- und linksdrehenden) Theilen und geben im Polarisationsapparate (S. 23) complicirte Erscheinungen. Dieselben sind jedoch für unsere Zwecke belanglos.

dustrie der Schmucksteine überhaupt, obgleich das Material jetzt fast ausschliesslich aus anderen Gegenden stammt. Für Amethyst speciell ist zur Zeit der Hauptfundort Brasilien, wo dieser Edelstein in grossen, schön gefärbten Geröllen in den Flussbetten vorkommt.

Weitere Fundorte sind die Gegend von Candian und Saffragan auf Ceylon (Geschiebe, welche aus Granit und Gneiss stammen), dann St. Mary's Bai in Britisch Nord-Amerika, die Botanybay in Australien. Nord-Amerikanische Fundorte sind auch Deer Hill, (Maine) und Delaware County.

Imitationen des Amethyst. — Durch blauen Flussspath, sowie durch Glasimitationen ersetzt man den Amethyst; beide sind weniger hart als Amethyst, die Glas-Imitationen sind specifisch schwerer und einfach brechend.

Der Amethyst erreicht bisweilen eine bedeutende Grösse, es kommen fusslange Krystalle vor, meistens sind aber grössere Steine nicht von gleichmässiger Farbe, sondern mehr gefleckt.

Der Werth schöner grösserer Amethyste ist nicht unbedeutend. Er hängt viel von der Farbe ab; das minderwerthige Material wird um circa 1 Mark für das Kilo verkauft, schönere grössere Steine werden aber mit bis 10 Mark für das Karat bezahlt.

Geschliffen wird der Amethyst meist als Tafel- oder Treppenstein, seltener wie Diamant.

C. Rauchtopas.

Eine durch nelkenbraune, rauchbraune Färbung ausgezeichnete Quarzvarietät, die sich sonst in Allem dem Bergkrystall gleich verhält, sowohl bezüglich der Krystallform, als auch des Vorkommens und der Lagerung.

Die Färbung dürfte durch organische Substanz bedingt sein; erhitzt man dunkle Rauchtopase langsam, so werden sie heller und nehmen einen Stich in's Gelbliche an, bei Rothgluth werden sie gänzlich entfärbt. Am besten lässt sich meiner Ansicht nach die hellere Färbung durch vorsichtiges Erhitzen im Sauerstoffstrome durchführen, man kann alle möglichen Schattirungen erzeugen.

Man findet den Rauchtopas sowie den Bergkrystall in Hohlräumen von Schiefergesteinen in den Alpen, sowie auf secundärer Lagerstätte in Geröllablagerungen an den meisten Orten, welche für Bergkrystall bereits genannt wurden.

Geschliffen wird der Rauchtopas wie Amethyst, sein Preis ist aber weit geringer.

Unter Morion versteht man eine dunkelbraune bis tief schwarzbraune Abart des Rauchtopases; ein weiterer Unterschied in den Eigenschaften beider ist nicht constatirbar.

D. Citrin.

Eine sehr gesuchte wein- bis honiggelbe Varietät, welche dem Topas in der Farbe sehr ähnlich ist und daher auch als Surrogat für denselben dient.

Die Farbe schwankt zwischen honiggelb, gelbbraun bis citronengelb und weingelb.

Hauptfundorte des Citrins sind Brasilien, wo er mit Amethyst und Rauchtopas in Geschieben vorkommt.

Die topasähnlichen Citrine werden allgemein als „indische Topase" verkauft; man hat daher oft die Unterscheidung vorzunehmen; viele Citrine sollen gebrannte Amethyste sein, was nicht zu bestimmen ist.

Der Verarbeitungsort der Citrine ist besonders Oberstein; man schleift ihn wie den Topas.

E. Quarze mit Einschlüssen.

In manchen Bergkrystallen treten Rutil und Amphibol (Strahlstein) massenhaft auf, so dass sie eine eigenthümliche, hübsche Erscheinung hervorrufen. Im Handel werden diese Quarze mit haarförmigen Einschlüssen obiger Mineralien Venushaare und Flèche d'amour genannt. Man schleift sie auch herzförmig. Fundorte: St. Gotthard, Zillerthal, Schemnitz, Vermont in Nord-Amerika.

Man findet solche Rutil- und Strahlstein-Quarze vielfach in den Alpen.

Quarze, welche einen grösseren Flüssigkeitseinschluss mit beweglichen Luftbläschen enthalten (Wasser-Tropfenquarz), sind ebenfalls gesucht. Man findet sie öfters in den Alpen.

Goldquarze, nämlich Quarze mit eingesprengtem Golde, werden in Amerika zu Platten geschliffen und als Steine für Broschen, Knöpfe u. s. w. verarbeitet.

Regenbogenquarz. — Ein durch zahlreiche Hohlräume und Sprünge irisirender Quarz. Es entstehen im Inneren Regenbogenfarben; polirte Stücke sind recht hübsch.

2. Derbe, farbige Quarze.

A. Rosenquarz.

Der Rosenquarz zeigt eine schöne rosenrothe Farbe, oft mehr blass- oder grau-rosa, und ist durchsichtig bis halbdurchsichtig. Das

Färbemittel wurde dem Titan zugeschrieben, wahrscheinlich liegt organische Substanz vor. Das Licht bleicht seine Farbe, was ebenfalls für ein organisches Färbemittel spricht.

Fundstätten des Rosenquarzes, der einen sehr geringen Werth hat, sind das Fichtelgebirge, Bodenmais, dann Zwiesel, Brasilien und Ceylon. Specifisches Gewicht 2·65.

B. Prasem.

Der Prasem, der im Handel auch Smaragdmutter heisst, ist ein mit Strahlstein (Hornblende) so innig verwachsener derber Quarz, dass er eine lauchgrüne Farbe annimmt; er ist undurchsichtig. Fundort: Breitenbrunn im Erzgebirge, Habachthal, dann Mähren, Schottland, Finland.

Im Handel wird der Prasem Smaragdmutter genannt, da man früher irgend einen Zusammenhang mit Smaragd vermuthete.

C. Saphirquarz.

Ein Quarz, welcher blaue Fasern des Minerals Krokydolith, einer Hornblendevarietät, die auch das Tigerauge bildet, einschliesst und dadurch eine blaue Färbung erhält.

Vorkommen: bei Golling im Herzogthum Salzburg.

D. Avanturinquarz.

Eine Quarzvarietät, die eine grosse Anzahl von feinen Glimmerblättchen enthält, welche dem Steine einen im Inneren hervortretenden gold- bis messinggelben Schimmer geben, der bei polirten Stücken einen recht hübschen Eindruck macht.

Die Fundorte sind Madrid (zwischen Granitgeschieben), Nantes, Aschaffenburg, dann im Ural: Miask und Slatoust, in Steiermark: Mariazell. Der Avanturin wird zu Ringsteinen u. s. w., sowie auch zu allerhand Gehängen u. s. w. verwendet; man giebt ihm, um den Flimmer zu erhöhen, eine halblinsenförmige oder ovale Form. Die künstlichen mit Kupferzusatz erzeugten Avanturingläser, wie sie in Murano z. B. erzeugt werden, sind dem echten Avanturin oft täuschend ähnlich, aber weniger hart; auch kann man mit der Lupe oder dem Mikroskop die beiden unterscheiden; das Avanturinglas ist auch weit schwerer. Avanturinquarz ist kupferfrei.

E. Katzenauge. Tigerauge.

Das Katzenauge ist eine Verwachsung von Quarz und Asbest; die parallelen Fasern des eingelagerten Asbestes geben dem Steine, wenn er mugelig geschliffen ist, einen wogenden Lichtschimmer, der thatsächlich an ein Katzenauge erinnert. Man unterscheidet verschiedene Abarten, die von verschiedenen Fundorten stammen und verschiedenen Werth besitzen. Der geschätzteste Stein ist der von den Malabaren, von bräunlichgelber Färbung, mit blauweissem Schimmer. Sehr gesucht ist auch der von Ceylon von mehr grünlicher Farbe, am wenigsten werth ist der helle aus dem Fichtelgebirge.

Das Katzenauge wird mugelig zu Ringsteinen in der Form einer Kaffeebohne geschliffen. Die Preise dafür sind oft auch jetzt noch hohe, 10—50 Mark für den Stein. Es wird insbesondere in Indien verwendet. Specifisches Gewicht 2·6.

Das Falkenauge ist eine faserig-stengelige mit Quarz imprägnirte Varietät eines hornblendeartigen Minerals, des Krokydolith, welcher am Cap der guten Hoffnung vorkommt und von bläulicher Farbe ist.

Tigerauge. — Das Mineral Krokydolith, wie erwähnt eine Hornblendeart, findet sich häufig in zersetztem Zustande und erscheint durch Eisenoxyd gelbbraun gefärbt. Häufig wird es auch von Kieselsäure (Quarz) durchtränkt, es erhält dann die Härte dieses Minerals, behält aber die faserige Structur des Krokydolith's und zeigt nach dem Schleifen einen sehr schönen Schimmer und dabei eine prächtige holzbraune Farbe. Dieses Mineral, welches demnach eine durch Eisenoxydhydrat braun gefärbte, von Quarz imprägnirte asbestartige Hornblende (welche sich aber von der gewöhnlichen Hornblende auch chemisch etwas unterscheidet) ist, kommt in Süd-Afrika in grossen Massen in Spalten eines Schiefergesteines vor, und wird als Tigerauge in Handel gebracht.

Das schöne Aussehen dieses Steines, insbesondere bei mugeligem oder rundlichem Schliff, verschaffte ihm Anfangs viele Liebhaber und hohe Preise; da derselbe jedoch massenhaft gefunden wurde, sank der Preis immer mehr, und heute wird das Tigerauge centnerweise zu minimalen Preisen verkauft.

3. Krystallinische Quarze (Chalcedone).

Der Chalcedon ist ein krystallinisches feines Quarzaggregat und zeigt daher keine bestimmte Form; er ist dicht, trübe, zeigt feinsplitterigen Bruch, ist etwas leichter wie Krystallquarz 2·59—2·6 und weniger hart $6^3/_4$. Glanz: wachsartig. Der Chalcedon ist vom Quarz dadurch etwas verschieden, dass er etwas amorphe Kieselsäure enthält, welche sich durch Alkali-Lauge ausziehen lässt; daher enthält er auch etwas Wasser.

Im Gegensatz zu den Krystallquarzen ist der Chalcedon porös, so dass er durch Färbemittel nicht nur äusserlich, sondern in seiner ganzen Masse getränkt werden kann. Unter dem Mikroskop entdeckt man auch leicht die kleinen Hohlräume, welche den Stein durchziehen.

Die Chalcedonarten sind alle secundären Ursprunges; sie entstehen durch Zersetzung und Auslaugung der verschiedensten kieselsäurehaltigen Gesteine durch die etwas kohlensaure Alkalien enthaltenden Gewässer und setzen sich in Hohlräumen, Spalten und Klüften ab.

Wie man einerseits Chalcedon von aussen färben kann, so ist auch in der Natur die verschiedene Färbung wohl durch eingesickerte Flüssigkeiten entstanden. Die äussere Form der Chalcedone ist meist die einer geschlossenen Kugel, welche im Innern sehr häufig hohl, oft aber auch gänzlich ausgefüllt ist; mitunter kommen in hohlen Chalcedonkugeln, auch Quarzkrystalle oder krystallisirte Amethyste vor. Ausser in Kugeln kommen die Chalcedone auch in nierenförmigen, traubigen Massen, in Platten, ovalen Geschieben vor.

Die wichtigsten Varietäten sind ausser dem weniger hier in Betracht kommenden grauen, gelben und gemeinen Chalcedon insbesondere folgende:

Carneol, Chrysopras, Jaspis, Heliotrop, Plasma, Achat, Onyx.

A. Gemeiner Chalcedon.

Der gemeine Chalcedon wird nur dann verwendet, wenn er schöne Farben oder sonstige auffallende Erscheinungen zeigt; schöne Abarten sind der Regenbogenchalcedon, der Mokkastein aus Arabien, auch Moosachat, Baumachat (Chalcedoine arborisée) mit pflanzenähnlichen Zeichnungen, die aber mit wirklichen Pflanzen in keinem Zusammenhange stehen, sondern nur sogenannte Dendriten, Infiltrationen von Manganoxyd sind.

Eine interessante Varietät ist auch der Enhydros, ein Chalcedon, welcher einen grossen Flüssigkeitseinschluss zeigt; oft ist es eine mit Flüssigkeit gefüllte Kugel. Vorkommen: Monte Berico bei Vicenza und in Uruguay.

B. Carneol.

Ein meist in unvollkommenen Kugeln vorkommender, durch Eisenoxyd roth gefärbter Chalcedon, welcher in Geschieben und als Ausfüllungsmittel der Hohlräume sogenannter Mandelsteine insbesondere bei Oberstein, in den Flüssen Uruguay's, auch in Nubien und bei Baratsch in Indien vorkommt.

Der Carneol wird insbesondere zu Cameen, zu Ring- und Petschaftsteinen, kleinen Statuetten u. s. w. verwendet; um seine

Farbe schöner roth zu gestalten, erhitzt man ihn, wodurch die Farbe intensiver wird, da etwaiges Eisenoxydhydrat[1] in Eisenoxyd umgewandelt wird; doch darf man die Erhitzung nicht zu hoch treiben, da er sonst zersetzt und in Folge dessen matt, trübe und zerreiblich wird. Er kommt häufig mit Achat an einem Stück vor.

Die schönsten Carneole sind der Sardonyx, welcher orangefarbene und weisse Lagen zeigt, der Carneol vom alten Stein, von blutrother Färbung, der Carneolonyx, welcher weisse und blutrothe Farbe zeigt.

Die werthvollsten Carneole sind der Sardonyx und Carneolonyx, auch die schön blutrothen sind gesucht.

C. Jaspis.

Ein derber, in der Natur meist in Geschieben vorkommender, durch verschiedene Beimengungen gefärbter Chalcedon. Man kennt rothen Jaspis, durch Eisenoxyd, gelben durch Eisenoxydhydrat, braunen durch Manganoxyd gefärbt. Der Jaspis ist undurchsichtig. Sehr geschätzt war derselbe im Alterthume, namentlich der als Geschiebe im Nil vorkommende.

Man unterscheidet: 1. den Nilkiesel, oder ziegelroth seltener kastanienbraun gefärbten ägyptischen Jaspis. Derselbe kommt auch bei Auggen im Breisgau mit Bohnerzen vor;

2. den Bandjaspis, durch verschiedene Farben roth, gelb, grau, grün, braun, welche laugenartig auftreten, gebändert. Fundort: Ocholsk im Jekaterinenburger Bezirk;

3. den gemeinen Jaspis. Er geht in Hornstein über und zeigt verschiedene Färbung; derselbe wird wohl kaum verwendet. Ueberhaupt ist der Jaspis in neuester Zeit wenig beliebt, er wird höchstens zu kleineren Vasen, Schalen u. s. w. verwendet.

D. Chrysopras.

Ein Chalcedon von schön apfelgrüner Farbe, durch Nickeloxydhydrat gefärbt, von körniger Structur. Vorkommen: in Schlesien (Kosemitz, Grochau bei Frankenstein); er stammt aus Serpentin, wo er in Adern und Trümmern vorkommt.

Weitere Fundorte sind das Stubachthal (Salzburg), Ruda in Siebenbürgen, dann in Nord-Amerika (Nickel Mount, Douglas County, ebenfalls im Serpentin).

---

[1] Es ist dies das rothe Eisenoxydhydrat von der Zusammensetzung des Minerals Goethit $H_2Fe_2O_4$.

Der Chrysopras hat die Eigenschaft, unter dem Einfluss von Licht und Wärme seine schöne Farbe zu verlieren, wahrscheinlich in Folge von Zersetzung der Nickelverbindung durch Wasserverlust.

Der Chrysopras, im Alterthume und Mittelalter hoch geschätzt, hat jetzt nur geringeren, aber immerhin unter den Chalcedonvarietäten noch den bedeutendsten Werth. Er wird zu verschiedenen Schmuckgegenständen verwendet; bei lebhafter Farbe werden Steine bis zu 30 Mark bezahlt.

Man verfälscht diesen Stein dadurch, dass man weisse Chalcedone grün färbt, was oft sehr schwer zu erkennen ist.

E. Heliotrop.

Ein grüner (lauchgrüner, berggrüner) Chalcedon, mit rothen Carneolpunkten, die etwas durchsichtiger als die grüne Grundmasse sind, besät. Er ist etwas durchscheinend, meist matt. Die grüne Farbe rührt von einem beigemengten Mineral, wahrscheinlich einem eisenhaltigen Silikat her; sie verschwindet an der Luft langsam. Der Heliotrop wird als Ringstein verwendet und ist von etwas höherem Werth als Carneol.

Vorkommen in der Bucharei, China, Ostindien, Neuholland (hier besonders schön in Basalt-Mandelstein), auch in Siebenbürgen bei Tekerö und Toroczko, aut der Insel Run.

F. Plasma.

Die dunkle Substanz, welche wir eben am Heliotrop kennen lernten, aber ohne dunkle Flecken, heisst Plasma; es ist eine dichte, grüne Chalcedonsubstanz, welche sich hauptsächlich in Ostindien findet, auch in Ober-Aegypten tritt sie auf. Heute wird das Plasma wohl wenig verwendet, aber unter den antiken Gemmen findet sich häufig solche aus Plasma.

G. Achat.

Wohl die allerwichtigste Chalcedonvarietät, welche aus verschieden gefärbten Lagen von Chalcedon mit krystallisirtem Quarz besteht. Es sind dichte Ausfüllungen von Blasenräumen, die ein gebändertes Aussehen erhalten haben. Der Achat ist demnach ein eigenthümliches, meist gebändertes Gemenge von Chalcedon, krystallisirtem Quarz und opalartiger Substanz. Je nach der Vertheilung der Lagen unterscheidet man α) Bandachat, β) Onyx, γ) Festungsachat, δ) Regenbogenachat, ε) Moosachat, ζ) Augen- oder Punktachat.

Ferner giebt es noch Sternachat, Korallenachat und viele andere Bezeichnungen.

Hervorragendes Interesse hat wohl hauptsächlich der Onyx, bei welchem die Farben schön und scharf abgeschnitten sind, und welcher häufig schwarze und weisse Farben zeigt. Die übrigen Varietäten führen ihre Namen hauptsächlich, je nachdem sie an Korallen, Festungen, Augen, Moos erinnern, oder auch wie der Regenbogenachat von der Eigenthümlichkeit, bunte Farben zu zeigen, was durch Hohlräume und Sprünge im Innern erzeugt wird.

Das specifische Gewicht der Achate beträgt 2·6—2·66.

Das Vorkommen des Achates ist fast ausschliesslich auf die Mandelsteine beschränkt, welche in verschiedenen Eruptivgesteinen, wie Melaphyr, Augitporphyr, Basalt u. s. w. entstehen. Durch Verwitterung und Zersetzung jener Gesteine werden die härteren und widerstandsfähigen Mandeln herausgewaschen und durch Gewässer weggeführt, wo man sie dann auf secundärer Lagerstätte, wie in Uruguay, findet. Die Achatmandeln sind von sehr verschiedener Grösse, bald nur haselnussgross, bald kopfgross, oft sind sie hohl und dann sitzen auf der Achatrinde Amethyst oder andere Krystalle auf.

Fundorte schöner Achate sind Oberstein und Umgebung, Theiss in Tirol, Schemnitz, Brasilien und Uruguay, wo sie in den Flussbetten in grossen Mengen vorkommen.

Die Achate waren im Alterthume sehr geschätzt, insbesondere der Onyx; die Achate wurden bekanntlich zu Cameen und Intaglien verarbeitet, während der Onyx zu sehr kostbaren Gefässen verwendet wurde. Auch späterhin blieben die Achate sehr geschätzt; im 16. Jahrhundert wurden die Schleifereien zu Oberstein angelegt, die bald einen grossen Aufschwung nahmen; allerdings beschränkte man sich dort mit der Zeit nicht auf die Verarbeitung der Achate allein, sondern dehnte sie auf alle Quarzvarietäten und viele mindere Edel- und Schmucksteine aus. Ursprünglich war das Material aus der Gegend von Oberstein selbst entnommen, in neuerer Zeit ist aber dieser Ort auch ein wichtiger Handelsplatz für alle Schmucksteine, welche dahin insbesondere aus Uruguay und Brasilien importirt werden.

Auch zu Idar und in anderen benachbarten Orten, ferner zu Waldkirch im Breisgau sind Achatschleifereien im Gange. Die Preise dieses Steines, noch im vorigen Jahrhundert ziemlich hoch, sind in Folge des grossen Importes unglaublich gesunken.

Färben der Achate. — Um die schönen, bandartigen scharf abgeschnittenen Lagen des Achates deutlicher zu machen, ist man auf die Idee gekommen, der natürlichen Färbung nachzuhelfen. Bereits im elften Kapitel war davon die Rede. Man wäscht die Achate und Onyxe und nach dem Trocknen legt man sie in mit Wasser verdünnten Honig. Dann erwärmt man die Flüssigkeit, ohne sie zum Kochen zu bringen, und zwar geschieht dieses Erhitzen mehrere Wochen lang. Hierauf werden die Steine wieder gewaschen und in ein mit Schwefelsäure gefülltes Gefäss gelegt, bei etwas erhöhter Temperatur durch mehrere Stunden, bis zu 10—12, digerirt, und schliesslich wieder gewaschen. Die lichtgrauen Streifen werden dadurch schwarz.

Citronengelbe Farben werden durch Behandlung mit concentrirter Salzsäure erzeugt. Rothe Farben entstehen durch Brennen. Auch dendritische Zeichnungen, wie sie beim Moosachat vorkommen, wurden kürzlich nachgemacht. Blaue Farben kann man ebenfalls erzeugen.

Vierunddreissigstes Kapitel.

Schmucksteine aus der Feldspathgruppe (Mondstein, Avanturinfeldspath, Sonnenstein, Amazonenstein, Labrador).

Die zu der Familie der Feldspathe gehörigen Halbedelsteine sind theils durchsichtige, theils auch schön gefärbte, durchscheinende oder undurchsichtige schillernde Varietäten der Mineralien Adular, Mikroklin und Plagioklas. Zumeist kommen sie in grösseren krystallinischen Massen, seltener, wie dies bei dem Amazonenstein der Fall ist, in schönen Krystallen vor.

In chemischer Hinsicht gehören diese Steine zu der Klasse der Silikate; sie enthalten Kieselsäure, Thonerde, Kali oder Natron, auch Kalkerde.

Von Säuren werden sie nicht oder nur schwer angegriffen. Sie sind auch schwer schmelzbar, aber nicht unschmelzbar.

Der Amazonenstein und der Mondstein haben dieselbe chemische Zusammensetzung nach der Formel $K_2Al_2Si_6O_{16}$, der erste gehört jedoch dem triklinen, letzterer dem monoklinen Krystallsysteme an; es sind dimorphe Mineralien, von gleicher chemischer Zusammensetzung, aber von verschiedener Krystallform. Ihre Zugehörigkeit zu den Schmucksteinen verdanken sie trotz ihrer mineralogischen Aehnlichkeit ganz verschiedenen Eigenschaften; bei dem ersteren ist es hauptsächlich die schöne grüne Farbe, bei dem letzteren sein durch Einschlüsse hervorgebrachter Schimmer, welche ihn werthvoll machen.

Der Labrador verdankt seine Beliebtheit, wie auch der Avanturin (nicht zu verwechseln mit dem Avanturinquarz), seinem eigenthümlichen Schiller.

Mondstein.

Der Kalifeldspath oder Orthoklas zeigt neben undurchsichtigen Arten auch schöne durchsichtige, wie den Eisspath oder Adular. Eine Abart des Adular's ist der Mondstein, welcher sich sowohl durch Durchsichtigkeit, als auch namentlich durch einen sehr schönen bläulichen, silberähnlichen, an Mondlicht erinnernden Lichtschein auf etwas schwach milchiger bis gelblicher Grundmasse auszeichnet. Dieser Lichtschein ist wahrscheinlich durch innere Hohlräume hervorgebracht; er kommt beim Schleifen en cabochon zur Geltung und erinnert etwas an das Katzenauge, aber der Schimmer des Mondsteines, welcher sich beim Drehen ebenfalls bewegt, ist mehr perlmutterartig.

Die Härte ist 6, das specifische Gewicht 2·5. Die chemische Zusammensetzung wird durch die des Kalifeldspathes $K_2Al_2Si_6O_{16}$ repräsentirt.

Der Mondstein kommt in Bellingham, in Candy auf der Insel Ceylon und in Brasilien vor. Schöne Exemplare werden mit einigen Franken bezahlt.

Avanturinfeldspath.

Der Avanturin besitzt eine röthliche Farbe und zeigt beim Drehen röthlichgelbe Lichtreflexe, hervorgebracht durch Einschlüsse von Eisenglimmerschüppchen, also ähnlich wie bei Avanturinquarz.

Der Avanturin gehört zu den Feldspathen und zwar zum Natronfeldspath oder Albit, der die chemische Formel $Na_2Al_2Si_6O_{16}$ hat und im triklinen Systeme krystallisirt. Specifisches Gewicht 2·65. Härte 6.

Die Fundorte sind Ceylon, ferner Archangel und der Baikalsee. Man wird auch hier auf die Imitationen aus Avanturinglas zu achten haben, die stets specifisch schwerer sind. Eine commercielle Bedeutung hat der Avanturinfeldspath nicht.

Sonnenstein.

Sehr nahe dem Avanturin verwandt und kaum von ihm auseinander zu halten ist der Sonnenstein; er ist mineralogisch nichts anderes als Oligoklas oder Kalknatronfeldspath, eine Mischung von Albit mit Kalkfeldspath; Härte 6; specifisches Gewicht 2·65; glasglänzend, halbdurchsichtig. Er zeigt eine röthliche Farbe und insbesondere auf der Spaltfläche einen goldregenähnlichen inneren Schimmer, was durch regelmässig interponirte Schuppen von Eisenrahm bewirkt wird.

Hauptfundort des Sonnensteines ist Tvedestrand in Norwegen. Auch in Aurelia County kommt er vor.

Amazonenstein.

Dieser schön kupfergrün bis blaugrün gefärbte, nicht durchsichtige Stein wurde früher nur vom Amazonenstrom aus Brasilien nach Europa gebracht; geschätzt sind besonders die grösseren schön ausgebildeten Krystalle von oft prachtvoller Farbe, mitunter mit Stich in's Blaugrüne. Die Färbung soll durch organische Substanz entstanden sein.

Er gehört zur mineralogischen Species Mikroklin, und ist ein trikliner Feldspath von der Formel $K_2Al_2Si_6O_{16}$, also genau derselben Formel wie Mondstein, krystallisirt aber im triklinen Systeme. Specifisches Gewicht 2·5. Härte 6. Glasglanz.

Er wird hauptsächlich in Platten als Schmuck- und Ringstein für Zwecke der Kunstindustrie verwendet. Sein Hauptfundort ist jetzt Pike's Peak im Staate Colorado, wo er in Granit mit Rauchtopas zusammen vorkommt.

Die bald apfelgrünen, bald spangrünen, oft blaugrünen Steine werden, wenn sie grösser sind, bis zu 200 Dollars verkauft. Verbraucht wird er hauptsächlich in Amerika und auch in Russland. Manche Krystalle sind bis 12 Zoll lang; die apfelgrüne Nüance wird am meisten geschätzt.

Labrador.

Der Labrador wird unter den Feldspathen am häufigsten, namentlich in den letzten Jahren, verwendet. Er gehört zu den sogenannten Plagioklasen oder triklinen Feldspathen, indem er zwei Spaltrichtungen zeigt, welche sich unter Winkeln von nahezu 87° schneiden, also nicht wie beim Mondstein (Orthoklas) rechtwinklig. Eine dieser Spaltrichtungen nun, welche dem Brachypinakoid des triklinen Systems parallel ist, zeigt eine ausgezeichnete specifische, dem Opal in einiger Hinsicht ähnliche, aber mehr metallglänzende Farbenerscheinung, welche man nach dem Mineral selbst L a b r a d o r i s i r e n genannt hat.

Da das Farbenspiel von der Spaltfläche abhängig ist, darf der Stein nicht facettirt, sondern nur flach oder mugelig geschliffen werden.

Die auftretenden Farben sind theils blau und gelb, theils roth und grün; hervorgerufen werden sie durch Interpositionen von winzigen Partikeln von Eisenglanz, Magnetit und Titaneisen, wie Schrauf gezeigt hat.

Das Hauptvorkommen dieses Schmucksteines befindet sich auf der Insel St. Paul an der Labradorküste, von welchem Fundorte das Mineral seinen Namen erhielt. Später fand man es bei Ojamo in Finland und bei Kiew in grossen Massen, so dass der Preis, der ursprünglich sehr bedeutend war, stark gesunken ist. Verschliffen wird der Stein zumeist in Oberstein und Waldkirch.

Die Härte des Labrador's ist 6, seine Dichte 2·7.

Die Farbenerscheinung des Labrador's ist eine so charakteristische, dass man diesen Schmuckstein kaum mit einem anderen verwechseln kann, auch nicht mit den oben genannten Feldspathen.

Fünfunddreissigstes Kapitel.

Lasurstein (Lapis-Lazuli).

Dem Werthe nach steht der Lasurstein vor den oben behandelten Schmucksteinen; er nimmt unter ihnen nahezu die erste Rolle ein. Er war schon bei den Römern, welche ihn dem Saphir zurechneten, sehr geschätzt, nicht minder bei den Chinesen.

Die Farbe ist die unter dem Namen lasurblaue bekannte und charakterisirte (Radde's Taf. 18 und 19, d—f), mitunter kann sie einen Stich in's Grünliche zeigen; der färbende Bestandtheil soll nach einigen (z. B. Stein, die Ultramarine) Schwefelaluminium sein, was jedoch nicht festgestellt ist.

Bei starkem Erhitzen verschwindet die Farbe. Lasurstein ist undurchsichtig und matt, nimmt auch Politur an, die jedoch bei langem Gebrauche verloren geht.

Er enthält stark glänzende, gelbe, metallisch aussehende Einschlüsse von Schwefelkies. An und für sich matt, giebt ihm die Politur einen schwachen Glanz. Die Härte des Minerals ist gering, $5^1/_2$, seine Dichte 2·4 ungefähr.

Die Farbe ist zumeist nicht gleichmässig, sondern mehr oder weniger dunkel, was davon herrührt, dass der Stein aus mehreren Individuen zusammengesetzt ist und überdies Diopsid und Hornblende enthält.

Der Lasurstein, welcher regulär krystallisirt, aber selten in einzelnen Krystallen (Rhombendodekaëder) vorkommt, gehört zu einer vom chemischen Standpunkt sehr merkwürdigen Klasse von Mineralien, den natürlichen Ultramarinverbindungen, deren schönster Stein (welcher auch mitunter als Schmuckstein verwendet wurde) der ebenfalls blaue, aber durchsichtige, jedoch nur in kleinen regulären Krystallen vorkommende Haüyn ist. Diese natürlichen Ultramarinverbindungen bestehen aus kieselsaurer Thonerde, Kalkerde, Natron einerseits, also aus einem Silikat, aus Kalk- und Natronsulfat andererseits; in Säuren sind sie löslich.

Der Lasurstein findet sich in Kalksteinen der Schieferformation, hauptsächlich in Asien und zwar in der Tartarei, im Oxusgebiet, am Baikalsee, in der Bucharei und in der chinesischen Provinz Kiangsi.

Ferner wird er in Chile, an der argentinischen Grenze in der Cordillere von Ovalle ebenfalls im Kalkstein gefunden; unter demselben liegen Thonschiefer, daneben Granatenglimmerschiefer. Der Lasurstein hat sich nach seinem Vorkommen mit Kalkstein auf nassem Wege gebildet; er konnte jedoch künstlich, und zwar aus Schmelzfluss, wenn auch nicht in Krystallen, hergestellt werden. Die übrigen natürlichen Ultramarine, insbesondere der Haüyn, finden sich nur in vulkanischen Gesteinen, insbesondere am Vesuv, im Albaner Gebirge, am Laacher See.

Der Lasurstein war früher sehr geschätzt, und auch heute ist er als Ring- und Schmuckstein, namentlich aber zu Mosaikarbeiten, ferner zu Vasen, Schalen u. s. w. sehr gesucht; grössere Platten gelten immer noch als sehr werthvoll. Man zahlte noch vor dreissig Jahren das Kilo mit 300 Franken, und auch heute noch überschreitet der Preis 200 Franken. Die gesuchteste Varietät ist die rein lasurblaue ohne Flecken, eine zweite, blässere, ist weniger geschätzt und billiger.

Imitirt wird der Lasurstein theils durch das dieselbe Farbe besitzende Mineral Kupferlasur, welches ebenfalls in krystallinischen Aggregaten vorkommt; es ist aber viel weicher und schwerer (3·8) und hat die Eigenschaft, mit Säuren unter Entwickelung von Kohlensäure aufzubrausen. Kupferlasur ist wie Malachit ein Kupfercarbonat. Man verwende bei der Probe verdünnte Salzsäure.

Auch sehr ähnliche Glasflüsse werden erzeugt, sie sind ebenfalls etwas weicher. Das künstliche Ultramarin ist von dem natürlichen schwer zu unterscheiden.

Sechsunddreissigstes Kapitel.

Hypersthen.

Der Hypersthen zeigt, trotzdem er einer anderen Gattung der Silikate, den Pyroxenen angehört, also dem Diopsid nahe steht, ein ähnliches Farbenspiel wie der Labrador, doch ist auf seiner Spaltfläche das Farbenspiel vorwiegend kupferroth, weshalb er auch mit dem Labrador nicht verwechselt werden kann. Er stammt übrigens wie letzterer von der Insel St. Paul. Das Farbenspiel wird ebenfalls von Einschlüssen, und zwar eines titanhaltigen Minerals (Brookit, Titaneisen), verursacht.

Der chemischen Zusammensetzung nach ist er kieselsaure Magnesia und Eisenoxydul. Seine Härte ist 6, seine Dichte 3·4 und sein Krystallsystem das rhombische.

Sein Werth ist selbstverständlich ein sehr geringer; auch dieser Stein muss parallel der Spaltfläche geschliffen werden, oder aber mugelig.

Ebenfalls der Gattung Pyroxen oder Augit gehören folgende Mineralien an:

Bronzit, ein dem Hypersthen sehr ähnlicher Stein, welcher geschliffen oft einen sehr schönen Eindruck macht, doch ist er mehr metallglänzend und bronzefarbig. Fundort: Ultenthal und Kraubat (Steiermark). Härte 4. Specifisches Gewicht 3·3.

Bastit oder Schillerspath, eine Varietät des Bronzites mit metallartigem Perlmutterglanz, mehr grün bis braun. Fundort: Baste im Harz.

Diallag, mit geringerem Schimmer als die vorhergehenden, mehr grünlich. Specifisches Gewicht 3·3. Härte wie Bronzit.

Rhodonit[1] (Mangankiesel).

Dieses schöne lichtrosenrothe Mineral hat die Härte $5^1/_2$, die Dichte 3·5—3·6, ist glasglänzend, schwach durchscheinend und findet sich in feinkörnig-krystallinischen Aggregaten; es lässt sich gut verarbeiten und wird daher in der Kunstindustrie und als Schmuckstein verwendet.

Er gehört ebenfalls zu dem Geschlechte der Pyroxene, krystallisirt im triklinen Systeme, und ist kieselsaures Manganoxydul nach der Formel $MnSiO_3$.

Schöne Varietäten finden sich in grösseren Mengen in Sibirien (Jekaterinenburg). Der Stein wird hauptsächlich in Russland gehandelt.

[1] im russischen Orletz genannt.

Siebenunddreissigstes Kapitel.

Malachit.

Dieses Kupfercarbonat kommt in krystallinischen, oft concentrischschaligen und feinfaserigen Aggregaten vor, deren Schichten verschiedene Nüancen von hellem und dunklem Grün zeigen und daher geschliffen durch die verschiedenen gefärbten Lagen einen sehr hübschen Eindruck machen, so dass dieses Mineral zu Schmucksteinen und auch in der Kunstindustrie viel verwendet wird. Grosse Platten sind sehr werthvoll, kleinere Stücke werden nach dem Kilo sehr billig verkauft.

Man verwendet den Malachit zu ähnlichen Zwecken wie den Lasurstein, aber sein Werth beträgt nur den zehnten Theil von dem des ersteren.

Der Malachit krystallisirt im monoklinen System, in kleinen und dünnen Prismen, die nicht verwendbar sind. Die Farbe der Krystalle ist ein dunkles Grün, verschieden von der der krystallinischen Aggregate.

Der chemischen Zusammensetzung nach ist der Malachit eine Kupferverbindung, ein kohlensaures Salz des Kupfers, welches auch Wasser enthält. Mit Säuren behandelt wird er unter Kohlensäureentwickelung zersetzt, man hüte sich daher, ihn beim Reinigen mit starken Säuren zu behandeln; bei Erhitzung zersetzt er sich ebenfalls. Seine Härte ist sehr gering: $3^3/_4$; das specifische Gewicht circa 3·7—3·9.

Sowohl die Farbe als auch die Structur des Malachites sind so charakteristisch, das man wohl kaum in die Lage kommen wird, ihn mit einem anderen Mineral zu verwechseln.

Die Hauptfundorte der schönen geschätzten Varietäten sind Sibirien und Nischnei-Tagilsk im Ural. Er kommt dort oft in metergrossen Blöcken vor.

Er enthält Kupferoxyd, Kohlensäure und Wasser nach der Formel

$$2\,CuCO_3 + H_2CuO_2.$$

Achtunddreissigstes Kapitel.

Flussspath (Fluorit).

Ein aus Fluorcalcium bestehendes, in Würfeln und Octaëdern des regulären Systemes krystallisirendes Mineral, welches schöne grüne, gelbe, violblaue, purpurne und rosa Farben zeigt, auch sehr durchsichtig ist und daher ungeachtet seiner geringen Härte (Nr. 4 der Mohs'schen Härtescala) vielfach als Imitation anderer Edelsteine angewandt wird.

Gelber Flussspath wird zur Nachahmung von Topas, Chrysolith, Citrin benützt.

Grüner Flussspath dient zur Nachahmung von Smaragd, auch von Alexandrit durch Unterlegen eines rothen Grundes.

Blauer Flussspath imitirt Saphir.

Violblauer Flussspath wird als Ersatz für Amethyst gebraucht.

Rother Flussspath wird dem Rubin, dem Balasrubin und dem Turmalin untergeschoben.

Durch die geringe Härte, durch sein specifisches Gewicht, 3·15 bis 3·19, durch sein optisches isotropes Verhalten, welches im polarisirten Lichte keine Farbenerscheinungen giebt, kann man ihn von den genannten Mineralien unterscheiden. Er zeigt auch eine sehr vollkommene Spaltbarkeit nach der Octaëderfläche, daher mitunter feine Haarrisse.

Der geschätzteste Flussspath ist der purpurfarbene und rosenfarbene, welcher bei Castletown (Derbyshire) und in der Schweiz am St. Gotthard vorkommt; neuerdings werden auch sehr schöne Flussspathe bei Rosiclair in den Vereinigten Staaten mit purpurfarbenen bis rosenrothen Nüancen gefunden. Am letzteren Fundorte wurden Steine von über 15,000 Dollars Werth in einem Jahre ausgebeutet.

Schöner grüner Flussspath findet sich in Derbyshire, dann bei Macomb (Nord-Amerika).

Der violblaue und saphirblaue findet sich in Cumberland und bei Hall, dann zu Altenberg in Sachsen.

Am wenigsten werthvoll ist die gelbe Varietät, die sehr häufig ist.

Die grünen und rothen phosphoresciren beim Erwärmen mit schönem blauen Schein; der Flussspath von Cumberland zeigt die Erscheinung, welche man als Fluorescenz bezeichnet (s. S. 35).

Namentlich die blauen Flussspathe werden zu allerhand kleinen Gefässen verwendet, die rothen auch zu Ringsteinen, wie man denn auch mit ihnen echte Edelsteine zu imitiren sucht.

Apatit.

Wir stellen dieses Mineral hierher, da es wie Flussspath zur Imitation anderer Edelsteine dient.

Der Apatit wird zwar an und für sich selten als Schmuckstein gebraucht, aber schöne grüne Varietäten dienen zur Nachahmung anderer Steine, insbesondere von Chrysolith.

Auch der violblaue Apatit wird angewandt zur Nachahmung von Amethyst.

Der Apatit hat die Härte 5, sein specifisches Gewicht beträgt 3·2. Er gehört wie der Türkis zu den phosphorsauren Salzen und besteht aus phosphorsaurem Kalk mit etwas Fluor oder Chlor nach der Formel

$$3\,(Ca_3P_2O_8) + \frac{CaCl_2}{CaFl_2}.$$

Er krystallisirt im hexagonalen Krystallsystem mit dem Typus des hexagonalen Prisma's, welches durch die basische Endfläche begrenzt wird.

Schöne Apatite kommen vor zu Zinnwald, im Sulzbach- und Zillerthale in Tirol. Violette, schön durchsichtige Apatite findet man bei Auburn am Ontario-See, bei Ottawa (Canada).

Neununddreissigstes Kapitel.

Hämatit (Blutstein).

Der Hämatit ist das krystallisirte Eisenoxyd (Fe_2O_3). Härte 4—5, Dichte 4·7. Angewandt wird zumeist der dichte Hämatit (Rotheisenstein). Er zeigt radialfaserige, concentrisch schalige Textur und wird bei kugeligem oder halbkugeligem Schliff schön schimmernd und glänzend.

Die Farbe ist dunkelstahlgrau; oft erinnert der Hämatit in Farbe und Glanz an Perlen, mitunter aber an dunklen, schwarzblauen Sternsaphir. Selbstverständlich sind die zahlreichen in der Natur vorkommenden Hämatite nicht alle für den Schliff tauglich. Krystalle sind mehr dunkelbläulichschwarz. Am besten eignen sich sehr feinfaserige Varietäten, wie sie in Thüringen, bei Bilbao und auf Elba vorkommen, zur Verarbeitung.

Man erkennt den Blutstein an seinem Strich; wenn man ihn an einer nicht glasirten Porzellanplatte reibt, erhält man einen blutrothen Strich.

Schwefelkies. Hier möge noch kurz der Schwefelkies (FeS_2, aus Schwefel und Eisen bestehend), welcher im regulären Systeme in Würfeln krystallisirt, erwähnt werden. Härte 6·5. Specifisches Gewicht 5. Wegen seines starken Metallglanzes und seiner speissgelben Farbe wurde er namentlich zu Anfang dieses Jahrhunderts zu allerhand Schmucksteinen verwendet, aber dann wieder gänzlich als Schmuckstein fallen gelassen.

Vierzigstes Kapitel.

Minderwerthige Schmucksteine aus der Gruppe der Silikate (Obsidian, Moldawit).

Obsidiane.

Der Obsidian, dessen schön durchsichtige grüne und graue Varietäten als Schmucksteine verwendet werden, ist ein amorpher Körper wie der Opal. Er hat eine etwas wechselnde chemische Zusammensetzung, welche mit der der Gläser übereinstimmt und besteht wesentlich aus kieselsaurer Thonerde mit Natron, Kali, etwas Kalkerde und Eisenoxydul, durch welches die Färbung hervorgebracht wird. Er ist ein natürliches, auf vulkanischem Wege entstandenes Glas.

Härte 6—7. Dichte 2·3—2·5. Er ist einfach brechend, zeigt Glasglanz und muscheligen Bruch. Die Varietäten sind insbesondere der eigentliche Obsidian, der Moldawit und Marekanit.

Obsidian.

Der Obsidian hat wie der später zu beschreibende Nephrit vorwiegend historisches Interesse, denn heutzutage wird er nur noch wenig als Schmuckstein gebraucht. Seine Dichte schwankt je nach dem Eisen- und Kalkgehalt zwischen 2·5 bis 2·6. In dünneren Stücken ist er durchsichtig, sonst nur durchscheinend. Die Farben sind sammtschwarz, schwärzlich braun, grünlichgrau.

Schöne zu Schmucksteinen verwendbare Steine kommen zumeist von Mexiko und Guatemala; einer der Hauptfundorte ist der Cerro de las Navajas.

In Pitt River (Californien) wurden gebänderte Obsidiane gefunden. Aus Santa Fé, Neu-Mexiko, stammen moldawitähnliche Stücke.

Schöne Obsidiane kommen auch im Yellowstone Park (Wyoming, Vereinigte Staaten) vor.

Manche amerikanische Obsidiane zeigen gelblichen, röthlichen oder auch silberweissen Schimmer, welcher durch innere Hohlräume erzeugt wird. Solche schimmernde Steine circuliren unter dem Namen Obsidienne chatoyante.

Der Obsidian spielte bei den Urvölkern Amerika's eine grosse Rolle und wurde namentlich zu Messern u. s. w. verwendet. Die vom Messerberg (Cerro de las Navajas) herrührenden Stücke sind nämlich so scharf, das man daraus sogar Rasirmesser anfertigen kann. Auch Spiegel wurden daraus angefertigt. In Europa wird bisweilen der schimmernde Obsidian en cabochon geschliffen verwendet.

Ganz anders und einem wirklichen Edelstein thatsächlich ähnlich verhält sich die nächste Varietät.

Moldawit, Pseudochrysolith.

Ein grüner, vollkommen durchsichtiger Obsidian, dessen Farbe zwischen dunkelolivengrün bis graugrün schwankt (Radde'sche Skala, Taf. 12, n—r, auch Taf. 10, m—v), und der daher mit Chrysolith, Turmalin, Vesuvian, in einigen Exemplaren sogar mit Smaragd verwechselt werden kann. Er ist glasglänzend, vollkommen durchsichtig und sehr rein (obgleich er ungeheure Massen von Dampfporen enthält, welche jedoch nur unter dem Mikroskope sichtbar sind, was dann zur Unterscheidung von obigen Mineralien dienen kann).

Das specifische Gewicht ist nur 2·36, wodurch er sich auch von jenen ähnlichen Edelsteinen unterscheiden lässt. Er zeigt ferner keine Doppelbrechung. Er wird von Säuren wenig angegriffen, bei hoher Temperatur schmilzt er. Die Härte ist 6.

Sein Fundort ist Moldauthein, wo er sich in Sanden und Dammerde findet. Ob derselbe einer uralten Glasfabrikation oder einem vulkanischen Herde entstammt, ist nicht mit Sicherheit zu entscheiden. Neuerdings neigt man wieder dazu, den Moldawit für kein Naturproduct zu halten, das Vorkommen spricht aber für eine natürliche Entstehung.

Der Werth des Moldawit ist ein geringer, doch soll immerhin ein Gramm in geschliffenem Zustande circa $^1/_2$ Mark werth sein. In den letzten Jahren fand ein lebhafter Handel in diesem Steine statt. Als Schliff dient eine Art Tafelschliff.

Ausser dem obengenannten Fundorte kommen ähnliche Steine noch in Mähren und bei Jordansmühl in Schlesien vor.

Marekanit. — Dieser Obsidian ist durchsichtig bis undurchsichtig und hat eine rauchgraue Farbe. Er kommt in Kugeln vor. Fundort ist der Berg Marekan bei Ochotsk in Ostsibirien.

Einundvierzigstes Kapitel.

Bernstein.

Der Bernstein gehört zu einer ganz anderen Klasse von Mineralien als die übrigen Edelsteine, nämlich zu den fossilen Baumharzen, da er wie diese aus Kohlenstoff, Sauerstoff und Wasserstoff besteht; die chemische Formel ist $C_{40}H_{64}O_4$. Er schmilzt bei 270° C. und brennt mit heller Flamme und angenehmem Geruch, weshalb er auch als Räuchermittel geschätzt wird. Er besteht aus Bernsteinsäure, einem ätherischen Oel, zwei Harzen und einem bituminösen Stoff.

Die Farben des Bernsteins sind orange, cadmiumorange, neutralorange, auch hyacinthroth; es giebt auch ganz blassgelbe, sowie braune; selten sind grünliche und blaue. Er dunkelt häufig nach, er ist durchsichtig bis trübe.

Die Härte ist sehr gering: 2, das specifische Gewicht ist 1—1·1. Bruch muschelig. Durch Reiben wird er elektrisch, und bei sehr starkem Reiben giebt er einen eigenthümlichen angenehmen Geruch.

Der Bernstein, welcher in Wasser unlöslich ist, wird theilweise in Alkohol, Aether, Chloroform und Terpentinöl gelöst. Schwefelsäure löst, Salpetersäure zersetzt ihn.

Das Vorkommen des Bernsteins ist an die Braunkohlenformation und die Diluvialformation gebunden. Die ursprüngliche Lagerstätte ist eine mächtige in Ostpreussen an der samländischen Westküste vorkommende Sandschicht der unteren Tertiärformation, die sogenannte blaue Erde, in welcher er massenhaft vorkommt. Durch die Gewässer ist er aus dieser Schicht in Diluvial- und Alluvialablagerungen gelangt. Eine der reichsten Alluvialablagerungen befindet sich bei Memel.

Sicilien (Simeto bei Catania) und Spanien liefern ebenfalls Bernstein, namentlich kommen dort schön gefärbte grüne, hyacinthfarbene und blaue Stücke vor. Die übrigen Fundorte sind wenig wichtig.

Der Bernstein wird als Schmuckgegenstand heute nicht besonders geschätzt und vorwiegend nur bei den auf niedrigerer Culturstufe stehenden Völkern noch vielfach zu Armringen, Halsbändern u. s. w. verwendet. Die prähistorischen Völker scheinen ihn dagegen recht hoch geschätzt zu haben. Noch heute spielt er im Orient eine bedeutendere Rolle; man zieht hier die trüberen Varietäten den helleren vor. Auch China ist ein grosses Absatzgebiet für Bernstein, so dass er noch immer einen sehr wichtigen Handelsartikel bildet und grosse Massen davon verkauft werden. Hauptsitz des Handels ist Wien, die Production beschränkt sich jedoch vorzugsweise auf Ostpreussen, wo sie ein königliches Regal ist und vom Staate verpachtet wird. Er wird theilweise durch Baggern aus dem Grunde des kurischen Haffes gewonnen, theilweise auch durch bergmännischen Bau, seltener durch Tagbau, Auflesen am Strande, Schöpfen u. s. w.

Man unterscheidet im Handel fünf Sorten nach Art des Vorkommens und der Gewinnung: 1. Seestein, nach Stürmen an den Strand geworfen; 2. Erdstein, bergmännisch aus der ursprünglichen Lagerstätte, der blauen Erde, gewonnen; 3. Taucherstein; 4. Baggerstein, aus den alluvialen Schichten der Haffe, und 5. Erdstein, aus jüngeren Schichten als die blaue Erde gewonnen. Ferner unterscheidet man flache (Fliessen), mittlere (Schlauben), runde Sorten und Bernsteinfirnisse (Abfälle).

Die Preise schwanken sehr nach der Qualität; die besten Sorten, Fliessen, können den Preis von 150 Mark für das Kilo erreichen, die schlechten erreichen kaum eine Mark; selbstverständlich kommen grosse Schwankungen vor.[1]

Bezüglich der Werthbemessung des Bernsteines ist zu bemerken, dass der Werth stark nach der Farbe und der Gleichmässigkeit der Färbung schwankt; die trüben, gleichmässig farbigen nur durchscheinenden Stücke sind die theuersten, die sehr hellgelben, perlfarbigen sollen die werthvollsten sein. Auch hier gilt wie bei werthvolleren Edelsteinen die Regel, dass der Werth nicht proportional mit dem Gewichte steigt, sondern in höherem Maasse. Dies ist wohl hauptsächlich deshalb der Fall, weil sehr grosse Stücke überhaupt selten sind. Das grösste Stück, welches bisher gefunden wurde (Fundort: Cammin in Pommern), wog fast 10 Kilo; Stücke von mehreren Pfund Schwere haben natürlich einen sehr bedeutenden Werth.

Manche Bernsteine enthalten Einschlüsse von Insecten, Dipteren, Ameisen, Käfer und Spinnen; solche Stücke werden ebenfalls als Zierrath verwendet.

[1] R. Klebs, die Handelssorten des Bernsteines.

Fragen wir nach der Entstehung des Bernsteines, so haben wir uns dieselbe wie die der jetzigen Baumharze zu denken. Die Bernsteinbäume waren durchwegs Pinus-Arten, welche an nordamerikanische und japanische Kiefern, sowie an die Zirbelnuss-Kiefer erinnern; diese Bäume waren überaus reich an Harz in allen ihren Theilen. Beschädigungen der Bäume begünstigten das Ausfliessen des Harzes wesentlich. Die jetzt so beliebten Fliessen entstanden im Innern des Holzes selbst, das Harz erhärtete im Innern. Die Schlauben sind durch die Sonnenwärme umgeschmolzene und geklärte Harze, welche schichtweise die früheren Bernsteinergüsse übergossen und dadurch eine blätterige Structur erhielten.[1]

Imitationen des Bernsteines. — Man sucht den Bernstein vielfach durch andere Harze zu imitiren, insbesondere durch Copal, welcher indessen schon bei 220° schmilzt. Polirte Stücke des Copals verlieren, wenn man sie in Alkohol legt, die Politur, was bei echtem Bernstein nicht der Fall ist. Auch werden die falschen Bernsteine durch starkes Reiben klebrig.

Ein dem Bernstein sehr ähnliches fossiles Harz ist der Gedanit, welcher als mürber Bernstein bekannt ist. Er ist sehr schwer von ersterem zu unterscheiden. Er schmilzt bereits unter circa 180°, ist etwas spröder, daher auch splitteriger, die Härte ist etwas geringer, $1^1/_2$—2. An der samländischen Küste findet er sich in nicht unbedeutender Menge zusammen mit Bernstein.

Andere ähnliche Harze kommen als Handelsartikel nicht in Betracht.

Auch durch Glasflüsse von schön gelber Farbe hat man den Bernstein nachgeahmt. Diese Imitation lässt sich wohl ohne weitere Untersuchung erkennen, ganz abgesehen von ihrer bedeutenderen Härte. Grössere Bernsteinstücke lassen sich auch aus kleineren durch Zusammenkitten darstellen, doch fallen solche in heissem Wasser auseinander.

Mancher Citrin ist dem Bernstein sehr ähnlich, doch wird er durch die grössere Härte leicht davon unterschieden.

Gagat (Jais).

Eine pech- oder sammtschwarze Kohle, die die Eigenschaft hat, sich schneiden und drechseln zu lassen, und welche eine schöne Politur mit starkem fettigem Glanz annimmt. Verschiedene Kohlen eignen sich zu dieser Verarbeitung, man unterscheidet aber hauptsächlich zwei Sorten, eine mit Bitumen durchdrungene Braunkohle,

[1] Jentzsch, Führer durch das Königsberger Provinzial-Museum.

die meist noch pflanzliche Textur zeigt, und eine wirkliche Schwarzkohle, die Kannelkohle, die aber nicht so vollkommen glänzende Politur annimmt.

Während letztere hauptsächlich in England vorkommt, ist die Heimath der ersteren zumeist Südfrankreich, das Département de l'Aude.

Anhang.

Die in der Kunstindustrie verwendeten Steinmaterialien.

Zweiundvierzigstes Kapitel.

Serpentin, Nephrit, Bildstein, Lepidolith (Speckstein, Noumëit, Meerschaum, Natrolith, Prehnit).

Serpentin.

Schon seit langer Zeit erfreut sich der Serpentin sowohl in Folge seiner schönen Färbung als auch wegen der Leichtigkeit seiner Bearbeitung grosser Beliebtheit. Er wird zu Zwecken der Kunstindustrie vielfach verwendet. Gewisse Varietäten, insbesondere die hellen oder solche mit schönen Farbenzeichnungen, werden auch zu Ring- und Schmucksteinen angewandt. Diese sogenannten edlen Serpentine sind durchscheinend und zeigen hellgrüne, ölgrüne, gelbgrüne, ja sogar schwefelgelbe Farben; die übrigen Serpentine sind undurchsichtig, pistazien-, chrom- und schwarzgrün.

Die meisten Serpentine zeigen Farbenzeichnung, indem dunklere oder hellere Streifen, Adern, Flecken und Wolken auftreten, welche in Schliffen einen sehr schönen Eindruck machen und den Vergleich mit der Schlangenhaut rechtfertigen. Bereits im Alterthume wurde diese Farbenzeichnung geschätzt, und Plinius beschreibt den „Ophites" als zur Anfertigung von Vasen besonders geeignet.

Die Farbe des Serpentin's rührt zum Theil bei den tiefgrünen von Eisenoxydul her, manche, namentlich gelbgrüne, dürften durch Chrom gefärbt sein. Der chemischen Zusammensetzung nach ist der Serpentin wesentlich wasserhaltige, kieselsaure Magnesia, nach der Formel $H_2Mg_3Si_2O_8 + H_2O$. Härte 3—4. Specifisches Gewicht 2·6—2·7. Von Säuren wird er angegriffen.

Der Serpentin kommt in der Natur in mächtigen Bänken und Gängen vor und ist ein sogenanntes metamorphes Gestein, d. h. er hat sich aus anderen Gesteinen und zwar aus Olivin (einer körnigen Chrysolithvarietät) oder Hornblendegestein gebildet.

Hauptfundorte sind Zöblitz in Sachsen, Reichenstein in Schlesien, ferner kommt er in den ligurischen Alpen und im Appennin in Toscana vor; auch Antiochia (Syrien) ist ein bekannter Fundort. Ein im Orient sehr verbreiteter nephritähnlicher Serpentin, der zu Amuletten und dergleichen bearbeitet wird, kommt aus Afghanistan.

Manche Serpentine enthalten Pyrope. Der Hauptsitz der Serpentinindustrie ist Zöblitz in Sachsen.

Nephrit.

In Europa wird der Nephrit als Schmuckstein nicht geschätzt, daher auch wenig verarbeitet. Dagegen werden Antiquitäten und Kunstgegenstände aus diesem Material auch heute noch sehr geschätzt. Bei vielen rohen Völkerschaften der Vor- und Jetztzeit hat der Nephrit fast die Rolle unseres Diamanten gespielt, und in Ostasien und Neuseeland ist er immer noch von grossem Werthe. Er wurde bei jenen Völkern theilweise zur Anfertigung von Waffen, namentlich von Beilen benutzt, woher auch der Name Beilstein stammt, theilweise wurden ihm, ähnlich wie seiner Zeit bei uns den Edelsteinen, heilkräftige Eigenschaften zugeschrieben, wie er auch als Talisman und Zaubermittel gebraucht wurde; ferner war er auch als besonders kostbarer Stein das Symbol einer hohen Würde, und gerade so wie bei uns die Krönungsinsignien mit Diamanten, Rubinen u. s. w. geschmückt werden, wurde auch der Nephrit bei den Völkern der Vorzeit und bei den neuseeländischen Maori's von den Häuptlingen und Edlen des Landes als ein Symbol ihrer Würde getragen.[1]

Die Härte des Nephrites ist $5^3/_4$—$6^1/_2$, sein specifisches Gewicht 2·90—3·01. Er gehört zum mineralogischen Geschlechte der Hornblende, welche den Pyroxenen sehr nahe stehen; seine Formel ist $CaMg_3Si_4O_{12}$. Er zeigt eine sehr feinkörnige krystallinische Textur, daher er auch keine äussere regelmässige Form aufweisen kann.

Die Farben des geschliffenen Nephrites schwanken zwischen lauchgrün, graugrün, selten mehr smaragdgrün oder bläulichgrün, manche sind etwas gefleckt. Nicht geschliffener Nephrit macht einen durchaus unansehnlichen Eindruck, erst beim Schleifen zeigt sich die schöne grüne Farbe.

Der sehr verwandte Jadeit ist äusserlich von dem Nephrit

[1] Als Talisman gegen Krankheiten wird der Nephrit auch heute noch sogar von gebildeten Leuten in Europa mitunter verwendet.

kaum zu unterscheiden, doch ist er etwas härter: 6·5—7. Seine Dichte ist 3·3, er ist leichter schmelzbar als Nephrit; Farbe: apfel- bis smaragdgrün, auch grünlichweiss. Chemische Zusammensetzung: $NaAlSiO_6$; er gehört zu den Pyroxenen, zu welchen auch der Diopsid und der Hiddenit (Spodumen) gehören. Fundort: Mogoung, nördlich von Bhamo in Birma.

Der Nephrit wie der Jadeit haben sowohl in der Vorzeit als auch in der prähistorischen Zeit einen wichtigen Handelsartikel gebildet. Sie werden auch heute noch bei manchen auf tiefer Culturstufe stehenden Völkern sehr geschätzt. Der Bedarf an Nephrit scheint in vorgeschichtlicher Zeit ein so hoher gewesen zu sein, dass, trotzdem Nephrit in Europa gewiss nicht selten vorkam, seine Lagerstätten erschöpft zu sein scheinen, denn man findet ihn, obwohl eifrigst nach ihm gefahndet wurde, gerade an denjenigen Punkten, wie in der Schweiz, wo die meisten prähistorischen Funde gemacht worden sind, nirgends mehr in anstehendem Zustande; erst vor wenigen Jahren gelang es, ihn in Schlesien als festen Fels im Serpentin aufzufinden.

Wichtige Fundorte des Nephrites sind der südwestliche Theil von Neu-Seeland, ferner das Kuenlün-Gebirge, wo bei Gulbaschen die Brüche von Konakan und Karala (von Schlagintweit geschildert) liegen, die Gegend des Sirikiaflusses, dann das Pamirgebiet, auch in einem Zuflusse des Jarkand-Darja, bei Kukunor in der chinesischen Provinz Kansu,[1] endlich findet er sich auch in Ostsibirien. Der Stein wird häufig an Ort und Stelle bearbeitet.

Endlich wäre des schlesischen Fundortes bei Jordansmühl am Zobten, wo er im Serpentin vorkommt, zu erwähnen. Dieses von H. Traube aufgefundene Vorkommen ist jedoch nicht so schön, wie die neuseeländischen.

Die Beliebtheit, welche uns heute kaum erklärlich erscheint, hatte dieser Stein ausser seiner Zähigkeit besonders seiner schönen grünen Farbe zu verdanken; man kann dies daraus schliessen, dass dort, wo er nicht zu haben war, als Ersatz für ihn ähnliche grüne Gesteine, z. B. Serpentin, verwandt wurden, wie denn auch einige andere Mineralien, welche äusserlich von ihm nicht zu trennen sind und nur durch genaueste Untersuchung seitens der Fachleute unterschieden werden können, wie Jadeit und Chloromelanit, denselben Zwecken wie der Nephrit dienten.

Der Nephrit und Jadeit werden in China noch als Schmucksteine benutzt; im Alterthume wurde der Nephrit zu Ringen verwendet.

[1] Arzruni, Zeitschrift für Ethnologie. Berlin 1892.

Gross ist in Asien die Verwendung des Nephrits zu Verzierungen von Waffen, zu Götzenbildern, Amuletten. Bei den Völkern Central- und Süd-Amerika's waren Nephrit und Jadeit zu gleichen Zwecken geschätzt. Der heutige Werth des Nephrites lässt sich schwer bestimmen, da bei bearbeiteten Gegenständen der Kunstwerth massgebend ist, indessen ist auch der Werth des rohen Nephrites, z. B. des neuseeländischen, immer noch bedeutend.

Bildstein.

Dieses sehr weiche Mineral, welches die Härte 2·3 und die Dichte 2·85 besitzt, ist von gelblichgrauer Farbe und fettig anzufühlen. Der wichtigste Fundort liegt in China. Die daselbst aus diesem Material angefertigten Götzenbilder hatten seiner Zeit grossen Werth. Der Bildstein ist wesentlich kieselsaure Thonerde mit Kali und Wasser.

Auch der **Speckstein** oder Steatit wird bisweilen zu ähnlichen Zwecken gebraucht, er bildet eine derbe Varietät des Talkes und ist ein wasserhaltiges Magnesiasilikat; seine Härte ist sehr gering: 1·5; specifisches Gewicht: 2·7. Man erhärtet die geschnitzten Sachen (der Steatit lässt sich nämlich auf der Drehbank bearbeiten) im Feuer.

In Frankreich wird auch der **Garnierit** oder **Noumeit** von Numea in Neu-Caledonien von schön apfelgrüner Farbe zu Schmuckgegenständen verwendet; ein wenig hartes Mineral, Härte $2^1/_2$, Dichte 2·87, welches ein Silikat aus Kieselsäure, Wasser, Nickeloxydul und Magnesia ist.

Der **Meerschaum** ist ein dem Serpentin chemisch nahestehendes, dichtes weiches Mineral. Härte nur wenig über 2, Dichte 1—2. Er kommt hauptsächlich aus Anatolien, wo er in der Ebene Eski-scher knollige, in jungen sedimentären Bildungen eingelagerte Massen bildet. Auch in Bosnien im Lyubicer-Gebirge, bei Hrubschitz in Mähren, in Frankreich, in Spanien zu Vallecas bei Madrid kommt er vor. Er ist wasserhaltige kieselsaure Magnesia.

Lepidolith.

Der Lepidolith oder Lithionglimmer bildet körnige Massen von Pfirsichblüthenfarbe, die geschliffen sehr hübsch aussehen und daher zu kleinen Vasen, Platten u. s. w. verwendet werden. Specifisches Gewicht: 2·81, Härte: $3^1/_2$. Fundorte: Rozena in Mähren, Schaitanska im Ural, Maine in Nord-Amerika.

Weitere Silikate, welche eine untergeordnete Rolle unter den in der Kunstindustrie verwendeten Materialien spielen:

Natrolith, ein rhombisches Mineral mit radialfaseriger Structur, Härte 5, Dichte 2·2, welches in Hohlräumen des Phonolithes vom Hohentwiel sich findet und eine hübsche stroh- bis orangegelbe Farbe zeigt. Es enthält Natron, Thonerde, Kieselsäure und Wasser, und ist leicht schmelzbar.

Der ebenfalls rhombische Prehnit, ein Kalkaluminium-Silikat, kommt in derben, kugeligen Massen vor, oft mit strahligem Gefüge; diese nehmen eine schöne Politur an und werden verschliffen. Man findet ihn bei Oberstein.

Dreiundvierzigstes Kapitel.

Marmor und Alabaster.

Wir unterscheiden hier insbesondere körnigen Marmor, dichten Marmor, dann die verschiedenen Varietäten: Muschelmarmor, Breccienmarmor, Faserkalk, Aragonit, Alabaster, Fasergyps. Mit Ausnahme der zwei letzteren bestehen alle diese Mineralien aus kohlensaurem Kalk.

Marmor.

Dasselbe Mineral, welches in seinen vollkommen wasserhellen, durchsichtigen Varietäten zu allerhand optischen Instrumenten, insbesondere zur Anfertigung von Nicol'schen Prismen[1] (S. 21) angewendet wird, dient in seinen körnigen und dichten durchscheinenden oder undurchsichtigen Modificationen den Zwecken der Kunstindustrie.

Der Marmor ist eine krystallinische Varietät des Kalkspathes, eines im hexagonal-rhomboëdrischen Systeme krystallisirenden Minerales. Der Kalkspath, welcher reiner kohlensaurer Kalk ist (nach der Formel $CaCO_3$), kommt in der Natur sehr häufig, und zwar in den verschiedensten Varietäten, vor; er krystallisirt in der Form des Rhomboëders, Skalenoëders, Prisma's und in vielfach combinirten Formen, kommt aber auch in krystallinischen, körnigen oder dichten Aggregaten vor. Während die Krystalle mehr oder minder wasserhell und durchsichtig sind, sind die letzteren Varietäten nur durchscheinend.

[1] sogenannter isländischer Spath.

Das specifische Gewicht der Marmore beträgt 2·73, die Härte wird durch Nummer 3 der Härteskala (Kalkspath) gekennzeichnet.

Der Marmor ist hauptsächlich in zwei Kategorien zu trennen:

1. Echter Marmor, von krystallinischer, mehr oder minder feinkörniger Textur. Dieser ist geologisch dadurch charakterisirt, dass er der Urformation angehört. Die Farbe ist zumeist schneeweiss, mit Stich in verschiedene Farben.

2. Dichter Kalkstein. Dieser ist zumeist nicht so hell wie ersterer gefärbt. Er gehört jüngeren geologischen Formationen an und zeigt oft Ueberreste von Organismen; er ist ganz dicht.

An diese reihen sich durch besondere Structur ausgezeichnete Marmorarten:

1. Die körnigen Marmore bestehen aus kleinen Kalkspathindividuen (die sich unter dem Mikroskop als Zwillingsbildungen [S. 7] herausstellen), welche sich nach allen Seiten hin berühren. Die Farben sind schneeweiss mit Stich in's Graue, Gelbe, Blaue, Rosa, Schwarze, Rothe, wobei die Färbung entweder gleichmässig vertheilt sein kann oder auch unregelmässige Flecken, Adern und Streifen bilden kann, was sehr häufig der Fall ist.

Je nach der Korngrösse unterscheidet man feinkörnigen bis grobkörnigen Marmor, wobei zu grobes Korn nicht als förderlich betrachtet werden kann, namentlich aber muss das Korn gleichmässig sein.

Ein Fundort von besonders schönem Marmor ist Carrara mit dem berühmten Statuenmarmor, feinkörnig und dicht, blendend weiss, gleichmässig hart und körnig, seit 2000 Jahren ausgebeutet.

Der gegenwärtig zu Bruch kommende parische Marmor soll jetzt mehr gelblich geworden und daher nicht mehr so geschätzt sein.

Zur Zeit schätzt man ausser dem Carraramarmor den pyrenäischen Marmor. Aus den Pyrenäen, z. B. dem oberen Garonnethal, stammen auch weisse Marmore aus jüngeren Formationen.

In den österreichischen Alpen kommen in der Urformation in den krystallinischen Schiefern mitunter mächtige Einlagerungen von schönen körnigen weissen Marmoren vor, von denen bisher als der schönste der von Laas bei Schlanders gilt; ausserdem kommen in Kärnten, Steiermark, Tirol (Sterzing) noch viele andere werthvolle Marmorsorten vor.

Zusammengesetzter Marmor. — Mancher Marmor enthält Einschlüsse anderer Mineralien und bietet dann geschliffen ein sehr schönes Bild, was diese Arten besonders gesucht sein lässt; solche sind

z. B. der Verde Antico, ein mit Serpentin gemengter Marmor, der Cipollin vom Pentelikon und von Cagliano in Piemont, mit Glimmer und Talk gemengt. Der Serravezzamarmor von Serravezza mit glänzenden Talkblättchen durchzogen, der grüne Florentiner Marmor und der von Siena sind Gemenge von Serpentin und weissem Marmor, auch der Marmor von Campan (Pyrenäen) mit Einschlüssen von grünem Schiefer.

2. Die dichten Kalksteine bestehen meist nicht aus ganz reinem kohlensaurem Kalk, sondern enthalten häufig etwas Kieselsäure, Eisenoxyd, Thonerde, Magnesia, bisweilen auch organische Substanzen. Ihre Structur, für das unbewaffnete Auge vollkommen dicht, erweist sich bei mikroskopischer Untersuchung als ebenfalls ganz körnig.

Sie sind entweder einfarbig oder (häufiger) vielfarbig, geadert, gefleckt, gestreift u. s. w. Man hat sehr verschiedene Farben, gelb, schwarz, roth, grün. Der schwarze Marmor ist ein durch kohlige Substanz gefärbter dichter Kalkstein, welcher hauptsächlich in Belgien, Nordfrankreich und im Fichtelgebirge vorkommt. Bei Genua kommt grüner Marmor vor, der sehr theuer bezahlt wird.

Der Rosso antico ist mehr dunkelroth; er findet sich hauptsächlich in Aegypten. Schöne rothe Marmore finden sich bei Verona und bei Trient; der rothe Hallstätter Marmor ist durch weisse Einschlüsse von Versteinerungen, die im Schliffe sehr gut aussehen, beliebt. Selten ist der gelbe Marmor, der im Alterthume sehr beliebt war. Der gelbe Marmor von Siena hat eine sehr schöne gelbe Farbe mit violetten Adern. Weitere bekannte Marmore sind die Karstmarmore, dichte Kalksteine mit Resten von Versteinerungen, auch breccienartig, zumeist mehr einfarbig, hellgrau, bräunlich, gelblich, weiss. Bei den meisten Monumentalbauten Wien's wurden diese Marmore verwendet. Auch im Harz findet sich schöner rother Marmor (Rübeland).

Auch der Untersberger rothe Marmor ist sehr gesucht, ebenso der Adnether aus der Liasformation bei Hallein, der Kufsteiner u. s. w. Italien ist reich an Marmoren aller Farben.

Frankreich ist sehr reich an schönen Marmoren, wie der „Griotte" von Cannes, der von Lez und Saint Lizier, der schöne rothe, gefleckte Languedoc-Marmor u. s. w.

Die Preise grösserer, reiner, gleichmässiger Steine ohne Sprünge und ohne sonstige Fehler sind zum Theil sehr beträchtliche; der Cubikmeter eines schönen Marmors wird mit 500—1000 Franken bezahlt, ja manche Blöcke carrarischen Marmors wurden mit 3000 Franken für den Cubikmeter bezahlt.

3. Der Breccienmarmor besteht aus Bruchstücken von verschieden gefärbten Kalksteinen, durch Kalkmasse miteinander verbunden. Berühmte Breccienmarmore sind der von Aleppo, violett, und der afrikanische, schwarz mit rothen, violetten Flecken.

4. Muschelmarmor, auch Lumachell genannt, ist ein hauptsächlich aus organischen Resten, Muschelschalen, Encriniten-Resten u. s. w. bestehender dichter Marmor; er ist bald schwarz wie die gewöhnlichen belgischen Marmore, bald grau wie der St. Annenmarmor von Hainaut, ebenfalls in Belgien. Bekannt ist auch der opalisirende Bleiberger Muschelmarmor; es sind Schalentrümmer von Ammoniten, welche wie Perlmutter spiegeln.

Der Florentiner Ruinenmarmor ist ein hellbrauner, dichter, etwas mergliger Kalkstein, der durch Eisenoxyd dunkelbraun gefärbte Lagen enthält, welche meist parallel angeordnet, aber nicht sehr lang und scharf abgeschnitten sind, so dass das Ganze im Schliff von weitem den Eindruck einer Zeichnung eines alten festungsartigen Bauwerkes macht.

5. Der Faserkalk oder Atlasspath ist ein aus parallelen oder büschelförmigen Individuen von Kalkspath zusammengesetztes Aggregat mit charakteristischem Perlmutterglanz, theilweise schneeweiss, oft etwas röthlich, bläulich oder grünlich. Er sieht polirt sehr schön aus und wird nicht nur in der Kunstindustrie, sondern auch zu Bijouteriearbeiten benutzt. Hauptfundort ist England und zwar Derbyshire, Northumberland, Alston Moore und Cumberland.

Hierher gehört auch der Onyx-Alabaster, ein faseriger und gebänderter Kalkstein, schön durchsichtig, oft nur durchscheinend. Er stammt aus Aegypten. Der Marmor von Oran ist auch hierher zu zählen, ebenso der schöne Onyxmarmor aus Tecati in Mexiko. Alle diese Steine werden für Gewandstatuen, dann in Kirchen für Altäre, Becken u. s. w. gerne verwendet.

Der Aragonit, der rhombisch krystallisirende kohlensaure Kalk, eine dimorphe Varietät (s. S. 140) des Kalkspathes, bildet hier und da Aggregate von bandförmiger Textur, die hübsche Politur annehmen und im Schliff recht gefällig aussehen, daher zu allerhand kleineren Schmuck- und Kunstgegenständen Anwendung finden. Farbe grau- bis rothbraun. Der bekannteste dürfte der Karlsbader Sprudelstein sein; auch am Erzberge in Steiermark kommt eine gebänderte schöne Varietät vor. Specifisches Gewicht 2·9, Härte 3·5.

Alabaster.

Eine krystalline, feinkörnige oder dichte natürliche Gypsvarietät. Härte 2. Specifisches Gewicht 2·3. Schneeweiss, oft mit zartem Stich in's Blassrothe oder Rosa. Matter Perlmutterglanz, durchscheinend. Der Gyps besteht aus schwefelsaurem Kalk und Wasser nach der Formel $CaSO_4 + 2HO$ und krystallisirt im monoklinen Systeme, doch ist der Alabaster aus unregelmässigen, begrenzten, rundlichen Körnern zusammengesetzt, wie man mit der Lupe oder dem Mikroskop constatiren kann; er verhält sich zum Gypskrystall wie der Marmor zum Kalkspath.

Der Alabaster nimmt schöne Politur an und lässt sich in Folge seiner geringen Härte leicht verarbeiten, man färbt ihn ebenso wie Marmor häufig künstlich, um Adern hervorzubrigen, oder auch auf der ganzen Oberfläche mit Kupfervitriol, Chlorgold, Drachenblut, Brasilienholz, doch dringt die Farbe nur wenig ein.

Hauptsächlich Italien lieferte seit jeher schöne Alabaster; bekannte Fundorte sind Volterra und Taormina.

Fasergyps ist ähnlich dem Faserkalk und besteht aus parallelen, faserigen, seidenglänzenden Massen. Eine sehr schöne rothe Varietät soll aus Mexiko importirt werden. Er wird zu Perlen wie der Faserkalk verwendet.

Dritter Theil.

Die Bestimmung und Unterscheidung der Edel- und Schmucksteine.

Vierundvierzigstes Kapitel.

Hilfsmittel zur Untersuchung.

Zur Untersuchung dienen die in der Einleitung beschriebenen Apparate, und zwar zur Härteuntersuchung die aus den auf S. 15 angegebenen Mineralien (womöglich in kleinen Platten), sowie eine kleine Feile, zur optischen Untersuchung auf Dichroismus die dichroskopische Lupe (Fig. 14) oder das Nicol'sche Prisma (S. 21). Zur Untersuchung auf Interferenzfarben und Interferenzfiguren dient der Nörremberg'sche Polarisations-Apparat (S. 22, Fig. 8). Zur Bestimmung der Farben dient die Radde'sche Farbenskala, zur specifischen Gewichtsbestimmung braucht man die hydrostatische Wage oder die Federwage,[1] sowie das Westphal'sche Instrument (S. 12)

---

[1] Kleinere Edelsteine lassen auch die Gewichtsbestimmung mit dem Pyknometer, einem bauchigen Fläschchen mit engem Hals, welches durch einen festschliessenden Glasstöpsel, der aber ganz durchbohrt ist, geschlossen wird, zu. Es sei A das Gewicht des leeren Fläschchens sammt Stöpsel, welches ein für alle Mal bestimmt ist. Man wägt dasselbe mit dem Edelstein, dessen Dichte bestimmt werden soll und findet $D = A + P$; P ist das Gewicht des Steines. Hierauf wird das Fläschchen mit dem Edelstein ganz mit Wasser gefüllt und gewogen, man erhält die Zahl K. Das Gewicht des mit Wasser gefüllten Pyknometers hat man vorher bestimmt, es sei W. Das specifische Gewicht wird dadurch erhalten, dass man von der Summe $W + P$ die für K erhaltene Zahl abzieht und diese durch P dividirt, also $\frac{W+P-K}{P}$ giebt das specifische Gewicht. Nothwendig sind jedes Mal 2 Wägungen, um P und K zu bestimmen.

Für die Edelsteinkunde ist diese Methode weniger empfehlenswerth, denn sie erfordert viele Vorsichtsmassregeln: das Wasser muss gekocht werden, und es darf in dem mit Wasser gefüllten Gefässe keine Luftblase bleiben, auch keine und drei schwere Flüssigkeiten (S. 14) vom specifischen Gewichte 2·66, 3·1, 3·3. Letztere werden im Nachfolgenden mit Flüssigkeit I, II, III bezeichnet. Man bedient sich dazu des Jodmethylens (I), welches mit Jodoform und Jod gesättigt ist, für die zwei leichteren (II und III) des Jodquecksilbers in Jodkalium gelöst.[1]

Da man jedoch die optischen Untersuchungen auf Polarisationserscheinungen nur in sehr wenigen Fällen anzuwenden haben wird, so sind als unbedingt wichtige Apparate folgende zu bezeichnen: Härteskala, dichroskopische Lupe, schwere Flüssigkeiten, hydrostatische Wage.

Wir werden daher hauptsächlich auf diese Rücksicht zu nehmen haben.

Gang der Untersuchung.

Man wird vor Allem mit den einfachsten Methoden beginnen und insbesondere zu solchen greifen, bei welchem jede Verletzung des Steines ausgeschlossen ist. Die Reihenfolge wird daher ungefähr folgende sein.

1. Bestimmung des specifischen Gewichtes mit einem der früher genannten Instrumente, eventuell nur approximative Schätzung vermittelst der schweren Flüssigkeiten.

2. Bestimmung des Dichroismus.

3. Bestimmung der Härte, wobei man bei den niederen Nummern der Härteskala beginnt und dieselben mit dem fraglichen Steine zu ritzen versucht. Mit der Feile ist nur vorsichtig zu operiren.

4. Auch die Probe auf Reibungselektricität kann öfters wichtig sein.

Führen diese Proben nicht zur Entscheidung, so wird man noch die folgende (5) vornehmen können.

5. Untersuchung unter dem Mikroskop behufs Eruirung von

Spur von Feuchtigkeit am Glase haften. Ueberdies soll der Hals des Fläschchens enge sein, so dass für grössere Steine die Methode, die ich überhaupt hier nur anhangsweise gebe, nicht anwendbar ist.

[1] Da man sich mit diesen Flüssigkeiten sehr oft die weiteren Untersuchungen erspart, so muss die Anschaffung derselben jedem empfohlen werden. Man kann sie sich selbst herstellen; man beziehe Methylenjodid mit Jodoform gesättigt und verdünne es mit Benzol, die Dichte der Flüssigkeit kann sehr leicht mit der Westphal'schen Wage bestimmt werden. Noch einfacher ist es, die Flüssigkeiten vom obigen specifischen Gewichte aus der chemischen Fabrik zu beziehen. In einigen Fällen verwendet man auch eine schwerere Flüssigkeit von der Dichte 3·55, welche wir mit IV bezeichnen werden.

charakteristischen Einschlüssen, von Spaltrissen. Oft genügt dazu eine scharfe Lupe. Die Untersuchung unter dem Mikroskop ist bei der Unterscheidung künstlicher von natürlichen Steinen oft wichtig.

6. Untersuchung mit dem S. 22 (Fig. 8) beschriebenen und abgebildeten Polarisationsapparat auf Interferenzerscheinungen. Diese kann in einzelnen Fällen recht nützlich sein, ist aber nur anwendbar bei passendem Schliff (Tafel- oder Treppenschliff) und wenn die Tafelfläche mit einer der optischen Hauptrichtungen (S. 23) zusammenfällt.

Da sie auch viel Uebung erfordert, so wird man nur im äussersten Falle, wenn kein anderes Merkmal zur Unterscheidung führt, dazu schreiten. Man untersucht zuerst ohne Linsen *S* und *S'* (Fig. 8), hierauf setzt man diese ein, wobei man sich des S. 25 beschriebenen Drehapparates bedient.

Bei einem Mineral führt diese Methode am leichtesten zum Ziele, nämlich bei Quarz und seinen Varietäten. Denn diese zeigen stets lebhafte Interferenzfarben (bei Abnahme der Linsen *S* und *S'* Fig. 8), auch wenn sie sehr dick sind, während alle dickeren Exemplare anderer Edelsteine gar keine oder nur sehr schwache Farben zeigen. Endlich sieht man auch die S. 175 erwähnte Quarz-Interferenzfigur, wenn man die Linsen *S* und *S'* einsetzt.

Man hat daher den Edelstein, von dem man vermuthet, dass er als Glied der Familie der Quarze die charakteristischen Erscheinungen der Circularpolarisation zeigen kann, derart zu untersuchen, dass man zuerst ohne die Linsen *S* und *S'* untersucht, wobei man sehr lebhafte Interferenzfarben beobachten wird, dann setzt man, falls man noch im Zweifel ist, die Linsen ein, und wird entweder die Fig. 9, aber mit dem Unterschiede sehen, dass die Mitte des Gesichtsfeldes kein schwarzes Kreuz, sondern sehr lebhafte farbige Ringe zeigt, oder es tritt der ähnliche Fall wie bei Fig. 10 ein, wobei aber wieder sehr lebhafte Ringe sichtbar sind und der schwarze Balken nur am Rande des Gesichtsfeldes auftritt. Charakteristisch ist aber für Laien wohl nur der erste Fall, gewöhnlich wird man indessen schon ohne die Linsen *S* und *S'* durch die lebhaften Interferenzfarben, die bei dickeren Steinen zumeist überhaupt nur, wenn Quarz vorliegt, eintreten, orientirt sein.

Ausser diesen Methoden, welche bei richtiger und genauer Anwendung nicht mehr von der subjectiven Disposition des Beobachters abhängen, giebt es auch solche, welche wir als subjective bezeichnen müssen, weil sie auf minimalen Unterschieden beruhen, theilweise auf unwesentlichen, und weil sie doch in vielen Fällen Irrungen nicht ausschliessen.

Subjective Methoden, die jahrelange Uebung erfordern, aber doch nicht dazu führen können, gleichfarbige und gleich stark glänzende Steine, wie Rubin, Spinell, Almandin, Turmalin, Aquamarin, Topas, zu unterscheiden, beruhen auf der genauen Beobachtung des Glanzes, der Färbung, der Lichtbrechung und des sogen. Feuers (s. S. 70). Bei Diamant genügt in Folge des einzig dastehenden Dispersionsvermögens und des hohen Brechungsvermögens dies wohl in den meisten Fällen, aber bei anderen Steinen hängt dies nur von der Geschicklichkeit der betreffenden Person ab.

Untersuchung von rohen Edelsteinen.

Bei diesen hat man ausser jenen Merkmalen, welche bei geschliffenen zur Bestimmung dienen, noch die Krystallform zu Hilfe zu ziehen. Im Uebrigen ist der Gang ein ähnlicher, wie bei geschliffenen Steinen, doch kann man hier ohne weitere Vorsichtsmassregeln die Härteskala gebrauchen.

Eine weitere Eigenschaft, welche bei rohen Steinen leichter zu beobachten ist, ist die Spaltbarkeit, sowie die Beobachtung der Bruchfläche.

Selbstverständlich wird bei rohen Steinen die Untersuchung viel leichter sein, denn allein die Betrachtung der Krystallform kann schon sehr zweckdienlich sein, wenn nicht, was ebenfalls häufig der Fall ist, unregelmässig begrenzte Geschiebe vorliegen; man kann jedoch bei rohen Steinen häufig auch kleine Splitter ablösen und eine chemische Untersuchung ausführen, sowie auch solche Splitter auf Farbenveränderung (S. 32) prüfen.

Untersuchung gefasster Edelsteine.

Hier entfällt eine der wichtigsten Methoden zur Untersuchung der Steine, nämlich die der specifischen Gewichtsbestimmung. Man ist daher auf die subjectiven Methoden, dann auf die Untersuchung mit dem Dichroskop, und wenn möglich, was aber wohl sehr von der Fassung abhängt, auf die Untersuchung mit dem Polarisationsapparat und endlich auf die Härte angewiesen.

Fünfundvierzigstes Kapitel.

Hilfstabellen zur Bestimmung der Edelsteiue.

Bei der Bestimmung der Edelsteine ist es von Wichtigkeit, die zur Erkennung dienenden Eigenschaften rasch übersehen zu können. Ich habe zu diesem Zwecke die häufigeren Farben, die Krystallform resp. Structur, die Härte, das specifische Gewicht, die optischen Eigenschaften, die elektrischen und sonstigen Merkmale der einzelnen Steine tabellarisch zusammengestellt, um dann auf dieser Grundlage zur Unterscheidung gleichgefärbter Steine zu schreiten.

Bei der äusserst complicirten Nomenklatur der Edelsteine und den im Handel üblichen zahllosen falschen Bezeichnungen, wie z. B. Cap-Granaten Rubine heissen, violetter Korund als orientalischer Amethyst gilt und die verschiedensten goldgelben Mineralien, wie Flussspath, Korund, Citrin, als Topase circuliren, wäre diese Zusammenstellung, in welcher selbstverständlich nur die richtigen Namen Platz finden konnten, nicht leicht benutzbar ohne eine Art Lexikon, in welchem die Handelsnamen und die richtigen Mineralnamen einander gegenüber gestellt sind. Dies ist in Tabelle A geschehen. Sie giebt Aufschluss über die mineralogische Bezeichnung der verschiedenen Edelsteinhandelssorten, und es dient dann die Tabelle B dazu, um die wichtigen Eigenschaften des betreffenden Steines kennen zu lernen.

Wenn also beispielsweise ein Edelstein unter dem Namen „brasilianischer Smaragd“ zur Untersuchung vorliegt, so benutze man Tabelle A, aus welcher ersichtlich ist, dass brasilianischer Smaragd ein grüner Turmalin ist; die Eigenschaften dieses finden sich in Tabelle B, α unter Turmalin.

Anmerkung zu Tabelle A. — In der ersten Rubrik finden sich der Handelsname, in der zweiten der mineralogische Specialname, während in der dritten Rubrik der allgemeine Gattungsname sich findet. So gehören die im Handel böhmischer Topas, falscher indischer Topas genannten Steine dem Citrin an; dieser bildet mit Bergkrystall (falscher, böhmischer, rheinischer, Alençon-, Arkansas-Diamant), mit Rauchtopas und Amethyst eine grosse Mineralgattung, den Quarz, wie aus Tabelle A ersichtlich ist. Alle diese unter so verschiedenen Namen circulirenden Steine müssen daher sehr ähnliche Eigenschaften haben, wie aus Tabelle B ersichtlich ist.

Hilfstabelle A.

Uebersicht und Vergleich der Handelsnamen mit den wissenschaftlich richtigen Mineralnamen.

I. Handelsname	II. Wissenschaftlicher Varietäten-Name	III. Allgemeiner mineralogischer Gattungsbegriff
Achat, isländischer	Obsidian	Obsidian
Achroit	farbloser Turmalin	Turmalin
Alabaster	Alabaster	Gyps
Alençon-Diamant	Rauchquarz	Quarz
Alexandrit	Alexandrit	Chrysoberyll
Almandin	Almandin	Granat
Almandinspinell	Spinell	Spinell
Amazonenstein	Amazonenstein	Feldspath
Amethyst	Amethyst	Quarz
„ falscher	Flussspath	Flussspath
„ Saphir- „ orientalischer	violetter Saphir	Korund
Andalusit	Andalusit	Andalusit
Apatit	Apatit	Apatit
Apyrit	Apyrit	Turmalin
Aragonit	Aragonit	Aragonit
Aquamarin	Aquamarin	Beryll
„ Chrysolith	gelber Beryll	Beryll
„ orientalischer	grüner Korund	Korund
Asterie	Sternsaphir	Korund
Atlasspath	Faserkalk	Kalkspath
Augenstein	Achat	Chalcedon
Avanturin	Avanturinfeldspath	Feldspath
„	Avanturinquarz	Quarz
Axinit	Axinit	Axinit
Balasrubin	Spinell	Spinell
Bandachat	Bandachat	Chalcedon
Bandjaspis	Bandjaspis	Chalcedon
Beilstein	Nephrit	Hornblende
Bergkrystall	Bergkrystall	Quarz
Bernstein	Bernstein	Bernstein
Bildstein	Agalmatolith	Agalmatolith
Blaustein	Lazulith	Lazulith
Blutstein	Hämatit	Hämatit
Bouteillenstein	Moldawit	Obsidian
Bronzit	Bronzit	Pyroxen
Caprubin	Almandin[1]	Granat

[1] Siehe S. 147.

I. Handelsname	II. Wissenschaftlicher Varietäten-Name	III. Allgemeiner mineralogischer Gattungsbegriff
Carbonado	schwarzer krystallinischer Diamant	Diamant
Carneol	Carneol	Chalcedon
Chalcedon	Chalcedon	Chalcedon
Chalcedononyx	Chalcedononyx	Chalcedon
Chiastolith	Chiastolith	Andalusit
Chrysoberyll, brasilianischer Chrysolith-Chrysoberyll	Chrysoberyll	Chrysoberyll
Chrysolith	Chrysolith	Olivin
„ ceylonischer	grüngelber Turmalin	Turmalin
„ falscher	Moldawit	Obsidian
„ opalisirender	Cymophan	Chrysoberyll
„ orientalischer	gelbgrüner Korund	Korund
„ sächsischer	weingelber sächsischer Topas	Topas
„ vom Cap	Prehnit	Prehnit
Chrysopras	Chrysopras	Chalcedon
Ceylonit	Pleonast	Spinell
Ceylon-Rubin	Almandin	Granat
Citrin	Citrin	Quarz
Cymophan	Chrysoberyll	Chrysoberyll
Demantoid	Demantoid	Granat
Diamant	Diamant	Diamant
„ Arkansas D. „ Böhmischer D. „ Marmaroscher D. „ Paphos D. „ Rheinischer D. „ Schein D.	Bergkrystall	Quarz
Diamantspath	Korund	Korund
Diopsid	Diopsid	Pyroxen
Dioptas	Dioptas	Dioptas
Epidot	Epidot	Epidot
Essigspinell	Spinell	Spinell
Euklas	Euklas	Euklas
Falkenauge	Falkenauge	Verquarzte Hornblende
Fasergyps	Fasergyps	Gyps
Faserkalk	Faserkalk	Kalkspath
Festungsachat	Achat	Chalcedon
Feueropal	Feueropal	Opal
Flèche d'amour	Quarz mit Rutileinschlüssen	Quarz

I. Handelsname	II. Wissenschaftlicher Varietäten-Name	III. Allgemeiner mineralogischer Gattungsbegriff
Gagat	Gagat	Kohle
Gemme, vesuvische	Vesuvian	Vesuvian
Girasol	Adular	Feldspath
„ orientalischer	Girasol-Saphir	Korund
Goldberyll	goldgelber Beryll	Beryll
Goldopal	goldgelber Opal	Opal
Goutte d'eau	farbloser Topas	Topas
Granat, böhmischer	Pyrop	Granat
„ ceylonischer „ edler „ kolliner „ orientalischer „ syrischer	Almandin	Granat
Haarsteine s. Flèche d'amour		
Heliotrop	Heliotrop	Chalcedon
Hessonit	Hessonit	Granat
Hiddenit	Spodumen, Lithiumaugit	Pyroxen
Hyacinth	Hyacinth	Zirkon
„ ceylonischer „ von Dissentis	Hessonit	Granat
„ orientalischer	morgenrother Korund	Korund
Hypersthen	Hypersthen	Pyroxen
Idokras siehe Vesuvian		
Indigolith	blauer Turmalin	Turmalin
Indigosaphir	blauer Saphir	Korund
Iris	Regenbogenquarz	Quarz
Jade	Nephrit	Hornblende
Jadeit	Jadeit	Pyroxen
Jargon	lichter Zirkon	Zirkon
Jaspis	Jaspis	Chalcedon
Kaneelstein	Hessonit	Granat
Karfunkel	Almandin	Granat
Karneol	Karneol	Chalcedon
Katzenauge	Katzenauge	Chalcedon
Kieselmangan siehe Rhodonit		
Labrador	Labrador	Feldspath
Lapis Lazuli Lasurstein	Lasurstein	Lasurstein
Lazulith	Lazulith	Lazulith
Lava	Obsidian	Obsidian
Lepidolith	Lithiumglimmer	Glimmer
Leukosaphir	Weisser Saphir	Korund

I. Handelsname	II. Wissenschaftlicher Varietäten-Name	III. Allgemeiner mineralogischer Gattungsbegriff
Lithiumsmaragd s. Hiddenit		
Luchssaphir	Cordierit	Cordierit
Lumachell	Muschelmarmor	Kalkspath
Marekanit	Marekanit	Obsidian
Marmor	Marmor	Kalkspath
Maturadiamant	Hyacinth	Zirkon
Meerschaum	Meerschaum	Meerschaum
Moldawit	Moldawit	Obsidian
Mondstein	Adular	Feldspath
Morion	Morion	Quarz
Natrolith	Natrolith	Natrolith
Nephrit	Nephrit	Hornblende
Nilkiesel	Jaspis	Chalcedon
Noumeit	Garnierit	Gymnit
Obsidian	Obsidian	Obsidian
„ chatoyante . . .	Obsidian	Obsidian
Olivin siehe Chrysolith		
Onyx	Onyx	Chalcedon
Opal, orientalischer . . .	Opal	Opal
„ ceylonischer	Mondstein	Feldspath
Opalmutter	Opal im Muttergestein	Opal im Muttergestein
Orlez siehe Rhodonit		
Phenakit	Phenakit	Phenakit
Pingos d'agoa	wasserheller Topas	Topas
Plasma	Plasma	Chalcedon
Pleonast	Pleonast	Spinell
Prasem	Prasem	Chalcedon
Prehnit	Prehnit	Prehnit
Pseudochrysolith siehe Moldawit		
Pyrop	Pyrop	Granat
Rauchtopas	Rauchquarz	Quarz
Regenbogenquarz siehe Iris		
Rheinkiesel	Bergkrystall	Quarz
Rhodonit	Rhodonit	Pyroxen
Rubellit	rosa Turmalin	Turmalin
Rubicell	orangerother Spinell	Spinell
Rubin, orientalischer . . .	Rubin	Korund
„ böhmischer	Rosenquarz	Quarz
„ brasilianischer . . .	Topas	Topas
„ falscher	Flussspath	Flussspath
„ sibirischer	rosa Turmalin	Turmalin

I. Handelsname	II. Wissenschaftlicher Varietäten-Name	III. Allgemeiner mineralogischer Gattungsbegriff
Rubinbalais	rosa Spinell	Spinell
Rubinspinell	rother Spinell	
Saphir, orientalischer	Saphir	Korund
„ brasilianischer	blauer Turmalin	Turmalin
Saphir, gelber	Saphir	Korund
„ weisser siehe Leukosaphir		
Saphirquarz	derber blauer Quarz	Quarz
Sapparé	Cyanit	Cyanit
Sardonyx	Karneol	Chalcedon
Serpentin	Serpentin	Serpentin
Schneckentopas	gelber sächsischer Topas	Topas
Siberit	rosa Turmalin	Turmalin
Smaragd	Smaragd	Beryll
„ brasilianischer	grüner Turmalin	Turmalin
„ falscher	Flussspath	Flussspath
„ orientalischer	grüner Korund	Korund
Smaragdmutter	Prasem	Chalcedon
Sonnenstein	Oligoklas	Feldspath
Sphen	Sphen	Titanit
Sternsaphir	Sternsaphir	Korund
Tigerauge	Verquarzter Krokydolith	Quarz
Topas	Topas	Topas
„ brasilianischer		
„ edler		
„ indischer		
„ sibirischer		
„ böhmischer	Citrin	Quarz
„ falscher indischer		
„ falscher	gelber Flussspath	Flussspath
„ orientalischer	gelber Saphir	Korund
„ Saphir-		
Türkis, echter	Mineraltürkis	Türkis
„ orientalischer		
„ vom alten Stein		
„ occidentalischer	Zahntürkis	(kein Mineral)
„ vom neuen Stein		
Turmalin	Turmalin	Turmalin
„ brasilianischer	dunkelgrüner Turmalin	Turmalin
„ sibirischer	rosa Turmalin	Turmalin
„ ceylonischer	ölgrüner Turmalin	Turmalin
Vesuvian	Vesuvian (Idokras)	Vesuvian

I. Handelsname	II. Wissenschaftlicher Varietäten-Name	III. Allgemeiner mineralogischer Gattungsbegriff
Vermeilgranat	Hessonit	Granat
Violettrubin	violetter Saphir	Korund
Wassersaphir	Cordierit	Cordierit
Wassertropfen	Topas	Topas
Zahntürkis siehe Türkis		

Hilfstabelle B.

Uebersicht der wichtigsten Eigenschaften der Edelsteine.

Diese Tabelle zerfällt in drei Abtheilungen:

α. Die durchsichtigen Edelsteine;

β. Schillernde und Schimmer-Steine;

γ. Undurchsichtige und halbdurchsichtige Steine.

Diese Eintheilung erfolgt aus praktischen Gründen, obgleich theoretisch eine Unterscheidung durchsichtiger und durchscheinender Mineralien nicht gut durchführbar ist. Bei den Edelsteinen ergiebt sich die Unterscheidung von selbst, denn erstens haben wir hier hauptsächlich geschliffene Steine zu untersuchen, und bei diesen sind obige Abtheilungen schon durch den Schliff unterschieden, da nur durchsichtige Steine als Brillanten, Rosetten, Tafel- und Treppensteine geschliffen, die Schillersteine dagegen rundlich, mugelig, und die letzte Abtheilung überhaupt nur in der Kunstindustrie verwendet oder aber als Juwelen mit flachem, rundlichen, kugeligen Schliff u. s. w. versehen werden.

Ueberdies gehören alle werthvolleren Steine zur Abtheilung α, mit Ausnahme einiger aus der Abtheilung β (Sternsaphir, Opal) und eines einzigen aus Abtheilung γ (Türkis).

Die letzte Abtheilung enthält fast nur Halbedelsteine und Schmucksteine.

Endlich ist die Entscheidung, ob ein durchsichtiger, klarer Stein, oder ein schimmernder, oder ein undurchsichtiger resp. halbdurchscheinender vorliegt, so leicht, dass sich die Eintheilung von selbst ergiebt.

Anmerkung zu Tabelle B α.

In der Spalte I sind die häufigeren Farben angeführt, soweit dieselben präcisirbar sind.

In der Spalte II wird die Krystallform resp. das Krystallsystem angeführt, was allerdings, da wir hauptsächlich auf geschliffene Steine Rücksicht nehmen, nur von geringer Wichtigkeit ist; um jedoch auch bei rohen Steinen die Benutzbarkeit nicht einzuschränken, wurde auch diese Eigenschaft in der Tabelle in Betracht gezogen.

In der Spalte III und IV folgen Härte und specifisches Gewicht.

In der Spalte V und VI werden die optischen Eigenschaften berücksichtigt, und zwar vor Allem der oft so leicht wahrzunehmende oder mit dem Dichroskop resp. Nicol'schen Prisma leicht zu untersuchende Dichroismus, wobei angegeben ist, ob derselbe kräftig, leicht bemerkbar oder nur schwach ist, dann welche Farbentöne auftreten.

Bei der Spalte Interferenzerscheinungen wird angegeben, ob einaxig oder zweiaxig, daher ist bei weiterer Untersuchung nach Kapitel VII vorzugehen. Besonders hervorgehoben wird auch die Eigenschaft der Circularpolarisation, welche leicht zur Erkennung führt, falls der Stein die Untersuchung auf dieselbe gestattet.

In der letzten Spalte sind die übrigen Merkmale angeführt, z. B. das elektrische Verhalten, etwaige sehr vollkommene Spaltbarkeit, welche in mancher Hinsicht wichtig ist und auch durch feine mit der Lupe sichtbare Risse merklich sein kann, dann ein etwaiger geringerer Grad von Durchsichtigkeit und dergleichen.

Anmerkung zu Tabelle B *β*.

Bei den schillernden und schimmernden Steinen wird die gleiche Eintheilung befolgt wie in Tabelle B *α* mit Ausnahme von Spalte V und VI, da bei diesen Steinen, von denen die meisten nicht durchsichtig sind, die Untersuchung auf Interferenzfarben entfällt; dagegen wurde in Spalte V die Art des Schimmers angegeben.

Anmerkung zu Tabelle B *γ*.

Hier entfallen ebenfalls die Spalten V und VI der ersten Tabelle B *α*.

Bei den besonderen Merkmalen wurden, da es sich zumeist um wenig werthvolle Steine, die in grosser Menge vorhanden sind, handelt, auch einige leicht ausführbare chemische Versuche angegeben.

Tabelle

α) Durchsichtige

Name	I. Farben	II. Krystallform	III. Härte	IV. Specifisches Gewicht
Alexandrit . . .	smaragdgrün, mangangrün, daneben rother Ton	rhombisch	$8^1/_2$	3·68—3·78
Almandin . . .	blutroth, carminroth bis braunroth	regulär	$7^1/_4$	4·08—4·25
Amethyst . . .	violblau	hexagonal	7	2·65
Andalusit . . .	ölgrün, daneben rothbrauner Ton. — Manche sind fleischroth	rhombisch	$7^1/_4$	3·17—3·2
Apatit	grünlich, grünlichblau, violett	hexagonal	5	3·16—3·2
Aquamarin . . .	meergrün, blaugrün, blassblau	hexagonal	$7^1/_2$	2·63—2·71
Axinit	nelkenbraun, violettgrau	triklin	7	3—3·3
Balasrubin siehe Spinell				
Bergkrystall . .	farblos, wasserhell	hexagonal	7	2·65
Bernstein . . .	honiggelb, gelbbraun, citrongelb	amorph	2	1·08—1·12
Beryll	gelb, gelbgrün, goldgelb	hexagonal	$7^1/_2$	2·63—2·71
Caprubin . . .	rubin-, blut-, bläulichroth	regulär	$7^1/_4$	4·08—4·25
Chrysoberyll . .	goldgelb, gelbgrün, ölgrün	rhombisch	$8^1/_2$	3·68—3·78
Chrysolith . . .	gelbgrün, goldgelb, ölgrün	rhombisch	$6^3/_4$	3·35—3·39
Citrin	honiggelb, citrongelb, goldgelb	hexagonal	7	2·65
Cordierit . . .	himmel- bis Berlinerblau	rhombisch	$7^1/_4$	2·6—2·65
Cyanit	berliner- bis kornblumenblau	triklin	5—7	3·66—3·69
Cymophan wie Chrysoberyll				
Demantoid . . .	tiefgrün bis gelblichgrün	regulär	$7^1/_4$	3·83
Diamant	zeigt alle Farben, zumeist lichtere	regulär	10	3·52
Diopsid	grasgrün	monoklin	$5^1/_2$	3·1—3·2
Dioptas	smaragdgrün	hexagonal	5	3·3

B

Edelsteine.

V. Dichroismus	VI. Interferenzerscheinungen. Optisches Verhalten	VII. Sonstige wichtige Merkmale
sehr stark, neben dem grünen Ton ein rother. Mit dem Dichroskop grüne, rothe und gelbliche Töne	zweiaxig	nachts tritt der rothe Ton mehr hervor
—	—	—
—	einaxig, zeigt Circularpolarisation	—
sehr stark, ölgrüne und hyacintrothe Töne	zweiaxig	nicht sehr durchsichtig
—	einaxig	—
nur bei stark gefärbten merklich, blaue und gelbliche Töne	einaxig	—
kräftig, ölgrüne, zimmtbraune und violblaue Töne	zweiaxig	—
—	einaxig, zeigt Circularpolarisation	—
—	—	beim Reiben stark elektrisch. Bei langem starkem Reiben aromatischer Geruch
schwach	einaxig	—
—	—	—
schwach, grüne bis goldgelbe Töne	zweiaxig	—
—	zweiaxig	—
—	einaxig, zeigt Circularpolarisation	—
sehr stark, tiefblaue, blassblaue und gelbweisse Töne	zweiaxig	—
—	zweiaxig	wird durch Reiben stark elektrisch
—	—	—
—	—	intensiver Glanz und stärkstes Feuer
—	zweiaxig	—
—	einaxig	wenig durchsichtig

Namen	I. Farben	II. Krystallform	III. Härte	IV. Specifisches Gewicht
Epidot	grün	monoklin	$6^1/_2$	3·34—3·45
Essigspinell . .	orange, im übrigen siehe Spinell		—	—
Euklas	meergrün, blassblau	monoklin	$7^1/_2$	2·99—3·1
Flussspath . . .	alle Farben	regulär	4	3·15—3·2
Goldberyll siehe Beryll				
Granat, edler, siehe Almandin				
Haüyn	lasurblau	regulär	$5^1/_2$	2·4—2·5
Hessonit	hyacinthfarben, gelbroth, braunroth, honiggelb	regulär	$7^1/_4$	3·6
Hiddenit	smaragdgrün bis gelbgrün	monoklin	$6^1/_2$	3·18
Hyacinth . . .	hyacinthfarben, gelbbraun honiggelb mit rothem Stich	tetragonal	$7^1/_2$	4·6—4·7
Jargon	farblos, schwachgrünlich, sonst wie Hyacinth	—	—	—
Kaneelstein siehe Hessonit				
Moldawit . . .	graugrün bis ölgrün	amorph	6	2·36
Morion	schwarzbraun	hexagonal	7	2·65
Phenakit . . .	farblos	hexagonal	$7^3/_4$	2·96—2·99
Pyrop	dunkelhyacinthroth, blutroth	regulär	$7^1/_4$	3·7—3·82
Quarz siehe Bergkrystall				
Rauchtopas . .	nelkenbraun, graubraun	hexagonal	7	2·65
Rosenquarz . .	rosenroth, sonst wie Rauchtopas	—	—	—
Rubicell	orangeroth, sonst wie Spinell	—	—	—
Rubin	blut-, ponceauroth	hexagonal	9	4—4·07
Saphir	alle Farben, blau, blaugrün, rosa, violett, gelb, goldgelb, grün, amethyst	hexagonal	9	4—4·07
Smaragd	tiefgrün	hexagonal	$7^1/_2$	2·63—2·71
Sphen	gelbgrün, goldgelb	monoklin	$5^1/_2$	3·45
Spinell, Balas-, Rubinspinell . . .	rosa, licht carminroth bei ersterem, rubin-, ponceauroth bei letzterem, selten violett, blau	regulär	8	3·54—3·58

V. Dichroismus	VI. Interferenzerscheinungen. Optisches Verhalten	VII. Sonstige wichtige Merkmale
sehr stark, gelbe, braune und grüne Töne	zweiaxig	—
—	—	—
—	zweiaxig	ist vollkommen spaltbar
—	—	—
—	—	wenig durchsichtig
—	—	—
—	zweiaxig	—
—	einaxig	starker Glanz und Feuer
—	—	oft etwas trübe
—	—	—
—	einaxig, zeigt Circularpolarisation	wenig durchsichtig
—	einaxig	starker Glanz
—	—	—
—	einaxig, zeigt Circularpolarisation	—
—	—	wenig durchsichtig
—	—	—
ziemlich merklich, rothblaue bis gelblichrothe Töne	einaxig	—
ziemlich kräftig, tiefblau, meergrün bei blauen Saphiren	einaxig	—
kräftig, blaugrüne, gelbgrüne Töne	einaxig	—
—	zweiaxig	—
—	—	—

Namen	I. Farben	II. Krystallform	III. Härte	IV. Specifisches Gewicht
Staurolith . . .	dunkelbraunroth bis goldgelb	rhombisch	$7^1/_4$—$7^1/_2$	3·6
Topas	fast alle Farben, vorwiegend goldgelb, weingelb, meergrün, bläulich, rosa, farblos	rhombisch	8	3·52—3·58
Turmalin				
„ (Rubellit)	rosenroth, carminroth	hexagonal	$7^1/_4$	2·99—3·16
„ (Indigolith)	tiefblau	hexagonal	$7^1/_4$	3·1
„ (Achroit)	farblos	hexagonal	$7^1/_4$	3
„	tiefgrün, ölgrün	hexagonal	$7^1/_4$	3·1—3·17
Vesuvian . . .	grasgrün bis ölgrün, honiggelb bis braungelb	tetragonal	$6^3/_4$	3·35—3·45
Zirkon.	gelb, grünlich, braungelb, sonst wie Hyacinth	—	—	—

β) Schillernde, opalisirende

Name	I. Farben	II. Krystallform oder Krystallstructur
Avanturinfeldspath . .	hellroth	triklin, körnig krystallinisch
Avanturinquarz. . . .	hellroth	hexagonal
Bastit	grün bis bräunlich	derb, rhombisch
Bronzit	bronzefarbig	rhombisch
Cymophan, opalisirender .	gelb, grüngelb	rhombisch
Demantspath	grau, sonst wie Girasolsaphir	—
Falkenauge	bläulich	faserige Structur
Girasol-Saphir	graublau	hexagonal
Hypersthen	kupferroth, röthlichbraun	rhombisch
Katzenauge	bräunlichgelb bis lichtgrau	faserige Structur
Labrador	graublau	triklin
Mondstein	gelblich, fast farblos bis milchig	monoklin

V. Dichroismus	VI. Interferenzerscheinungen. Optisches Verhalten	VII. Sonstige wichtige Merkmale
—	zweiaxig	wenig durchsichtig
kaum merklich	zweiaxig	wird durch Reiben stark elektrisch. Beim Erwärmen Pyroelectricität. Sehr vollkommen spaltbar
kräftig	einaxig	beim Reiben stark elektrisch beim Erwärmen Pyroelectricität
sehr kräftig	einaxig	"
—	einaxig	"
sehr stark	einaxig	"
schwach	einaxig	—
—	—	—

und irisirende Steine.

III. Härte	IV. Specifisches Gewicht	V. Art des Schillers auf den Schliffflächen	VI. Sonstige Merkmale
6	2·65	goldregenartiger Lichtreflex	—
7	2·65	röthlichgelber Lichtreflex	—
4	2·8	metallartig, perlmutterartig	—
4	3·3	metallartig	—
$8^1/_2$	3·78	wechselnder, wogender, bläulicher Lichtschimmer	durchsichtig
—	—	—	—
6	2·65	wechselnder seidenartiger Glanz	—
9	4·08	bläulich, mit bewegl. Lichtschimmer	—
$5^1/_2$—6	3·4	metallartig, buntes Farbenspiel	—
$6^1/_2$	2·6	wogender blauweisser Lichtschimmer	—
6	2·7	Farbenspiel blau, gelb, roth, grün	—
6	2·5—2·55	wogender blauer, perlmutterartiger Lichtschein	fast durchsichtig

Name	I. Farben	II. Krystallform oder Krystallstructur
Obsidian (schillernder) O. chatoyante	grau, gelblich	amorph
Opal	farblos milchig, grünlich, röthlich	amorph
Regenbogenquarz . . .	farblos	hexagonal
Sonnenstein	röthlich	triklin
Sternsaphir	graublau	hexagonal
Tigerauge	gelbbraun bis holzbraun	faserige Structur

γ) **Undurchsichtige oder nur**

Name	I. Farben	II. Grad der Durchsichtigkeit
Achat	bandartige Farbenzeichnung, roth, schwarz, braun, weiss	durchscheinend
Alabaster	schneeweiss mit Stich in's rothe	etwas durchscheinend
Amazonenstein	grün, grünblau	wenig durchscheinend
Aragonit	lagenartige Färbung, weiss, braunroth, gelbbraun	wenig durchscheinend
Atlasspath	weiss	durchscheinend
Bildstein	grau, isabellgelb, grünlich	undurchsichtig
Blutstein siehe Hämatit		
Carbonado	schwarz, schwarzbraun	undurchsichtig
Carneol	lagenweise roth und weiss	durchscheinend
Chalcedon	grau, bläulich	durchscheinend
Chiastolith	grau	—
Chrysopras	apfelgrün	halbdurchsichtig
Demantspath	grau	durchscheinend
Fasergyps	schneeweiss, grau	durchscheinend
Faserkalk	schneeweiss	durchscheinend
Gagat	schwarz-, schwarzbraun	undurchsichtig
Heliotrop	grün mit rothen Flecken	undurchsichtig
Hämatit	eisenschwarz, stahlgrau	undurchsichtig

III. Härte	IV. Specifisches Gewicht	V. Art der Schillers auf den Schliffflächen	VI. Sonstige Merkmale
$6^1/_2$	2·3—2·5	gelblicher, röthlicher, silberweisser Schimmer	—
$6^1/_2$	2·2—2·3	opalisirend	—
7	2·6	irisirend	durchsichtig
6	2·65	im Innern goldregenähnl. Schimmer	—
9	4·07	sternartige Lichtfigur	—
$6^1/_2$	2·7	wogender metallartiger bis seidenartiger Glanz	—

durchscheinende Steine.

III. Härte	IV. Specifisches Gewicht	V. Krystallstructur resp. Krystallform	VI. Sonstige Merkmale
$6^3/_4$	2·59—2·66	lagenartiges Gemenge von Chalcedon mit krystallisirtem Quarz	—
2	2·3	dicht	—
6	2·5	krystallisirt monoklin	—
$3^1/_2$	2·9	krystallinisch, faserig, concentrisch schalig	braust mit Säuren
3	2·7	bandartig	Perlmutter- bis Seidenschimmer
$2^1/_2$	2·8—2·9	dicht	—
10	3·5	feinkörniges Aggregat	—
$6^1/_2$	2·6	lagenartig	—
$6^1/_2$	2·59—2·65	oft lagenartige Structur	—
$7^1/_4$	3·2	krystallisirt rhombisch	zeigt auf dem Querschnitt ein schwarzes Kreuz
$6^1/_2$	2·56	feinkörnig bis dicht	—
9	4·07	krystallisirt hexagonal	—
2	2·3	faserig	—
3	2·7	faserig	braust mit Säuren
1	verschieden	dicht	—
$6^1/_2$	2·56	derb	—
$4^1/_2$	4·7	dicht, oft faserig im Innern	Metallglanz

Name	I. Farben	II. Grad der Durchsichtigkeit
Jadeit	hellgrün	durchscheinend
Jaspis	lagenartig ziegelroth, gelb, grün, braun	durchscheinend
Lasurstein	lasurblau	undurchsichtig
Lazulith	himmelblau	undurchsichtig
Lepidolith	fleischroth, rosa, violett	undurchsichtig
Malachit	spangrün bis lauchgrün, lagenartig	undurchsichtig
Marmor	alle Farben, oft gebändert und gefleckt	undurchsichtig bis durchscheinend
Meerschaum	gelblichweiss	undurchsichtig
Nephrit	hellgrün	durchscheinend
Natrolith	isabell- bis citrongelb	fast undurchsichtig
Noumeit	apfelgrün bis smaragdgrün	undurchsichtig
Obsidian	grau, graugrün, oft gebändert	durchscheinend
Onyx	gebändert, weiss, schwarz	fast undurchsichtig
Plasma	dunkelgrün	—
Pleonast (Ceylonit)	schwarzgrün bis schwarz	halb durchscheinend bis undurchsichtig
Prasem	lauchgrün	undurchsichtig
Prehnit	apfel-, spargelgrün	durchscheinend
Rhodonit	rosenfarben	fast undurchsichtig
Schwefelkies	speissgelb	undurchsichtig
Serpentin	gebändert oder gefleckt, lauchgrün, olivengrün, dunkelgrün, gelbgrün bis schwefelgelb	undurchsichtig bis halb durchscheinend
Speckstein	weiss	wenig durchscheinend
Türkis	himmelblau, grünlichblau, grün	undurchsichtig

III. Härte	IV. Specifisches Gewicht	V. Krystallstructur resp. Krystallform	VI. Sonstige Merkmale
$6^3/_4$	3·32	dicht	—
$6^1/_2$	2·65	dicht	—
$5^1/_2$	2·38—2·41	feinkörnig bis dicht	enthält metallisch glänzende Schwefelkieseinschlüsse
$5^1/_2$	3·1	krystallisirt monoklin	—
3	2·8—2·9	körnig	—
$3^3/_4$	3·7—3·9	gebändert, feinfaserig, schalig	braust mit Säuren
3	2·7—2·75	fein- bis grobkörnig, auch dicht	braust mit Säuren
$2^1/_2$	1—2	dicht	—
$5^3/_4$—$6^1/_2$	2·9—3	dicht, derb	—
5	2·2	strahlig faserig	—
$2^1/_2$	2·87	dicht	—
$6^1/_2$	2·3—2·6	amorph	vollkommen muscheliger Bruch, sehr scharfe Ränder.
$6^1/_2$	2·65	dicht	—
$6^1/_2$	2·65	dicht	—
8	3·69—3·78	krystallisirt regulär	—
$6^1/_2$—7	2·65	derb	—
$6^1/_2$	2·9	strahlig	—
$5^1/_2$	3·5—3·6	dicht	—
$6^1/_2$	5	krystallisirt regulär	Metallglanz
$3^1/_2$	2·6—2·7	dicht	enthält häufig Granateinschlüsse
$1^1/_2$	2·27	dicht	fettig anzufühlen
6	2·65—2·79	dicht	

Sechsundvierzigstes Kapitel.

Die Unterscheidung werthvoller Edelsteine von ähnlichen aber minderwerthigen.

Die Hauptaufgabe bei der Bestimmung der Edelsteine bleibt die Unterscheidung werthvoller Edelsteine, wie Diamant, Saphir, Rubin, Smaragd u. s. w., von ähnlichen wenig geschätzten, wie Topas, Granat, Quarz, Cordierit, Turmalin, Vesuvian u. s. w. Im nachfolgenden sind nun die wichtigeren derartigen Fälle angeführt, wobei auch hier wieder das Vorliegen von geschliffenen Steinen als Norm angenommen wurde. Wenn es möglich ist, bediene man sich vor Allem des specifischen Gewichtes.

I. Unterscheidung des Diamanten.

1. Gelber Diamant von Topas. Diamant zeigt starke Brechung des Lichtes, starken Diamantglanz. Diamant ritzt Saphir. Keine Interferenzerscheinungen im Polarisationsapparat, während Topas häufig die Erscheinung wie Fig. 11 und 12 S. 26 zeigt.

2. Gelber Diamant von Citrin, violetter Diamant von Amethyst, farbloser Diamant von Bergkrystall, rauchbrauner oder grauer Diamant von Rauchquarz. Diamant ist schwerer als alle diese Steine. Die Differenz beträgt $3 \cdot 52 - 2 \cdot 6 = 0 \cdot 92$. In einer Flüssigkeit vom specifischen Gewicht 2·66 schwimmen letztere. Diamant dagegen geht rasch unter. Keiner der Steine ritzt Topas. Der Glanz jener Quarzvarietäten ist mehr glasig, das Feuer geringer. Die Quarze zeigen Circularpolarisation und lebhafte Interferenzfarben im Polarisationsapparat, Diamant nicht.

3. Wasserheller Diamant von Phenakit. Phenakit ritzt Topas nicht. Das specifische Gewicht desselben beträgt nur 2·99, in einer Lösung vom specifischen Gewichte 3·1 schwimmt er, Diamant fällt.

4. Wasserheller Diamant von geglühtem Hyacinth (Jargon). Hyacinth ritzt Korund nicht. Sein specifisches Gewicht ist über 4·6, das des Diamanten 3·52.

5. Wasserheller Diamant von weissem oder geglühtem Saphir. Das specifische Gewicht des Saphir's ist höher, mindestens 4. Der Glanz ein mässiger. Die Härte nur 9.

6. Blauer Diamant von Saphir. Wie bei 5. Ueberdies zeigt Saphir mit dem Dichroskop zwei Farbentöne und überhaupt in verschiedenen Richtungen verschiedene Farben, Diamant nicht.

7. Blauer Diamant von Turmalin. Bei Turmalin starker Dichroismus. Höheres specifisches Gewicht des Diamanten, welcher in Lösung vom specifischen Gewichte 3·1 rasch fällt, während Turmalin noch schwimmt. Turmalin zeigt Interferenzerscheinungen. Turmalin ritzt nur Quarz.

8. Blauer Diamant von Cordierit. Wie 7.

9. Rosa Diamant von Spinell. Spinell ritzt nur Quarz. Glanz glasig, Feuer und Brechung gering. Specifisches Gewicht etwas höher als 3·52. Fällt in Lösung IV.

10. Rosa-Diamant von Rubin. Rubin ist schwerer (4·07) als Diamant (3·52). Rubin zeigt Dichroismus (siehe 6).

11. Meergrüner Diamant von Aquamarin. Aquamarin schwimmt in einer Flüssigkeit vom specifischen Gewichte 2·7, Diamant nicht. Aquamarin ritzt nicht Topas, ist einaxig.

12. Meergrüner Diamant von ebensolchem Korund. Korund ist schwerer (siehe Fall 10 und 6).

13. Grüner Diamant von Smaragd. Wie 11.

14. Grüner und gelbgrüner Diamant von Chrysoberyll. Diamant ist härter, aber leichter (3·52) wie Chrysoberyll (3·7), zeigt keinen Dichroismus wie dieser, ist einfach brechend und giebt im Polarisationsapparat keine Interferenzfiguren.

15. Grüner und gelbgrüner Diamant von Chrysolith. Chrysolith zeigt im Polarisationsapparat Farbenerscheinungen. Chrysolith ist leichter (3·3). Chrysolith ritzt Quarz nicht.

16. Grüner und gelbgrüner Diamant von Vesuvian. Die Härte des letzteren ist nur $6^3/_4$. Vesuvian zeigt schwachen Dichroismus. Der Glanz ist sehr mässig; er ist einaxig und leichter (3·4).

17. Gelber und grünlicher Diamant von Sphen. Die Härte des Sphen's ist gering: $5^1/_2$, sein Glanz ein geringer; er ist zweiaxig; sein specifisches Gewicht ist etwas geringer: 3·45.

II. Unterscheidung des Rubins.

1. Von Spinell (Spinellrubin auch von Balasrubin). Rubin zeigt Dichroismus, Spinell nicht. Spinell hat nur Topashärte. Rubin zeigt im Polarisationsapparat Fig. 9 und 10, Spinell keine Interferenzerscheinung. Spinell hat höchstens das specifische Gewicht 3·6 gegen 4·07.

2. Von Caprubin und Almandin (Granat). Rubin zeigt Dichroismus, die anderen keinen, letztere können keine Interferenzerscheinungen im Polarisationsapparat zeigen. Die Härte ($7^1/_4$) der Granate ist weit geringer, sie ritzen nur Quarz. Die genaue speci-

fische Gewichtsbestimmung giebt für Caprubin und Almandin zumeist mehr als 4·1, gegen höchstens 4·07 bei Rubin.

3. Von Rosa-Topas. Dieser hat nur das specifische Gewicht 3·55 und die Härte 8; er ist zweiaxig.

4. Von Rosa-Turmalin. Dieser hat nur das specifische Gewicht 3·1, schwimmt in der Flüssigkeit II, in welcher Rubin fällt. Härte circa 7. Beim Reiben wird er stark elektrisch.

III. Unterscheidung des Saphirs.

1. Blauer Saphir von blauem Turmalin. Das specifische Gewicht des ersteren ist um 1·05 höher. Turmalin (specifisches Gewicht 3·1) schwimmt in den schweren Flüssigkeiten vom specifischen Gewichte 3·1—3·55, in welchen Saphir rasch fällt. Turmalin ritzt nur Quarz.

2. Blauer Saphir von Cordierit. Das specifische Gewicht dieses beträgt höchstens 2·7, er schwimmt in den Flüssigkeiten von höherem specifischem Gewicht, in welchen Saphir rasch fällt. Cordierit ritzt nur Quarz und ist zweiaxig, viel stärker dichroitisch.

3. Blauer Saphir von Cyanit. Die Härte des Cyanites schwankt zwischen 5 und 7. Das specifische Gewicht beträgt nur 3·67. Er ist zweiaxig. Cyanit zeigt keinen Dichroismus wie Saphir.

IV. Unterscheidung des gelben Saphirs.

1. Saphir von Topas. Die Härte des Topases ist geringer, Saphir ist bedeutend schwerer: 4·07 gegen 3·55 bei Topas. Topas zeigt im Polarisationsapparat die Fig. 11 oder 12, Saphir die Fig. 9 oder 10. Saphir zeigt Dichroismus.

2. Von Citrin. Citrin ritzt nur Quarz. Sein specifisches Gewicht beträgt nur 2·66 gegen 4·07; er schwimmt in den schweren Flüssigkeiten, während Saphir rasch fällt; er zeigt Circularpolarisation.

3. Von Goldberyll. Das specifische Gewicht beträgt bei diesem nur 2·7. Die Härte beträgt nur $7^1/_2$ gegen 9.

4. Von Sphen. Die Härte ist bedeutend geringer bei Sphen: $5^1/_2$ gegen 9. Das specifische Gewicht ebenfalls: 3·45 gegen 4·07. Sphen ist zweiaxig, zeigt im Polarisationsapparat Fig. 10 und 12, Korund dagegen Fig. 9 oder 10.

5. Von Vesuvian. Die Farbe dieses ist mehr gelbbraun, so dass eine Verwechselung kaum denkbar ist. Im Uebrigen unterscheiden die geringe Härte: $6^3/_4$, sein geringeres specifisches Gewicht: 3·4.

6. Von Chrysolith. Chrysolith ist leichter: 3·36, und schwimmt in Flüssigkeit IV. Er ist weniger hart: $6^3/_4$, zweiaxig, nicht dichroitisch, zumeist auch mehr grünlichgelb.

7. Von Chrysoberyll. Dies ist selten der Fall, denn die Farbe des Chrysoberylles ist fast stets grünlichgelb. Seine Härte ist etwas geringer: $8^1/_2$, er ist leichter: 3·78, und zweiaxig.

V. Unterscheidung des amethystfarbenen Saphirs (Violett-Rubin).

1. Von Amethyst. Durch die Härte: 9 gegen 7; durch das specifische Gewicht: bei Amethyst 2·65 gegen 4·07 bei Saphir. Amethyst zeigt keinen Dichroismus. Auch die Circularpolarisation des Amethystes kann benutzt werden.

2. Von Almandin (Caprubin). Grössere Härte, niederes specifisches Gewicht und einaxiges Verhalten im Polarisationsapparat sowie Dichroismus bei Saphir; siehe II, 2.

VI. Unterscheidung des grünen Korundes.

1. Von Smaragd. Smaragd ritzt nicht Topas. Sein specifisches Gewicht beträgt nur 2·7 gegen 4·07 (man geht wie bei IV, 3 vor).

2. Von Hiddenit. Hiddenit ist leichter: 3·18, zweiaxig und zeigt keinen Dichroismus; er ist weniger hart: $6^1/_2$.

VII. Unterscheidung des Smaragdes.

1. Von Hiddenit. Smaragd zeigt Dichroismus (grüne und gelbe Töne), Hiddenit nicht. Das specifische Gewicht des Hiddenites ist 3·18 gegen 2·7 des Smaragdes. Hiddenit ist zweiaxig und zeigt im Polarisationsapparat Fig. 11 oder 12, Smaragd Fig. 9 oder 10. Die Härte des Hiddenites ist geringer: $6^1/_2$ gegen $7^1/_2$ des Smaragdes.

2. Von Dioptas. Dieser ist weit schwerer: 3·3, sehr wenig durchsichtig, weit weniger hart (5 gegen $7^1/_2$).

3. Von Demantoid. Die Farbe des letzteren ist etwas mehr gelblichgrün. Das specifische Gewicht ist höher: 3·83 gegen 2·7 des Smaragdes, weshalb Demantoid in einer der schweren Flüssigkeiten sehr rasch sinkt, während Smaragd in den drei schwereren nach oben steigt. Demantoid zeigt keinen Dichroismus und ist nicht doppelbrechend.

4. Von Diopsid. Die Farbe des letzteren ist mehr lauchgrün. Die Härte weit geringer: $5^1/_2$. Das specifische Gewicht höher: 3·1. Der Diopsid ist zweiaxig und zeigt keinen Dichroismus.

5. Aquamarin von blaugrünem und meergrünem Topas. Topas ist bedeutend schwerer, er sinkt in Flüssigkeit II, in welchem Aquamarin schwimmt. Differenz der specifischen Gewichte (3·55

gegen 2·7). Im polarisirten Lichte würde man die Interferenzerscheinungen Fig. 9 und 10 bei Aquamarin, 11 oder 12 bei Topas sehen. Topas ist etwas härter.

6. Aquamarin von Euklas. Aquamarin hat höchstens das specifische Gewicht 2·7, Euklas das von 3·1; in der Flüssigkeit II steigt ersterer nach oben. Aquamarin ist einaxig, Euklas zweiaxig, daher die Interferenzfiguren für ersteren Fig. 9 und 10, für letzteren Fig. 11 und 12 wären.

7. Goldgelber Beryll von Topas. Wie Fall 5.

8. Goldgelber Beryll von Sphen. Die Härte des letzteren beträgt nur $5^1/_2$, das specifische Gewicht ist viel höher: 3·45, in Flüssigkeit II sinkt er, während Beryll steigt.

9. Durch die geringe Härte 7 des Citrins, durch die Circularpolarisation desselben und sein etwas geringeres specifisches Gewicht zu unterscheiden; in Flüssigkeit I schwimmt Citrin.

10. Goldgelber Beryll von Vesuvian. Die Farbe dieses Steines ist mehr dunkel grasgrün, seine Härte geringer: $6^3/_4$, sein specifisches Gewicht höher, mindestens 3·35.

VIII. Unterscheidung des Spinelles (Balasrubin, Spinellrubin).

1. Von Turmalin. Turmalin zeigt starken Dichroismus (rothe bis blauweisse Töne). Turmalin schwimmt in einer Flüssigkeit im specifischen Gewichte 3·15, Spinell fällt.

2. Von Almandin (Caprubin). Spinellrubin ist weit leichter: 3·5 gegen 4·08—4·25. Granat ritzt nur Quarz.

3. Von Rosa-Topas. Eine sehr genaue specifische Gewichtsbestimmung ergiebt für Topas zumeist unter 3·55, für Spinell 3·54—3·6. Topas ist zweiaxig und doppelt brechend, Spinell einfach brechend. Topas zeigt Pyroelektricität beim Erwärmen und zieht Papierschnitzel nach dem Reiben an. Rosa-Topas ist dichroitisch, Spinell absolut nicht. Die Farbe des Topases ist zumeist zarter.

IX. Unterscheidung des Chrysoberylls und Alexandrits.

1. Chrysoberyll von Chrysolith. Chrysoberyll ist weit härter: $8^1/_2$ gegen $6^3/_4$ bei Chrysolith. Chrysoberyll ist weit schwerer: 3·68—3·78 gegen 3·35—3·39. In der schwersten Flüssigkeit IV schwimmt Chrysolith noch. Chrysolith ist nicht dichroitisch.

2. Chrysoberyll von Sphen. Die Härte des Sphens beträgt nur $5^1/_2$, niederes specifisches Gewicht 3·45.

3. Chrysoberyll von Hiddenit. Der Chrysolith-Chrysoberyll ist mehr gelbgrün, bedeutend härter als Hiddenit: $8^1/_2$ gegen $6^1/_2$;

das specifische Gewicht ist bedeutend höher als das des Hiddenits: 3·18, daher dieser in Flüssigkeit III schwimmt. Hiddenit ist nicht dichroitisch.

4. Alexandrit von Andalusit. Die Farbentöne des Andalusits sind mehr ölgrün und hyacinthroth, die des Alexandrits smaragdgrün und karminroth. Das specifische Gewicht des Andalusits ist höchstens 3·2, das des Alexandrits 3·68—3·78. Die Härte des Alexandrits ist höher: $8^1/_2$.

5. Alexandrit von grünem Flussspath. Härte des letzteren nur 4. Specifisches Gewicht des Flussspathes höchstens 3·2, in der Flüssigkeit III schwimmt dieser, während Chrysoberyll stets rasch fällt. Flussspath zeigt neben dem grünen Ton keinen rothen, und nur durch Unterlage einer Folie oder durch Zusammenkitten mit einem rothen Edelstein oder Glas kann die Täuschung erzeugt werden.

X. Unterscheidung des Hyacinthes.

1. Hyacinth von Hessonit. Der Glanz des Hyacinthes ist bedeutend stärker. Hyacinth ist der schwerste aller Edelsteine: 4·6—4·7, er ist etwas härter.

2. Hyacinth von Topas. Durch das hohe specifische Gewicht des Hyacinthes.

3. Hyacinth von braungelbem Vesuvian. Durch das specifische Gewicht, wie in den beiden ersten Fällen, und durch die grössere Härte.

4. Hyacinth von Staurolith. Das specifische Gewicht des letzteren beträgt nur 3·6, Hyacinth hat viel stärkeren Glanz und Feuer. Staurolith ist weit weniger durchsichtig und zweiaxig, seine Farbe ist mehr dunkel braunroth; Hyacinth hat mehr Stich in's Orange, Gelbliche oder rein Rothe.

XI. Unterscheidung des Topases.

1. Rosa-Topas von Turmalin. Das specifische Gewicht des Topases ist 3·55, das des Turmalins nur 3·16, ersterer sinkt in der Flüssigkeit III rasch. Die Härte ist bei Turmalin geringer, er wird von Topas geritzt. Im Polarisationsapparat zeigt Topas Fig. 11 oder 12, Turmalin Fig. 9 oder 10.

2. Gelber Topas von Citrin. Das specifische Gewicht des Citrins ist nur 2·65, derselbe schwimmt bereits in Flüssigkeit I. Die

Härte des Citrins ist nur 7, gegen 8 bei Topas. Citrin besitzt die Eigenschaft der Circularpolarisation.

3. Topas von Flussspath. Das specifische Gewicht des letzteren beträgt nur 3·2, er steigt in Flüssigkeit III. Flussspath hat nur die Härte 4 und ist einfach brechend; er kann daher keine Interferenzfarben im Polarisationsapparat zeigen.

4. Goldgelber Topas von Staurolith. Die Farbe des Staurolithes geht mehr in's Rothbraune über. Staurolith ist wenig durchsichtig, seine Härte ist geringer, höchstens $7^1/_2$, er wird daher von Topas geritzt. Die Dichte ist etwas höher als bei Topas: 3·6 gegen 3·55.

5. Goldgelber Topas von Sphen. Die Härte des Sphens beträgt nur $5^1/_2$ gegen 8, er ist leichter: 3·45 gegen 3·55.

XII. Unterscheidung des Türkises.

1. Von Zahntürkis. Türkis ist härter, 6 gegen circa 5. Türkis ist schwerer, mindestens 2·6 gegen 2·4. Zahntürkis zeigt aderförmige Streifung (besonders unter dem Mikroskop sichtbar). Er wird durch Reiben stark elektrisch und braust mit Säuren.

2. Von Lazulith. Lazulith ist bedeutend schwerer, 3·1 gegen höchstens 2·79; in der Flüssigkeit II steigt Türkis nach oben, während Lazulith fällt oder höchstens noch schwimmt.

Siebenundvierzigstes Kapitel.

Unterscheidung gleichgefärbter Edel- und Schmucksteine.

Die Art der Untersuchung gleichgefärbter Steine hängt wesentlich davon ab, ob man rohe, geschliffene oder gefasste Steine vor sich hat. Der allgemeine Fall ist der des Vorliegens geschliffener Steine. Hat man rohe Steine, so kann man, falls die Krystallform kenntlich ist, diese zur Unterscheidung benutzen. Die Formen sind theils in Tabelle B, theils im speciellen Theile des Werkes näher angegeben worden; die Bestimmung wird dadurch wesentlich erleichtert. Da dies jedoch nur selten stattfindet, so wurde bei den Angaben des folgenden Kapitels der häufigere allgemeine Fall des Vorliegens geschliffener Steine vorausgesetzt und auf die Form weiter keine Rücksicht genommen.

Wir haben zunächst folgende Fälle zu unterscheiden: a) es liegt ein geschliffener ungefasster Stein vor; b) es liegt ein gefasster Stein vor.

In letzterem Falle entfällt die Bestimmung des specifischen Gewichtes und die Untersuchung wird dadurch wesentlich erschwert. Es kann aber auch bei geschliffenen ungefassten Steinen oft die specifische Gewichtsbestimmung nicht ausgeführt werden, sei es, dass es an Zeit dazu, sei es, dass es an Apparaten mangelt. Wir haben daher zwei Fälle: A) unter Bestimmung des specifischen Gewichtes, B) ohne dieselbe, zu unterscheiden; letzteres ist schwieriger und weniger sicher.

Bei Fall A können entweder mehrere Steine gleichzeitig zur Untersuchung gelangen, wobei von der genauen Bestimmung der specifischen Gewichte besser Umgang genommen wird (α), oder aber nur ein Stein, in welchem Fall man sofort die genaue specifische Gewichtsbestimmung unternimmt (β). Beides ist in Folgendem berücksichtigt. Natürlich lassen sich der Abkürzung halber die Methoden A und B combiniren, aber eine sichere exacte Bestimmung bietet nur die Methode A.

Neben dem specifischen Gewichte,[1] welches zumeist die einzig sichere Basis zur Bestimmung der Edelsteine bildet, kann man auch die Härte, den Dichroismus, das elektrische Verhalten, wenn möglich auch die Interferenzerscheinungen zu Rathe ziehen. Manchmal geben auch Glanz und Farbennüance wichtige Fingerzeige; das exacteste und oft auch rascheste Mittel bleibt aber die Bestimmung der Dichte nach Aβ.

Wir unterscheiden auch hier wieder durchsichtige, schillernde und undurchsichtige (durchscheinende) Steine.

Was die Eintheilung im folgenden Kapitel anbelangt, so wurden eine grössere Anzahl von Farben unterschieden, insbesondere einige intermediäre, wie rosa, hyacinth, braunroth, um die Untersuchung zu erleichtern. Die Untersuchung ist übrigens thatsächlich leichter, als aus der Behandlung des Stoffes vielleicht angenommen werden könnte. Denn es sind alle Edel- und Schmucksteine aufgenommen, also auch jene seltenen, welche in der Praxis äusserst sporadisch vorkommen, wie Vesuvian, Diopsid, Apatit, Epidot u. a. Auch sind seltenere Farben der Edelsteine aufgeführt, so grüner, rother Diamant, grüner, gelber Korund (Saphir), und andere äusserst seltene

[1] Auch hier sind die schweren Flüssigkeiten, insbesondere die drei ersten (Dichte 2·66, 3·1, 3·3) von grossem praktischen Werthe.

Fälle. Bei der Untersuchung A können die Fälle α und β auch combinirt werden, und man kann auch, wenn nur ein Stein vorliegt, die Methode α nehmen und umgekehrt. Bei B mussten mehr subjective Methoden angewendet werden. Die Untersuchung auf Interferenzfarben wurde immer als die letzte angeführt, weil, wie schon mehrfach angeführt, häufig im Polarisationsapparate nichts zu sehen ist, z. B. wenn der Stein zu dick ist, oder in Folge der Schleifform u. s. w., und weil auch hierzu die Uebung eine grosse sein muss. Am besten ist es noch, wenn man den Stein mit dem Drehapparat beobachtet (S. 25) und dabei in eine Flüssigkeit von starker Brechung taucht. Aber dies ist complicirter als die specifische Gewichtsbestimmung, insbesondere wenn man sich der schweren Flüssigkeiten bedienen kann. Zu dieser Untersuchung nehme man ein hohes, schmales, cylindrisches Gefäss (wie auf S. 12 abgebildet). Besser ist es noch, wenn das Gefäss in eine trichterförmige Röhre verläuft, die mit einem Glashahn geschlossen wird; man lässt dann die Flüssigkeit wieder in die zur Aufbewahrung dienende Flasche zurückfliessen, während die Steine zurückbleiben.

Bei den Härtegraden ist zu beachten, dass kleinere Differenzen nicht berücksichtigt sind, da die Härten variabel sind und auch die Angaben vielfach schwanken, so Chrysoberyll zwischen 8—8$^1/_2$, Spinell 7$^3/_4$—8$^1/_4$ u. a. m. Es konnten daher nur grössere, sichere Differenzen bei der Bestimmung in Berücksichtigung gezogen werden.

Was die Angaben über Dichroismus (Polychroismus) anbelangt, so beziehen sich die angegebenen Töne auf die Körperfarben; es sind also nur diejenigen Töne angegeben, welche man ohne Zuhilfenahme des Dichroskops oder des Nicol'schen Prisma's sehen kann, da hauptsächlich auf die leicht sichtbaren Unterschiede Gewicht gelegt wird. Nur in einigen Fällen wurden auch die im Dichroskop auftretenden verschiedenen Farbentöne angegeben, was stets ausdrücklich bemerkt ist.

Zum Schlusse wird die Art und Weise der Unterscheidung der wichtigsten im Handel verbreiteten Edelsteine angegeben.

Achtundvierzigstes Kapitel.

Unterscheidung durchsichtiger Edelsteine.[1]

Wir können die durchsichtigen Steine auf folgende Farbennüancen zurückführen:

1. Farblose Steine: (Diamant, Saphir, Zirkon, Spinell*, Topas, Phenakit*, Bergkrystall, Achroit*).

2. Grünlichblaue, meergrüne Steine: (Aquamarin, Topas, Saphir, Euklas*, Diamant, Flussspath).

3. Blassblaue, bläulichweisse Steine: (Saphir, Turmalin, Diamant*, Topas, Quarz*, Aquamarin, Cyanit*).

4. Blaue Steine: (Saphir, Turmalin, Cordierit, Cyanit, Diamant*).

5. Violette Steine: (Violettrubin, Almandin, Flussspath*, Amethyst, Axinit*, Apatit*, Spinell*).

6. Rosa-Steine: (Rubin, Balais [Spinell], Rubellit, Topas, Fluorit*, Rosenquarz*).

7. Rothe Steine: (Rubin, Spinell, Rubellit, Almandin [Caprubin], Pyrop, Flussspath).

8. Rothbraune, braunrothe Steine: (Hyacinth, Kaneelstein [Hessonit], Almandin, Staurolith*, Turmalin*).

9. Rauchgraue und nelkenbraune Steine: (Rauchtopas, Morion, Axinit*), Diamant).

10. Morgenrothe bis rothgelbe, hyacinthrothe Steine: (Hyacinth, Hessonit, orientalischer Hyacinth*, Rubicell, Vermeilgranat*, Pyrop).

11. Gelbbraune Steine: (Topas, Diamant, Vesuvian*, Staurolith*, Sphen*, Bernstein, Axinit*).

12. Gelbe Steine: (Beryll, gelber Saphir, Hyacinth, Topas, Diamant, Citrin, Sphen*, Vesuvian*, Bernstein).

13. Gelbgrüne und ölgrüne Steine: (Chrysoberyll, Turmalin, Chrysolith, Andalusit*, Hiddenit*, Vesuvian*, Sphen*, Moldawit, Korund*).

14. Grüne Steine: (grüner Korund*, Alexandrit, Smaragd, Diamant*, Zirkon*, Turmalin, Demantoid*, Dioptas*, Diopsid*, Hiddenit*, Epidot*, Andalusit*, Flussspath*, Moldawit).

---

[1] Die mit einem * bezeichneten Steine sind im Handel selten vorkommende Varietäten.

1. Farblose Steine.[1]

Es kann vorliegen: Diamant, weisser Saphir, weisser Zirkon[2] (Jargon), Topas, weisser Spinell (selten), Phenakit (selten), Bergkrystall, Achroit (selten).

A. Es liegen rohe oder geschliffene Steine vor. (Bestimmung vermittelst des specifischen Gewichtes.)

α) Man hat mehrere Steine gleichzeitig zu untersuchen.

In Flüssigkeit III (s. Kapitel 44), welche man zur Unterscheidung der verschieden schweren Steine benutzt, fallen von obigen Edelsteinen: Diamant, Saphir, Hyacinth, Topas, Spinell; es steigen nach oben: Phenakit, Bergkrystall und Achroit. Letztere drei taucht man in Flüssigkeit II, in welcher Achroit langsam sinkt, Bergkrystall steigt, Phenakit schwimmt. Zur Controle benutzt man die Circularpolarisation des Bergkrystalles (s. S. 202), den starken Glanz des Phenakites; Phenakit ist härter wie Achroit und Bergkrystall ($7^3/_4$ gegen $7^1/_4$ und 7). Achroit wird durch Reiben stark elektrisch; durch die beiden genannten charakteristischen Eigenschaften können die fast gleich schweren Steine Phenakit und Achroit gut unterschieden werden.

Die erstgenannte Gruppe taucht man in Flüssigkeit IV, in welcher Diamant gerade noch schwimmt, Spinell und Topas dagegen sehr langsam fallen, während Saphir und Hyacinth rasch fallen. Diamant unterscheidet sich von Topas und Spinell durch das starke Feuer, die grössere Härte (s. S. 222, 223). Spinell ist einfach brechend, während Topas zweiaxig, doppelbrechend ist und die Erscheinungen, welche S. 23, Fig. 11 und 12 abgebildet wurden, zeigt. Saphir unterscheidet sich von Hyacinth überdies durch die grössere Härte: 9. Jedenfalls ist es aber genauer und vortheilhafter, die Bestimmung dieser Gruppe (Diamant, Saphir, Spinell, Topas, Hyacinth) nach β vorzunehmen.

β) Man hat nur einen Stein zu untersuchen.

Man bestimmt das specifische Gewicht dieses Steines und findet:

mindestens 4·6	Hyacinth
zwischen 4 und 4·07 . . .	Saphir
3·53—3·6	Topas, Spinell
3·51—3·52	Diamant

[1] Fälschlich auch „weisse“ Steine genannt.

[2] Es handelt sich hier um geglühten farblosen Hyacinth und Zirkon. Der Jargon ist etwas milchig.

3·1	Achroit
2·99—3	Phenakit
2·7	Bergkrystall.

Als Controle dienen die Härtegrade und die übrigen Eigenschaften (siehe B). Die Unterscheidung von Topas und Spinell erfolgt durch das optische Verhalten. Indessen ist weisser Spinell so selten, dass man schwerlich die Unterscheidung vorzunehmen hat. Vgl. VIII, 3, S. 226.

B. Es liegen gefasste Steine vor. (Bestimmung ohne Zuhilfenahme des specifischen Gewichtes.)

Starken Diamantglanz und starkes Feuer zeigen: Diamant, Hyacinth, etwas schwächer Phenakit. Diamant unterscheidet sich von den beiden übrigen durch die Härte, Phenakit durch den geringeren Glanz von Hyacinth.

Glasglanz und geringeres Feuer zeigen: Saphir, Spinell, Achroit, Bergkrystall. Ihre Härtegrade sind: 9, 8, $7^1/_4$, 7. Zur Controle benutzt man weiter Folgendes: Saphir und Achroit sind einaxig (Interferenzfigur Fig. 9 und 10). Bergkrystall ist an seiner Circularpolarisation, insbesondere durch sehr lebhafte Interferenzfarben (s. S. 202) zu erkennen. Spinell zeigt keine Interferenzerscheinungen. Achroit wird durch Reiben stark elektrisch und ist auch dadurch von Bergkrystall und Phenakit zu unterscheiden.

2. Unterscheidung grünlichblauer und meergrüner Edelsteine.

Es kann vorliegen: Saphir, Diamant, Aquamarin, Topas, Euklas (selten), Flussspath (selten).

A. Rohe oder geschliffene Steine. (Bestimmung unter Zuhilfenahme des specifischen Gewichtes.)

α) Man hat mehrere Steine zu untersuchen.

In Flüssigkeit III fallen Saphir, Diamant, Topas. Es steigen Euklas, Aquamarin, Flussspath.

Die Unterscheidung des Diamant von Saphir und Topas siehe S. 222. Saphir und Topas unterscheiden sich durch die Härtegrade 9 und 8 (eventuell auch durch Interferenzfiguren, da Topas zweiaxig, Saphir einaxig ist).

Zur Unterscheidung von Euklas, Aquamarin, Flussspath taucht man diese in Flüssigkeit II, in welcher Euklas schwimmt, Aquamarin nach oben steigt, Flussspath langsam sinkt.

Ueberdies halte man sich an die unter *β* gegebenen Merkmale.

β) Man hat nur einen Stein zu untersuchen.

Die genaue specifische Gewichtsbestimmung ergiebt:

Ueber 4	Saphir
3·53—3·58	Topas
3·51—3·53	Diamant
3·1—3·19	Euklas, Flussspath
2·7	Aquamarin.

Eine Verwechselung von Euklas und Flussspath ist bei der dunklen Farbe des letzteren gegenüber der überaus lichten des Euklases ausgeschlossen, überdies ist Flussspath sehr wenig hart (4) und ritzt nicht Glas. Die Unterscheidung von Topas und Diamant s. S. 222. Zur Controle benutze man folgende Eigenschaften:

Zweiaxige Interferenzfigur:	Euklas, Topas
Einaxige Interferenzfigur:	Saphir, Aquamarin
Dichroismus:	Saphir, Aquamarin
Sehr starker Glanz:	Diamant.

Die Härteprobe ergiebt 10: Diamant; Härte 9: Saphir; Härte $7^1/_2$ bis 8: Euklas, Aquamarin, Topas; Härte 4: Flussspath. (Flussspath phosphorescirt, manche grünlichblaue Flussspathe fluoresciren.)

B. Gefasste Steine. (Unterscheidung ohne specifische Gewichtsbestimmung.)

Man bestimmt die Härtegrade: es ritzen Glas alle mit Ausnahme von Flussspath; es ritzen Topas: Diamant, Saphir. Die übrigen ritzen Quarz. Diamant ist an seinem starken Feuer kenntlich, im übrigen siehe die unter A β angeführten Eigenschaften.

3. Unterscheidung blauweisser Steine.

Es kann vorliegen: Diamant, Saphir, Topas, Turmalin (selten), Aquamarin, Quarz, Cyanit.

A. Rohe oder geschliffene Steine. (Unterscheidung unter Benutzung des specifischen Gewichtes.)

α) Es liegen mehrere Steine vor.

Man taucht in Flüssigkeit III; es fallen: Diamant, Saphir, Topas, Cyanit; die übrigen steigen.

Die Unterscheidung der zuerst genannten drei erfolgt wie bei 1 und 2 s. S. 222 und 224. Cyanit hat die Härte 5 bis 7 (dadurch von den übrigen zu unterscheiden).

Man hat noch zu unterscheiden: Turmalin, Aquamarin, Quarz. Man taucht diese in Flüssigkeit I, in welcher Turmalin fällt, Quarz schwimmt, Aquamarin schwimmt oder langsam fällt. Die Unterscheidung des letzteren von Quarz erfolgt noch durch die Circularpolarisation und die lebhaften Farben im polarisirten Lichte bei Quarz. Turmalin wird durch Reiben stark elektrisch und ist dichroitisch (insbesondere mit dem Dichroskop merklich).

β) Es liegt nur ein Stein zur Untersuchung vor.

Die specifische Gewichtsbestimmung ergiebt:

Ueber 4	Saphir
3·65	Cyanit
3·53—3·58	Topas
3·51—3·53	Diamant
3·17	Turmalin
2·64—2·72	Aquamarin
2·65	Quarz.

Zur Controle dienen die unter A *α* und B angeführten Eigenschaften.

B. Gefasste Steine. (Unterscheidung ohne specifische Gewichtsbestimmung.)

Starkes Feuer und Glanz: . . .	Diamant
Starker Dichroismus:	Turmalin
Kein oder schwacher Dichroismus: .	Saphir, Topas, Aquamarin, Cyanit, Quarz, Diamant.

Saphir, Topas, Aquamarin unterscheiden sich durch die Härte, indem der erste Härte 9 zeigt. Aquamarin wird von Topas geritzt. Aquamarin ist einaxig, Topas zweiaxig (s. auch S. 225).

Diamant unterscheidet sich von Quarz, Cyanit und allen übrigen durch sein starkes Feuer und seine grosse Härte. Quarz, Aquamarin und Topas sind härter als Cyanit.[1] Quarz zeigt die durch die Circularpolarisation hervorgebrachten lebhaften Farben und Interferenzerscheinungen im Polarisationsapparat. Cyanit wird durch Reiben stark elektrisch, er ist zweiaxig.

4. Unterscheidung blauer Steine.

Es kann vorliegen: Saphir, Turmalin (Indigolith), Cordierit, Cyanit, Diamant (selten).

[1] Cyanit zeigt in verschiedenen Richtungen verschiedene Härte: 5—7.

A. Rohe oder geschliffene Steine. (Benutzung des specifischen Gewichtes behufs Unterscheidung.)

In Flüssigkeit III fallen Saphir, Diamant, Cyanit. Turmalin, Cordierit steigen. In Flüssigkeit I schwimmt Cordierit, Turmalin fällt.

Zur Controle dient das einaxige Verhalten des Turmalin's, während Cordierit zweiaxig ist. Turmalin wird ferner durch Reiben stark elektrisch.

Die Unterscheidung der drei ersten siehe unter 3. Am besten ergänzt man den Gang dadurch, dass man nach Abscheidung der zwei Gruppen eine specifische Gewichtsbestimmung vornimmt. Man erhält:

Ueber 4	Saphir
„ 3·6	Cyanit
Zwischen 3·51 und 3·53 . .	Diamant

Was die zwei übrigen anbelangt, so genügt das oben Erwähnte vollkommen zur Unterscheidung. Zur Controle benutzt man ausser den früher erwähnten Eigenschaften die Härtegrade: Diamant 10, Saphir 9, Turmalin und Cordierit $7^1/_4$, Cyanit 5—7.

B. Gefasste Edelsteine. (Unterscheidung ohne Zuhilfenahme des specifischen Gewichtes.)

Starker Glanz und Feuer, kein Dichroismus:	Diamant
Starker Dichroismus resp. Trichroismus: . .	Turmalin, Cordierit, Saphir
Schwacher Glanz, kein Dichroismus: . . .	Cyanit.

Zur Controle benutzt man die Härtegrade und die unter A genannten Eigenschaften, insbesondere die elektrischen und optischen Eigenschaften (Turmalin und Cyanit werden durch Reiben stark elektrisch). Turmalin ist einaxig, Cordierit zweiaxig.

5. Unterscheidung violetter Steine.

Es kann vorliegen: Violettrubin, Flussspath (selten), Amethyst, Axinit (selten), Apatit (selten), Spinell (selten).

A. Unter Benutzung des specifischen Gewichtes. (Rohe oder geschliffene Steine.)

α) Man hat mehrere Steine zu untersuchen.

In Flüssigkeit III fallen Axinit, Rubin und Spinell rasch, Amethyst steigt. Flussspath und Apatit fallen langsam.

Zur Unterscheidung von Axinit, Spinell und Violettrubin genügt die Härte (7, 8 und 9). Flussspath und Apatit[1] unterscheiden sich durch die Härtegrade 4 und 5; Apatit ist einaxig und zeigt die Interferenzfiguren Fig. 9 und 10. Axinit ist im Gegensatz zu Amethyst, Flussspath und Apatit überaus stark trichroitisch. Bei Amethyst dient als Controle die Circularpolarisation. Axinit ist zweiaxig, Apatit einaxig und schwach dichroitisch, Spinell ist weder dichroitisch, noch zeigt er Interferenzfiguren.

β) Man hat nur einen Stein zu untersuchen.

Man bestimmt das specifische Gewicht und erhält (die optischen Eigenschaften dienen zur Controle):

4—4·07 . .	Saphir (dichroitisch mit dem Dichroskop)
3·52—3·6 .	Spinell
3·29—3·3 .	Axinit (trichroitisch)
3·15—3·2 .	Flussspath, Apatit (letzterer etwas dichroitisch)
2·65 . . .	Amethyst (Circularpolarisation).

B. Ohne Bestimmung des specifischen Gewichtes.

Die Härte ist 9: Saphir (dichroitisch mit dem Dichroskop)
„ „ „ 7: Axinit (stark trichroitisch)
„ „ „ 7: Amethyst (Circularpolarisation)
„ „ „ 5: Apatit
„ „ „ 4: Flussspath (siehe auch A *α*).

6. Unterscheidung rosenfarbiger Steine.

Es kann vorliegen: Rubin, Balais (Spinell), Rubellit, Topas, Rosenquarz, Flussspath.

A. Rohe oder geschliffene Steine. (Benutzung des specifischen Gewichtes bei der Unterscheidung).

α) Man hat mehrere Steine zu untersuchen.

In Flüssigkeit III fallen: Rubin, Spinell, Topas. Von diesen zeigen Dichroismus (mit dem Dichroskop): Rubin, Topas; keinen Dichroismus: Spinell.

Rubin und Topas unterscheiden sich nach S. 224, wobei man

[1] Praktisch hat die Unterscheidung von Apatit, Flussspath, Axinit kaum einen Werth, es handelt sich mehr darum, diese von Spinell und Violettrubin zu unterscheiden.

am besten die Härtegrade 9 und 8 benutzt. Eventuell combinirt man diese Methode mit der folgenden *β* und bestimmt den Stein genau durch das specifische Gewicht.

Die Unterscheidung von Rubellit, Rosenquarz, Flussspath erfolgt für letzteren dadurch, dass er im Gegensatze zu ersteren Glas nicht ritzt. Rosenquarz ist wenig durchsichtig, mehr trübe. Beide Steine zeigen keinen Dichroismus, während dies bei Rubellit merklich der Fall ist. Rubellit wird durch Reiben stark elektrisch.

β) Man hat nur einen Stein zur Untersuchung.

Man bestimmt das specifische Gewicht und erhält:

über 4	Rubin
3·6	Spinell
3·53—3·58 . . .	Topas
3·17	Rubellit
3·15—3·2	Flussspath
2·65	Rosenquarz.

Zur Controle dienen die Härtegrade, dann der Dichroismus von Rubin, Rubellit, Rosatopas. Rubellit und Rubin sind einaxig, Rosatopas ist zweiaxig. Flussspath zeigt keinen Dichroismus, und ritzt Glas nicht wie alle übrigen, er ist auch nicht doppelt brechend.

B. Ohne Benutzung des specifischen Gewichtes. (Gefasste Steine.)

α) Die	Härtebestimmung	ergiebt	9:	Rubin
„	„	„	8:	Topas, Spinell
„	„	„	7—7$^1/_4$:	Rosenquarz, Rubellit
„	„	„	4:	Flussspath.

Rosatopas ist dichroitisch, Spinell nicht. Rubellit ist ebenfalls dichroitisch, Rosenquarz nicht, letzterer ist übrigens wenig durchscheinend. Die Unterscheidung des Topases von Spinell s. S. 226.

β) Oder man untersucht zuerst auf Dichroismus mit dem Dichroskop. Es zeigen Dichroismus mit dem Dichroskop: Rubin, Topas, Rubellit, welche durch die Härtegrade 9, 8, 7$^1/_4$ unterschieden werden, Topas eventuell durch das zweiaxige Verhalten im Polarisationsapparat. Die nicht dichroitischen: Spinell und Rosenquarz, Flussspath, unterscheiden sich durch die Härtegrade 8, 7, 4 (Rosenquarz ist wenig durchscheinend).

7. Unterscheidung rother Steine.

Es kann vorliegen: Rubin, Almandin, Caprubin, Pyrop, Rubinspinell, Rubellit, Flussspath.

A. Rohe oder geschliffene Steine (mit Benutzung des specifischen Gewichtes).

α) Man hat mehrere Steine zu untersuchen.

In Flüssigkeit III steigen die beiden letzteren. Wenn bei den übrigen Dichroismus zu beobachten ist, so hat man Rubin (Härte 9). Almandin und Pyrop unterscheiden sich von Spinell bei genauerer specifischer Gewichtsbestimmung, siehe β, auch durch die grössere Härte des Spinelles: 8 gegen $7^1/_4$. Siehe S. 226.

Rubellit und Flussspath unterscheiden sich durch die grössere Härte, $7^1/_4$ gegen 4, und durch den Dichroismus des Rubellit (s. auch B).

β) Man hat nur einen Stein zu untersuchen.

Die specifische Gewichtsbestimmung ergiebt:

4·08—4·25 . .	Almandin (Caprubin)
4—4·07 . . .	Rubin
3·7—3·8 . . .	Pyrop
3·54—3·6 . . .	Spinell
3·17	Rubellit, Flussspath.

Zur Controle dienen der Dichroismus des Rubins und Rubellits, ihr einaxiges Verhalten im Polarisationsapparat gegenüber den einfach brechenden übrigen, ferner die Härtegrade: $7^1/_4$, 9, $7^1/_4$, 8, $7^1/_4$, 4. Die Unterscheidung von Rubin und Caprubin siehe auch S. 223.

B. Gefasste Steine (ohne Benutzung des specifischen Gewichtes).

Man bestimmt die Härte und erhält die soeben unter A β gegebenen Zahlen. Man benutzt zur Controle den Dichroismus des Rubins und des Rubellits, sowie ihr Verhalten im Polarisationsapparat, gegenüber den einfach brechenden, nicht dichroitischen Steinen: Caprubin, Pyrop, Spinell, Flussspath. Die gleich harten Steine Almandin und Pyrop sind von Rubellit durch den Dichroismus des letzteren zu unterscheiden, ferner durch das elektrische Verhalten des rothen Turmalins und durch seine einaxigen Interferenzerscheinungen. Oder man prüft zuerst mit dem Dichroskop und unterscheidet dann weiter durch die Härte. Almandin (Caprubin) ist von Pyrop nur durch das specifische Gewicht unterscheidbar.

8. Unterscheidung braunrother Steine.

Es kann vorliegen: Hyacinth, Hessonit, Almandin, Staurolith (selten), Turmalin (selten).

A. Unter Zuhilfenahme des specifischen Gewichtes. (Rohe oder geschliffene Steine.)

Man bestimmt das specifische Gewicht und findet:

über 4·6	Hyacinth
zwischen 4 und 4·25 . .	Almandin
zwischen 3·6 und 3·7 . .	Hessonit, Staurolith
3—3·1	Turmalin.

Man hat daher noch Hessonit von Staurolith zu unterscheiden. Es geschieht durch den Trichroismus und die zweiaxige Interferenzfigur des Staurolithes, welcher überdies wenig durchsichtig ist.

B. Ohne Zuhilfenahme des specifischen Gewichtes.

Hyacinth ist an seinem stärkeren Glanz und Feuer zu unterscheiden. Staurolith hat mehr Stich in's Gelbe, er zeigt Trichroismus ist zweiaxig und wenig durchsichtig. Hessonit und Almandin, welche beide zum Granat gehören, unterscheiden sich nur durch das specifische Gewicht, wie denn überhaupt ohne dasselbe die Unterscheidung von Hyacinth und Granat schwer durchführbar ist. Turmalin ist an seinem starken Dichroismus und auch an seiner elektrischen Eigenschaft leicht zu unterscheiden; auch hat seine Farbe etwas mehr Gelb.

9. Unterscheidung nelkenbrauner und rauchgrauer Steine.

Es kann vorliegen: Rauchtopas, Morion, Axinit (selten), Diamant.

A. Rohe oder geschliffene Steine (unter Benutzung des specifischen Gewichtes).

Man taucht in Flüssigkeit III, hierin schwimmt Axinit, Diamant fällt, die zwei übrigen steigen; letztere gehören mineralogisch zu derselben Art und unterscheiden sich nur durch die Farbe (s. S. 169). Zur Controle dient die Härte und der starke Glanz des Diamantes, der Trichroismus des Axinites und die Circularpolarisation der beiden übrigen. (Rauchtopas und Morion sind nur durch die Farbe verschiedene Varietäten.)

B. Geschliffene Steine (ohne Benutzung des specifischen Gewichtes).

Starkes Feuer und Glanz, grosse Härte (10): Diamant
Starker Trichroismus, Härte 7 . . . . . : Axinit
Kein Dichroismus, Härte 7, Circularpolarisation: Rauchtopas, Morion.

10. Unterscheidung morgenrother (rothgelber) und hyacinthrother Steine.

Es kann vorliegen: Hyacinth, Hessonit, Korund (orientalischer Hyacinth — selten), Rubicell (Essigspinell), Vermeil-Granat (Almandin — selten), Pyrop.

A. Rohe oder geschliffene Steine. (Bestimmung unter Zuhilfenahme des specifischen Gewichtes.)

Man bestimmt das specifische Gewicht und findet:

über 4·6	Hyacinth
4·08—4·25 . . .	Almandin (Vermeil)
4—4·07	Korund
3·7—3·8	Pyrop
3·6	Hessonit
3·52—3·58 . . .	Rubicell.

Die Controle erfolgt durch die unter B angeführten Eigenschaften.

B. Gefasste Steine. (Bestimmung ohne Zuhilfenahme des specifischen Gewichtes.)

Dichroismus (mit dem Dichroskop) zeigt: Korund. Von den übrigen zeigt starken Glanz und Feuer: Hyacinth. Korund hat die grösste Härte: 9, hierauf folgt Rubicell 8, Hyacinth $7^1/_2$ und Hessonit, Pyrop und Vermeil $7^1/_4$. Letztere unterscheiden sich durch die Färbung. Der Vermeilgranat hat mehr bräunlichen Ton (burgunderroth), Hessonit mehr gelbroth, hyacinthroth, Pyrop dunkelhyacinthroth.

Rubicell und Hyacinth sind in der Farbe ziemlich gleich. In diesem Falle ist daher die Unterscheidung zwischen Hyacinth, Hessonit und Rubicell nicht mehr sehr genau, da die Härtegrade nicht sehr verschieden sind. Dagegen können Rubicell und Hessonit durch die Härte unterschieden werden. Hyacinth kann von Hessonit genau nur durch das specifische Gewicht unterschieden werden, allerdings zeigt ersterer stärkeren Glanz.

11. Gelbbraune Steine.

Es können vorliegen: Topas, Hyacinth, Vesuvian (selten), Diamant (selten), Staurolith (selten), Sphen (selten), Axinit (selten), Bernstein.

A. Rohe oder gefasste Steine. (Mit Benutzung des specifischen Gewichtes.)

In Flüssigkeit III fallen: Topas, Hyacinth, Diamant, Staurolith, Sphen, Vesuvian. Die übrigen steigen. Bernstein ist trübe, hat nur die Härte $2^1/_4$, wird beim Reiben stark elektrisch. Axinit ist mehr röthlich bis nelkenbraun und überaus stark trichroitisch. Härte $7^1/_4$. Vesuvian hat nur die Härte $6^3/_4$ (einaxig). Sphen hat nur die Härte $5^1/_2$ (zweiaxig). Staurolith ist weniger durchsichtig, dagegen trichroitisch, Topas sehr schwach dichroitisch, Diamant, Hyacinth gar nicht. Die genaue specifische Gewichtsbestimmung erlaubt eine genauere Unterscheidung:

Hyacinth	4·6—4·7
Staurolith	3·6
Topas	3·53—3·58
Diamant	3·50—3·53
Vesuvian, Sphen . .	3·35—3·45

Die Unterscheidung der beiden letzten geschieht durch die Härte und durch den Dichroismus des Vesuvians (s. auch S. 244). Bezüglich Diamant und Topas s. S. 222.

B. Gefasste Steine. (Ohne specifische Gewichtsbestimmung.)

a) Durch optische Eigenschaften.

Starker Glanz und Feuer . .	Diamant, Hyacinth
Tri- oder Dichroismus zeigen .	Staurolith, Vesuvian, Topas, Axinit
kein Dichroismus, durchsichtig .	Sphen
„ „ trübe . . .	Bernstein.

Die Unterscheidung von Staurolith ergiebt sich durch seine geringe Durchsichtigkeit. Ueber seine Unterscheidung von Topas vergleiche auch S. 228. Topas ist härter als die drei übrigen. Vesuvian ist im Gegensatze zu den übrigen drei einaxig. Axinit überaus trichroitisch. Am besten gelingt aber die Unterscheidung wie folgt:

b) durch die Härte

Härte 10 zeigt	Diamant
„ $7^1/_2$—8 zeigen . .	Hyacinth, Topas, Staurolith

Härte $6^3/_4$ resp. $7^1/_4$ zeigt . Vesuvian, Axinit (di-resp. trichroitisch)
„ $5^1/_2$ zeigt . . . . Sphen
„ 2 zeigt . . . . Bernstein.

Hyacinth zeigt weit mehr Glanz und Feuer wie Topas. Staurolith ist wenig durchsichtig; Axinit ist am starken Trichroismus von Vesuvian zu unterscheiden, er ritzt auch Quarz, was bei Vesuvian nicht der Fall ist; letzterer ist einaxig, Axinit zweiaxig.

12. Unterscheidung gelber Steine.

Es kann vorliegen: Diamant, Saphir, Topas, Hyacinth, Beryll,[1] Citrin, Chrysoberyll, Chrysolith, Flussspath (selten), Sphen (selten), Vesuvian (selten), Bernstein.

A. Rohe oder geschliffene Steine. (Mit Benutzung des specifischen Gewichtes.)

α) Man hat mehrere Steine zur Untersuchung.

In Flüssigkeit III fallen: Diamant, Saphir, Topas, Chrysoberyll, Sphen, Vesuvian, Hyacinth. Dagegen steigen: Beryll, Citrin, Flussspath, Bernstein. Chrysolith, welcher ungefähr 3·35 zeigt, sinkt sehr langsam.

a) Man hat daher zu unterscheiden: Diamant, Hyacinth, Saphir, Topas, Chrysoberyll, Sphen, Vesuvian. Diese taucht man in die schwerste Flüssigkeit IV, in welcher Diamant gerade noch schwimmt. Sphen, Vesuvian steigen. Saphir, Hyacinth, Chrysoberyll fallen. Topas fällt sehr langsam. Die Unterscheidung der vier letzteren erfolgt durch die Härtegrade 9, $7^1/_2$, $8^1/_2$, 8, eventuell durch das optische Verhalten. Gelingt dies nicht, so muss man das genaue specifische Gewicht nach β bestimmen.

b) Man hat noch zu unterscheiden: Beryll, Citrin, Flussspath, Bernstein. Letzteren erkennt man an seinem trüben Aussehen, seiner geringen Härte und seinem durch Reiben erlangten starken elektrischen Verhalten.

In Flüssigkeit II fällt Flussspath; Goldberyll, Citrin steigen. Citrin zeigt Circularpolarisation; Beryll hat die Härte $7^1/_2$—8.

α) Man hat nur einen Stein zur Untersuchung.

Man bestimmt das specifische Gewicht und findet:

4·6—4·7 . . . Hyacinth
4—4·07 . . . Saphir

[1] Die gelben Berylle zerfallen in zwei Varietäten: Goldberyll und den mehr gelbgrünen Aquamarin-Chrysolith (S. 165).

3·7—3·8 . . .	Chrysoberyll
3·53—3·58 . .	Topas
3·5—3·52 . . .	Diamant
3·45	Sphen
3·4	Vesuvian
3·35	Chrysolith
3·17	Flussspath
2·7	Goldberyll
2·65 . . .	Citrin
1·1	Bernstein

Zur Controle dienen wie im Falle B die Härte, Glanz und Dichroismus. Die Unterscheidung von Chrysolith und Vesuvian erfolgt wie bei B.

B. Gefasste Steine. (Bestimmung ohne Benutzung des specifischen Gewichtes.)

a) Sehr starker Glanz und Feuer, kein Dichroismus: Diamant und Hyacinth;

b) Dichroismus mit dem Dichroskop merklich: Saphir, Chrysoberyll, Vesuvian, Beryll;

c) Kein merklicher Dichroismus: Topas, Sphen, Chrysolith, Citrin, Flussspath;

d) Kein Dichroismus, trübe: Bernstein.

a) Die Unterscheidung von Diamant und Hyacinth erfolgt durch die Härte.

b) Unterscheidung von Saphir, Chrysoberyll, Goldberyll und Vesuvian. Die Härte beträgt über 8: Saphir und Chrysoberyll, welche sich wieder durch die genauere Bestimmung der Härtegrade 9 und $8^1/_2$, sowie durch die Interferenzerscheinungen (Saphir einaxig, Chrysoberyll zweiaxig) unterscheiden. Beryll unterscheidet sich von Vesuvian dadurch, dass letzterer mehr bräunlich ist, und durch die grössere Härte, $7^3/_4$ gegen $6^3/_4$.

c) Unterscheidung von Topas, Sphen, Chrysolith, Citrin, Flussspath. Letzterer und Sphen ritzen Glas nicht, während bei allen übrigen dies möglich ist. Sie werden daher dadurch ausgeschieden. Von den übrigen ist Chrysolith weniger hart als Quarz. Citrin zeigt Circularpolarisation, die Unterscheidung derselben wurde auf S. 202 genau angegeben. Topas ist härter als alle übrigen und ist zweiaxig vgl. S. 227.

Sphen und Flussspath unterscheiden sich durch die grössere Härte des ersteren, $5^3/_4$ gegen 4, eventuell durch die zweiaxigen Interferenzerscheinungen des Sphen's.

13. Unterscheidung ölgrüner und gelblichgrüner Steine.

Es kann vorliegen: Chrysoberyll, Chrysolith, Hiddenit (selten), Andalusit (selten), Turmalin, Vesuvian (selten), Sphen (selten), Moldawit, Korund (orientalischer Chrysolith, selten).

A. Rohe oder geschliffene Steine. (Bestimmung unter Benutzung des specifischen Gewichtes.)

α) Man hat mehrere Steine zu untersuchen.

Man taucht in Flüssigkeit III, es fallen Korund, Chrysoberyll, Vesuvian, Sphen, es steigen Turmalin, Moldawit, Hiddenit, Andalusit; Chrysolith schwimmt oder geht langsam zu Boden.

Die vier ersten unterscheiden sich durch die Härtegrade 9, $8^1/_2$, $6^3/_4$, $5^1/_2$; auch durch den Trichroismus des Chrysoberyll unterscheidet man ihn von Sphen und Vesuvian. Die vier letzteren zeigen die Härtegrade 6 für Moldawit, $7^1/_4$ für Turmalin und Andalusit, $6^3/_4$ für Hiddenit. Andalusit, Turmalin sind auch an ihrem starken Di- resp. Trichroismus zu erkennen, Moldawit an seinem glasartigen Aussehen und seinem dunkleren Graugrün. Hiddenit zeigt mehr helleren smaragd- bis grasgrünen Stich. Moldawit zeigt keine Interferenzerscheinungen. Die Unterscheidung von Turmalin, Andalusit ist nicht schwierig, da letzterer Trichroismus zeigt, wobei er neben dem grünen Ton einen mehr braunrothen und einen gelbgrünen Ton zeigt.

Turmalin zeigt neben dem gelbgrünen Ton einen blaugrünen. Bei Turmalin benutzt man auch seine elektrische Eigenschaft; er ist einaxig, Andalusit zweiaxig. Am besten gelingt die Unterscheidung wie folgt:

β) Man hat nur einen Stein zu untersuchen.

Man bestimmt das specifische Gewicht und erhält:

4—4·07 . . .	Korund
3·78	Chrysoberyll
3·45	Sphen
3·35	Chrysolith, Vesuvian
3·15—3·18 . .	Andalusit, Hiddenit, Turmalin
2·35	Moldawit.

Chrysolith und Vesuvian unterscheiden sich durch die optischen Eigenschaften, siehe 12. B. Turmalin, Andalusit unterscheiden sich von Hiddenit durch ihren starken Di- resp. Trichroismus, Andalusit zeigt rothen Ton, Hiddenit ist nicht dichroitisch, Turmalin stark dichroitisch (gelblichgrün, blaugrün) siehe *α*.

B. Gefasste Steine. (Bestimmung ohne Benutzung des specifischen Gewichtes.)

Starker Trichroismus (braunrother, gelbgrüner und grüner Ton): Andalusit; Dichroismus (blaugrüner Ton): Turmalin; Härte 9: Korund; Härte $8^1/_2$: Chrysoberyll; Härte $6^1/_2$—7, kein Dichroismus: Hiddenit, Chrysolith; Härte $6^1/_2$—7, schwacher Dichroismus: Vesuvian; Härte $5^1/_2$—6: Sphen, Moldawit.

Hiddenit unterscheidet sich von Chrysolith durch das Vorwiegen des Grün's in seiner Farbe, während letzterer mehr Gelb enthält. Sphen ist mehr gelb, Moldawit mehr grüngrau. Letzerer zeigt keine Interferenzerscheinungen wie die übrigen. Bei Turmalin ist ausser dem starken Dichroismus das elektrische Verhalten beim Reiben massgebend. Korund und Chrysoberyll sind genau nur durch das specifische Gewicht unterscheidbar.

14. Unterscheidung grüner Steine.

Es kann vorliegen: Korund (orientalischer Smaragd), (selten), Demantoid (selten), Smaragd, Alexandrit, Diamant (selten), Turmalin, Hiddenit, Diopsid (selten), Dioptas (selten), Flussspath (selten), Moldawit, Andalusit (selten), Vesuvian (selten), Epidot (selten), Zirkon (selten).

A. Rohe oder geschliffene Steine. (Unterscheidung unter Benutzung der specifischen Gewichtsbestimmung.)

α) Man hat gleichzeitig mehrere Steine zu untersuchen.

In Flüssigkeit III fallen: a) Korund, Demantoid, Alexandrit, Diamant, Vesuvian, Epidot,[1] Zirkon. Es steigen: b) Turmalin, Hiddenit, Diopsid, Smaragd, Flussspath, Moldawit, Andalusit. Dioptas schwimmt.

a) Wir haben zu trennen Korund, Demantoid, Alexandrit, Diamant, Vesuvian, Epidot, Zirkon. Man geht dabei am besten wie in *β* vor, indem durch die genaue specifische Gewichtsbestimmung die Unterscheidung leicht möglich ist. Oder aber man unterscheidet durch Härte, Dichroismus u. s. w. wie folgt:

Es zeigen starken Glanz und Feuer: Diamant, Zirkon, (beide durch die Härte zu unterscheiden: 10 und $7^1/_2$).

[1] Da dessen Dichte schwankt, so kann er auch mit Dioptas genau die Dichte der Flüssigkeit haben und schwimmen.

Es zeigen starken Dichroismus resp. Trichroismus

mit rothem Ton neben grünen Tönen: Alexandrit (bei künstlicher Beleuchtung vorwiegend rother Ton).

mit gelbem Ton neben grünen Tönen: Korund[1],

mit braunem und gelbem Ton neben grünen Tönen: Epidot.

(Diese unterscheiden sich übrigens auch durch die Härtegrade: $8^1/_2$, 9 und $6^1/_2$).

Es zeigen schwachen oder keinen Dichroismus: Vesuvian, Demantoid. Diese sind unterscheidbar durch die geringere Härte des Vesuvians, auch durch seine einaxige Interferenzfigur, und durch seinen allerdings schwachen Dichroismus (mit dem Dichroskop).

b) Zur weiteren Unterscheidung dieser Steine geht man folgendermassen vor: in Flüssigkeit II fallen Diopsid, Andalusit, Flussspath, Hiddenit. Smaragd und Moldawit steigen, Turmalin schwimmt gerade noch, oder fällt sehr langsam.

Andalusit ist an seinem starken Trichroismus zu erkennen (grün, roth und gelb), Turmalin am Dichroismus (gelbgrün, grünblau), Diopsid hat mehr ein dunkles Grün, Hiddenit ist mehr gelbgrün. Diopsid ist weniger hart: $5^1/_2$, Hiddenit $6^3/_4$. Flussspath phosphorescirt (manche fluoresciren auch) und hat nur Härte 4. Diese letzten drei sind nicht dichroitisch.

Smaragd fällt in Flüssigkeit I, Moldawit steigt, eine Verwechselung dieser ist übrigens schon wegen der Färbung kaum möglich (siehe B).

β) Man hat nur einen Stein zu untersuchen.

Man bestimmt das specifische Gewicht und erhält:

4·6—4·7 . . .	Zirkon
4—4·07 . . .	Korund
3·7—3·8 . . .	Demantoid, Alexandrit
3·5—3·53 . . .	Diamant
3·35—3·4 . . .	Vesuvian, Epidot
3·3	Dioptas
3·1—3·2 . . .	Turmalin, Flussspath, Andalusit, Hiddenit, Diopsid
2·7	Smaragd
2·35	Moldawit.

Andalusit ist an seinem starken Polychroismus kenntlich (roth, ölgrün), Turmalin ebenfalls (blaugrün, gelbgrün), Hiddenit, Diopsid, Flussspath sind nicht dichroitisch. Flussspath unterscheidet sich

[1] Mit dem Dichroskop.

leicht von Diopsid und Hiddenit durch seine geringe Härte. Andalusit und Turmalin ritzen Quarz, die übrigen nicht.

Demantoid und Alexandrit unterscheiden sich sehr leicht an dem überaus auffallenden Trichroismus des zweiten (grün, gelb, roth), überdies durch die geringere Härte des ersten, $7^{1}/_{4}$ gegen $8^{1}/_{2}$. Epidot unterscheidet sich von Vesuvian durch seinen überaus starken Trichroismus: grün, gelb, braun (siehe auch B).

B. Gefasste Steine. (Bestimmung ohne Benutzung des specifischen Gewichtes.)

α) Durch den Dichroismus und den Farbenton des Steines.

Sehr starker Glanz und Feuer, Farbe mehr licht, kein Dichroismus	Diamant, Zirkon[1]
Starker Tri- resp. Dichroismus	
1. mit dunkelgrünen, gelben und rothen Tönen	Alexandrit[2]
2. mit ölgrünen, gelben und rothen Tönen .	Andalusit
3. mit blassgrünen und blaugrünen Tönen .	Turmalin
4. mit grünen, braunen und gelben Tönen .	Epidot
Schwacher Dichroismus,[3] mit grünen und gelbgrünen Tönen	Korund, Smaragd
Schwacher Dichroismus,[3] Farbe gras- und lauchgrün	Vesuvian
Kein Dichroismus, wenig durchsichtig, dunkel spangrün	Dioptas
Kein Dichroismus, bläulichgrün (Fluorescenz, im Dunkeln Phosphorescenz) . .	Flussspath
Kein Dichroismus, verdünntes Lauchgrün	Diopsid
Kein Dichroismus, dunkel graugrün. Glasartiges Aussehen	Moldawit
Kein Dichroismus, gelblichgrün bis hell smaragdgrün	Hiddenit und Demantoid.

Die Unterscheidung von Korund und Smaragd kann durch die Härte erfolgen (s. S. 225). Hiddenit und Demantoid unterscheiden sich ebenfalls durch die geringere Härte des Hiddenites, auch zeigt dieser Interferenzerscheinungen, während dies bei Demantoid nicht der Fall ist. Alexandrit und Andalusit sind auch durch ihre Farben, ersterer tiefgrün,[2] letzterer ölgrün, zu unterscheiden (ebenso durch die Härtegrade nach *β*). Vesuvian ritzt Quarz nicht, wie Korund und Smaragd dies thun.

[1] Diamant und Zirkon unterscheiden sich durch die Härte (10 und $7^{1}/_{2}$).
[2] bei künstlicher Beleuchtung vorwiegend rothe Farbe.
[3] Mit dem Dichroskop.

β) Durch die Härte und optischen Eigenschaften.

Man prüft die Härte und findet:

Härte	4 . . .	Flussspath
„	5 . . .	Dioptas
„	$5^1/_2$—6 .	Diopsid, Moldawit
	$6^1/_2$—7 .	Epidot, Hiddenit, Vesuvian
„	$7^1/_4$—$^1/_2$	Smaragd, Turmalin, Demantoid, Andalusit, Zirkon
„	$8^1/_2$ . .	Alexandrit
„	9 . . .	Korund
„	über 9 .	Diamant.

Korund ist von Alexandrit an dem rothen Ton bei künstlicher Beleuchtung des letzteren sofort unterscheidbar, Turmalin an seinem Dichroismus wie in α, Smaragd und Andalusit ebenso. Demantoid ist nicht dichroitisch und zeigt auch keine Interferenzerscheinungen wie die übrigen. Zirkon zeigt starken Glanz, ist nicht dichroitisch.

Dioptas ist wenig durchsichtig und sehr saftig spangrün, wodurch er sich von Diopsid, Moldawit, Epidot, Hiddenit leicht unterscheiden lässt. Moldawit hat mehr Stich in's Graugrüne und Oelgrüne gegen Diopsid, welcher mehr licht lauchgrün ist; überdies ist ersterer etwas härter und letzterer zeigt unter Umständen Interferenzfiguren. Bei Turmalin kann sein starkes elektrisches Verhalten nach dem Reiben benutzt werden, um ihn von ähnlichen Steinen zu unterscheiden; er ist weniger hart als Smaragd. Zirkon ist stets lichtgrün.

Epidot ist von Hiddenit und Vesuvian durch den starken Trichroismus zu unterscheiden. Die beiden letzteren können schon durch die mehr smaragdgrüne Farbe des Hiddenites unterschieden werden, während Vesuvian mehr dunkelgras- bis lauchgrün ist. Ueberdies ist Vesuvian einaxig, Hiddenit zweiaxig; sie können daher im Polarisationsapparat unterschieden werden. Vesuvian zeigt schwachen Dichroismus (grasgrün, grüngelb mit dem Dichroskop), Hiddenit nicht.

C. Unterscheidung der sechs wichtigeren grünen Steine:

Smaragd, Korund, Alexandrit, Turmalin, Hiddenit, Moldawit.

Tri- resp. Dichroismus zeigen: Alexandrit, Turmalin, Korund, Smaragd.

Keinen Dichroismus zeigen: Hiddenit, Moldawit. Von den vier ersten ritzen Topas: Alexandrit und Korund, wobei ersterer durch seinen rothen Ton[1] von Korund zu unterscheiden ist. Die beiden übrigen ritzen nur Quarz.

[1] welcher bei künstlicher Beleuchtung vorwiegt.

Turmalin und Smaragd unterscheiden sich durch den starken Dichroismus (blaugrüner Ton im Dichroskop) des Turmalins, auch benutze man die Eigenschaft des letzteren, durch Reiben stark elektrisch zu werden, sowie die geringere Härte des Turmalins.

Hiddenit zeigt die Härte $6^3/_4$, Moldawit 6. Die Farbennüance ist bei ersterem mehr gelb- bis hellsmaragdgrün, bei letzterem mehr grauolivengrün. Ersterer ist zweiaxig, letzterer giebt keine Interferenzerscheinungen und hat überhaupt mehr glasartiges Aussehen.

Neunundvierzigstes Kapitel.

Gang der Untersuchung der häufigeren und wichtigsten Edelsteine:

Diamant, Korund (Saphir, Rubin u. s. w.), Smaragd (Aquamarin, Beryll), Spinell (Balais, Rubinspinell), Zirkon (Hyacinth), Chrysoberyll (Alexandrit), Phenakit, Topas, Turmalin, Almandin (Caprubin), Hessonit (Pyrop), Chrysolith, Cordierit, Bergkrystall (Amethyst), Moldawit.

In Flüssigkeit I schwimmen Bergkrystall, Cordierit, Moldawit. Smaragd fällt langsam, die übrigen fallen sofort.

In Flüssigkeit III schwimmen oder steigen Phenakit, Turmalin, die übrigen fallen.

Man hat demnach noch zu trennen: Bergkrystall, Cordierit, Moldawit, von welchen letzterer an seiner grünen Farbe, der blaue Cordierit am Trichroismus kenntlich ist. Bergkrystall zeigt Circularpolarisation. Moldawit hat nur die Härte 6.

Phenakit könnte nur mit farblosem Turmalin (Achroit) verwechselt werden, ist aber viel mehr glänzend und feurig, auch etwas härter.

Die Edelsteine: Diamant, Korund, Chrysoberyll, unterscheiden sich von Spinell, Topas, Zirkon, Almandin, Pyrop, Chrysolith durch ihre grosse Härte; bei allen anderen erfolgt die Unterscheidung durch das genaue specifische Gewicht und die Härte. Bezüglich der Unterscheidung von Topas und Spinell siehe S. 226. Diamant, Chrysoberyll, Korund unterscheiden sich untereinander durch die specifischen Gewichte 3·53, 3·68, 4.

Fünfzigstes Kapitel.

Unterscheidung schillernder Steine.

Die Untersuchung ist hier deshalb bedeutend vereinfacht, weil die Zahl der gleichgefärbten eine verhältnissmässig sehr geringe ist, und weil der Schiller und Glanz meist sehr charakteristisch sind. Wir unterscheiden:

1. Steine mit sternartigem Lichtreflex: Sternsaphir.

2. Mit buntem Farbenspiel: Opal, Labrador, Regenbogenquarz.

3. Steine mit metallartigem Schimmer und Glanze: Bastit, Bronzit, Hypersthen, Avanturinquarz, Avanturinfeldspath und Sonnenstein, Labrador.

4. Steine mit wogendem Schimmer: Mondstein, Chrysoberyll, Katzenauge, Falkenauge, Tigerauge, Obsidian, Girasolsaphir, Diamantspath.

1. Sternsaphir ist an seinem sechsstrahligen Steine kenntlich, ebenso an seiner grossen Härte 9 und seinem specifischen Gewichte 4—4·08.

2. Opal, Labrador, Regenbogenquarz. Opal zeigt die ihm eigenthümliche, in jeder Stellung sichtbare charakteristische Erscheinung des „Opalisirens". Labrador zeigt dunkle Farben und das Farbenspiel kommt im reflectirten Lichte am besten zur Geltung; der Glanz hat etwas metallähnliches. Regenbogenquarz zeigt „irisiren". Opal ist durchscheinend, Labrador kaum durchscheinend, Regenbogenquarz ist durchsichtig. Die Härten sind 6, 6, 7, das specifische Gewicht 2·5, 2·7, 2·65.

3. Bastit, Bronzit, Hypersthen, Avanturinquarz, Avanturinfeldspath und Sonnenstein. In Flüssigkeit I schwimmen Avanturinquarz und -Feldspath, Sonnenstein, die übrigen fallen. Bastit ist mehr grün, Bronzit bronzegelb, metallisch glänzend. Hypersthen röthlich metallisch. Die Avanturine unterscheiden sich durch goldgelben Grund mit röthlichen Punkten. Avanturinquarz hat die Härte 7, der Avanturinfeldspath und Sonnenstein (welche unter sich nur chemisch verschieden sind) die Härte 6.

4. Mondstein, Chrysoberyll, Katzenauge, Falkenauge, Tigerauge, Girasolsaphir und Diamantspath.

α) Unterscheidung durch die Farben.

Mondstein, milchig, schwach perlmutterartig. Der Wiederschein schwimmt im Innern.

Katzenauge, Falkenauge, Tigerauge zeigen mehr Faserstructur und unterscheiden sich durch die Farben, siehe S. 172.

Chrysoberyll ähnelt dem Katzenauge, ist aber mehr durchsichtig.

Girasol zeigt einen gelblichen, bläulichen, röthlichen Lichtschimmer, heller als die Farbe des Steines selbst.

Obsidian hat mehr graue, gelbliche Färbung, der Wiederschein ist gering.

β) Man bestimmt das specifische Gewicht und erhält:

a) 4—4·08 . . . Girasol und Diamantspath
b) 3·8 . . . . Chrysoberyll
c) 2·56—2·66 . . Katzenauge, Falkenauge, Tigerauge
d) 2·6 . . . . . Mondstein.

Mondstein ist durchsichtig bis durchscheinend, während die drei unter c genannten kaum durchscheinend sind.

Auch die Härtegrade können benutzt werden für a: 9, für b: $8^1/_2$, für c: 7, für d: 6.

Einundfünfzigstes Kapitel.

Unterscheidung durchscheinender und undurchsichtiger Steine.

Wir unterscheiden:

1. Einfarbige Steine,
2. Steine mit Farbenzeichnung.

I. Einfarbige Steine.

Blaue: Türkis, Zahntürkis, Lazulith, Lapislazuli, Kupferlasur.

Grüne: Türkis, Nephrit, Jadëit, Noumeit, Prehnit, Plasma, Prasem, Chrysopras, Amazonenstein, Pleonast, Prehnit.

Röthliche: Jaspis, Lepidolith, Rhodonit.

Graue, weisse, gelblich-, grünlich-, röthlich-weisse: Marmor, Alabaster, Faserkalk, Fasergyps, Meerschaum, Bildstein, Speckstein, Diamantspath, Obsidian.

Schwarze: Pleonast, Hämatit, Gagat, Carbonado, Obsidian.

Gelbe: Natrolith, Schwefelkies.

2. Steine mit Farbenzeichnung.

Mit weiss, grau, schwarz, braun, roth: Marmor, Onyx, Carneol, Achat, Jaspis, Aragonit.

Mit grünen Farben: Serpentin, Malachit, Heliotrop.

1. Einfarbige Steine.

Blaue Steine. Himmelblau, Bläulichgrün. Türkis, Zahntürkis; specifisches Gewicht des ersten 2·6, des zweiten 2·4 (siehe übrigens S. 228). Lazulith, specifisches Gewicht 3·1.

Lasurblau. Lasurstein, specifisches Gewicht 2·4. Haüyn (mehr durchsichtig), specifisches Gewicht 2·4. Kupferlasur, specifisches Gewicht 2·7. Will man nicht das specifische Gewicht benutzen, so muss man sich an die Farben und die Härte halten. Kupferlasur braust mit Säuren, und ist auch daran kenntlich.

Grüne Steine. a) Man bestimmt das specifische Gewicht und erhält:

2·6—2·7: Türkis (blaugrün bis spangrün), Prasem (lauchgrün), Plasma (lauchgrün), Chrysopras (apfelgrün), Amazonenstein (bläulichgrün).

2·9—3: Nephrit, Prehnit.

3·3: Jadëit.

3·8: Pleonast (dunkelgrün, schwarzgrün).

Chrysopras ist körnig, Amazonenstein bläulichgrün und krystallinisch, Plasma und Türkis dicht. Die Härte des letzteren beträgt höchstens 6, die des Plasma, Prasem und Chrysopras $6^1/_2$—7, die des Amazonenstein 6.

Prehnit ist radialfaserig, Nephrit dicht.

b) Man kann auch ohne specifische Gewichtsbestimmung die Unterscheidung vornehmen.

Dichte oder krystalline Textur zeigen alle mit Ausnahme des Prehnites, der radialfaserig schalig ist.

Krystallinisch sind: Amazonenstein und Chrysopras, welche durch die Färbung, ersterer mit Stich in's Blaue, letzterer mehr gelblich- bis weiss-grün, zu unterscheiden sind.

Von den übrigen unterscheiden sich durch stärkeren Glanz: Pleonast, Nephrit, Jadëit, Prasem und Plasma von dem matten Türkis, welcher nur die Härte 6 hat, während alle übrigen härter sind.

Pleonast ist schwarzgrün, überdies zeigt er die Härte 8.

Von den übrigen vier sind Plasma und Prasem etwas härter als Nephrit und Jadëit.

Nephrit und Jadëit lassen sich ohne specifische Gewichtsbestimmung nicht gut unterscheiden.

Röthliche Steine. Lepidolith, Rhodonit, Jaspis, Rosenquarz.

Man bestimmt das specifische Gewicht und erhält:

2·65: Jaspis (braunroth), Rosenquarz (etwas durchsichtig rosa), (Härte 7).

2·8: Lepidolith (fleischfarbig), (Härte $3^1/_2$).

3·55: Rhodonit (Härte $5^1/_2$).

In Flüssigkeit I steigt Jaspis, die zwei übrigen fallen.

Will man das specifische Gewicht nicht bestimmen, so benutzt man die Härte zur Unterscheidung von Rosenquarz und Jaspis einerseits, von den zwei letztgenannten andererseits. Von ersteren beiden ist Rosenquarz rosenfarbig durchscheinend, Jaspis braunroth undurchsichtig.

Rhodonit und Lepidolith unterscheiden sich durch die grössere Härte des ersteren.

Schwarze Steine. Pleonast, Hämatit, Gagat, Carbonado, Obsidian.

Härte 10: Carbonado, schwarzbraun, körnig,
„ 8: Pleonast, in Krystallen,
„ 6: Obsidian,
„ 5: Hämatit (faserig),
„ 1: Gagat.

Man kann diese Steine auch vermittelst des specifischen Gewichtes bestimmen. Man erhält für Carbonado 3·51, für Pleonast 3·8, für Hämatit 4·7, für Gagat 1·5 circa, für Obsidian 2·4.

Gelbe Steine. Natrolith und Schwefelkies.

Letzterer ist speisgelb, hat Metallglanz, ersterer ist schwefelgelb matt. Specifisches Gewicht bei Natrolith 2·6, bei Schwefelkies 5.

Grün-weisse, gelblichweisse, graublaue Steine. Marmor, Alabaster, Fasergyps, Faserkalk, Meerschaum, Bildstein, Speckstein, Diamantspath.

Stenglige, faserige Structur zeigen: Faserkalk und Fasergyps, die sich durch ihre Härte 3 resp. 2 und ihr specifisches Gewicht unterscheiden. Alle übrigen sind körnig bis dicht; taucht man Bruchstücke derselben in Flüssigkeit I, so fallen Diamantspath und Bildstein, welche sich durch ihre sehr verschiedenen Härten 9 und $2^1/_2$ unterscheiden; Marmor und Speckstein fallen langsam, Meerschaum und Alabaster steigen. Faserkalk und Fasergyps verhalten sich wie Marmor resp. Alabaster.

Der Diamantspath ist mehr glänzend und durch seine überaus

hohe Härte 9 leicht unterscheidbar, auch durch sein bedeutendes specifisches Gewicht 4—4.08.

Bildstein unterscheidet sich daher leicht von Diamantspath. Von Marmor und Speckstein unterscheidet er sich durch die Härte und Schwere; er ist weniger hart, $2^1/_2$ gegen 3 als ersterer, aber schwerer 2·8—2·9 gegen 2·7; von Meerschaum und Alabaster durch das grössere specifische Gewicht (er fällt in Flüssigkeit I).

Speckstein ist viel weicher als alle übrigen, dagegen schwerer als Meerschaum und Alabaster.

Alabaster ist schwerer als Meerschaum (2·2 gegen 1 bis 2), dagegen leichter als alle übrigen, er ist weicher als Marmor und Speckstein.

Meerschaum ist leichter als alle übrigen (specifisches Gewicht 1 bis 2).

Marmor ist härter als Alabaster, Speckstein und Meerschaum, überdies braust er mit Säuren.

2. Gebänderte und fleckige Steine.

Vorwiegend weiss, grau mit roth, gelb, braun oder schwarz. Onyx, Carneol, Achat, Jaspis, Aragonit, Marmor (Onyxmarmor, Onyxalabaster).

Alle Quarzvarietäten haben die Härte $6^1/_2$—7, das specifische Gewicht 2·65.

Aragonit und Marmor haben Härte 3, specifisches Gewicht des ersten 2·9, des zweiten 2·7. Sie brausen mit Säuren. Die Marmorvarietäten unterscheiden sich untereinander nach ihrer Textur (siehe dreiundvierzigstes Kapitel). Die Quarzvarietäten unterscheiden sich nach ihrer Structur (siehe dreiunddreissigstes Kapitel).

Grüne oder ölgrüne Steine. Serpentin, Heliotrop, Malachit.

Es zeigen die Härte circa 4: Serpentin, Malachit; Härte 6—7: Heliotrop.

Erstere unterscheiden sich durch die Einschlüsse von Pyrop, welche Serpentin zumeist enthält, ferner durch den mehr spangrünen Ton des Malachit, während Serpentin mattere und dunkle Farben zeigt. Malachit braust auch mit Säuren.

Taucht man die drei Steine in Flüssigkeit I, so schwimmen Serpentin und Heliotrop, während Malachit untersinkt; die beiden ersteren unterscheiden sich voneinander durch die Härte.

Register.

E.

F.

G.

H.

Berichtigungen.

S. 13 ist in der Tabelle der specifischen Gewichte bei Karneol zu setzen: 2·65—2·66 statt 3·66.

S. 17 ist in der Tabelle zu lesen: bei Chrysoberyll $8^1/_2$ statt $7^3/_4$, bei Chrysolith $6^3/_4$ statt $7^1/_4$.

S. 137 Zeile 10 von unten lies: 4·61 statt 4·11.
„ 165 „ 15 „ oben „ Dichte: 2·65 statt 2·6.
„ 179 „ 7 „ „ „ Amelia statt Aurelia.
„ 186 „ 6 „ unten „ 2·3 statt 2·5.

FSC
www.fsc.org
MIX
Papier | Fördert
gute Waldnutzung
FSC® C083411

Zeitfracht Medien GmbH
Ferdinand-Jühlke-Straße 7
99095 Erfurt, Deutschland
produktsicherheit@kolibri360.de